国家林业和草原局普通高等教育"十三五"规划教材

森 林 土 壤 学

胡慧蓉　贝荣塔　王艳霞　主编

中国林业出版社

内容提要

《森林土壤学》教材以高等林业院校本科教学大纲为纲要，根据林学类、自然保护与环境生态类各专业本科教学特点而编写。全书由土壤的地学基础、土壤物质组成及其理化性质、土壤的化学性质及养分、土壤分类系统、土壤退化及管理5篇组成，共有12章。第一篇(1~3章)主要阐述土壤的概念、土壤的地学基础、土壤形成的实质。第二篇(4~7章)主要介绍土壤生物、土壤有机质、土壤物理性质(质地、结构、孔性等)、土壤水气热(水分、空气、热量)。第三篇(8~9章)主要介绍土壤的化学性质(离子交换性、土壤酸碱性、土壤缓冲性、土壤氧化还原性)与森林土壤养分状况。第四篇(10~11章)主要介绍土壤分类系统、我国土壤的分布规律、南方主要森林土壤类型简介。第五篇(12章)为森林土壤退化与森林土壤管理。全书各章循序渐进，前后呼应，注重基本概念与基本理论的阐释，并用案例展示相关知识的实际应用。

图书在版编目(CIP)数据

森林土壤学/胡慧蓉，贝荣塔，王艳霞主编. —北京：中国林业出版社，2019.6
ISBN 978-7-5219-0168-9

Ⅰ.①森… Ⅱ.①胡… ②贝… ③王… Ⅲ.①森林土–教材 Ⅳ.①S714

中国版本图书馆 CIP 数据核字(2019)第 141248 号

中国林业出版社教育分社

策划编辑：肖基浒　　　　　　　**责任编辑**：肖基浒　丰帆
电　　话：(010)83143555、83143558
传　　真：(010)83143516

出版发行　中国林业出版社(100009　北京市西城区德内大街刘海胡同 7 号)
　　　　　　E-mail：jiaocaipublic@163.com　电话：(010)83223120
　　　　　　http://www.forestry.gov.cn/lycb.html
经　　销　新华书店
印　　刷　固安县京平诚乾印刷包装有限公司
版　　次　2019 年 6 月第 1 版
印　　次　2019 年 6 月第 1 次印刷
开　　本　850mm×1168mm　1/16
印　　张　18.25
字　　数　433 千字
定　　价　45.00 元

《森林土壤学》编写人员

主　编：胡慧蓉　贝荣塔　王艳霞

编　委(以姓氏拼音为序)：

贝荣塔　胡兵辉　胡慧蓉　李佳璇

李晓琳　苏小娟　王　琛　王邵军

王艳霞　危　锋

前言

  《森林土壤学》是林学类、自然保护与环境生态类专业必修的专业基础课程。本教材服务于林学类、自然保护与环境生态类人才培养，并依照林业院校林学类、自然保护学环境生态类本科专业的培养目标要求而编写。全书由土壤的地学基础、土壤物质组成及其理化性质、土壤分类与分布、南方主要土壤简介、土壤资源利用与管理5篇组成，共有12章。

  教材编写由长期从事教学工作的人员，在研究讨论编写大纲的基础上，总结了大量改革开放以来的土壤学研究成果。编写中注重基本概念与基本理论的阐释，汲取教学与实践过程中的经验与感悟，在保留现有全国性教材有关土壤学系统理论的基础上，对教材内容的深度与广度做了适当调整，力求概念清晰、重点明确。结合现代土壤学发展的新趋势与新领域，增补了土壤学知识的新内容，同时以案例的形式展示了相关理论在实际科研生产中的应用。

  本教材由胡慧蓉、贝荣塔、王艳霞主编。各章编写分工如下：第1章绪论由王艳霞编写；第2章土壤地学基础知识由胡慧蓉编写；第3章矿物岩石的风化与土壤形成由贝荣塔、胡慧蓉编写；第4章森林土壤生物由王邵军编写；第5章森林土壤有机质由胡慧蓉编写；第6章森林土壤的质地、孔性和结构由危锋编写；第7章土壤水分、空气和热量由胡兵辉编写；第8章森林土壤的化学性质由苏小娟、王艳霞编写；第9章森林土壤养分由王艳霞编写；第10章土壤分类与分布由胡慧蓉编写；第11章南方主要森林土壤类型简介由贝荣塔编写；第12章森林土壤退化与森林土壤管理由王琛、李晓琳和李佳璇编写；全书由胡慧蓉、王艳霞、贝荣塔负责统稿。

  本教材以森林土壤为基点，力求将森林土壤的基本理论与区域土壤属性有机结合，重点介绍森林土壤的特点及研究的趋势与成果。由于编者水平有限，错误、疏漏与缺点在所难免，敬请使用本教材的师生、同行及其他读者批评指正。

编　者

2018 年 11 月

目录

第三篇　土壤的化学性质及养分

第一篇
土壤的地学基础

第1章

绪　论

　　土壤是绿色生命的源泉，是人类赖以生产、生活和生存的物质基础。人类衣食住行需要的物质，主要来源于农业生产和林业生产，而土壤是农、林业生产的基础。世界上一切陆生植物均以土壤为生产基地，植物生产必须依靠土壤的供给。同时，土壤还是一种不可代替的、珍贵的自然资源。与其他资源不同，只要"治之得宜"，则可"地力常新壮"（《王祯农书》）。然而，土壤又是一种相对不可再生的自然资源，原因是土壤具有数量有限性和质量可变性的特点，若在开发利用土壤的过程中，违背自然规律，利用不当，则会造成土壤侵蚀、土壤荒漠化、土壤盐渍化等一系列土壤退化问题。森林土壤作为森林生态系统的重要组成部分，担负着重要的生态功能。必须认识森林土壤的特性，爱护并合理利用森林土壤资源，才能实现森林土壤的可持续利用，为人类造福。

1.1　森林土壤及肥力的基本概念

1.1.1　森林土壤

　　森林土壤是指在森林植被下发育的土壤。要了解森林土壤，则需先了解土壤的基本特征与特性。

1.1.1.1　土壤

　　我国劳动人民在数千年前对土壤就有了朴素的认识。早在《周礼》中就记载，"万物自生焉则曰土，以人所耕而树艺焉则曰壤"。公元 121 年，我国古书《说文解字》中也有记载："土，地之吐生万物者也。""壤，柔土也，无块曰壤。"

　　人们对土壤的认识虽然较早，但由于认识的角度不同，对土壤的定义和理解也存在差异，故产生了不同的土壤概念。地质学家从岩石风化的地质学观点出发，认为土壤是破碎了的陈旧岩石，是坚实地壳最表面的风化层。生态学家从生态学和物质能量的角度出发，认为土壤能生长植物，是土壤内在物质和能量通过植物转化的外在表现，凡是具有这种物质和能量生物转化形式的地表物质，即为土壤。植物营养学家认为土壤是植物养料的贮存库，认为土壤是能生长植物的那一部分地壳。对农林业工作者来讲，土壤就是作物或林木生长的介质。

苏联土壤学家威廉斯提出：土壤是地球陆地上能够生产植物收获物的疏松表层。这个概念强调：土壤的基本形态是陆地表面的疏松层，并以能否生产植物收获物作为土壤标志性的重要特征。这一概念目前仍为我国土壤学界所公认。

1.1.1.2　森林土壤

森林土壤是指在森林植被下发育的土壤，是相对于草原植被、荒漠植被以及其他植被下发育的土壤而言的。S. A. Wilder 认为，森林土壤是地表的一部分，是供给森林植物生活物质的基质，它由矿物和有机物组成，含有一定数量的空气和水分，并有生物居住其中。森林土壤具有其他土壤所没有的三种成土因素，即森林凋落物、林木根系和依赖于现有森林生存的特有生物。以上概念从森林土壤与森林植被的关系出发，阐明了森林土壤对森林植被的作用，以及森林土壤形成所不可或缺的三个特殊成土条件，明确了森林土壤的实质。

1.1.1.3　林业土壤

从生产经营的角度，土壤可分为农业土壤和林业土壤。凡是属于营林范围所涉及的土壤均称为林业土壤，它是由林业部门的经济范畴所决定的。林业土壤不仅包括森林植被下形成的森林土壤，还包括在其他植被下形成的用于营林的土壤，如在荒漠植被、高山草甸、草原下形成的土壤，甚至一些宜林荒山荒地，如需在这些地区进行植树造林活动，这些营林地段的土壤均称为林业土壤。

1.1.2　森林对土壤形成的影响

在森林土壤的形成过程中，森林植被起着积极的作用。我国森林土壤分布面积较大，且森林植被类型复杂。从纬度来说，由北向南，包括寒温带森林、温带森林、暖温带森林、亚热带森林和热带森林；从水分状况来说，大多数为湿润地区(降水量 800~1600 mm/a)的森林，半湿润地区(降水量 400~800 mm/a)的森林占有一定面积，也有面积不大的半干旱地区(降水量 200~400 mm/a)的森林，但这一区域的森林植被往往需要一定的人工抚育措施。至于各种复杂的地形、母质的影响以及由于其他空间及时间因素所形成的各种林型，更是极其繁多。因此，森林对土壤的作用是极为复杂的，现仅概括几点予以说明。

(1)森林小气候

森林能形成一个郁闭的环境，具有独特的小气候，和无林地有很大差别，如林内较阴暗，太阳辐射较弱；年均温较无林地低 0.3~0.6 ℃，年平均相对湿度较无林地高，蒸发较无林地小，且森林林冠层可阻截降水影响水分运移等。森林的这种特殊的小气候环境，深刻地影响着土壤的水分、温度等状况和土壤形成过程。

(2)乔木根系对土壤的影响

乔木根系对土壤的影响是森林对土壤影响的一个重要方面。首先，根系是土壤有机质的重要来源之一，并通过它的选择吸收和生物小循环改变了土壤内的化学组成；其次，根系分泌物对土壤也有一定作用；再者，根系对土壤物理性质有明显影响，如疏松土壤、增加保水、改善通气条件等。例如，阔叶红松林乔木根每公顷约 10 t，亚高山暗针叶林乔木根每公顷 17~21 t，这些根系一方面起着对树木的支撑作用和水分养分的输导作用，另一方面改变着土壤的物理、化学和生物学性质，如通过根系的新陈代谢和对养分的选择性吸收，丰富了土壤腐殖质，并逐步改变着土壤的化学组成；根系的生长、腐解和纵横穿插，则有助于土壤结构的形成，增加了土壤孔隙度，改善了土壤的通气和其他物理性状；根系的分泌物还可改变根际土壤微生物的群落组成，并提高根际土壤微生物的多样性。

（3）森林凋落物的物质归还与枯枝落叶层的物质积累

森林凋落物对土壤物质的积累和化学性质的形成具有重要作用。森林有茂密的枝叶，每年都有大量凋落物落在土壤表面。森林通过凋落物把大量有机物、氮素和各种灰分元素归还和集中于土壤表层，并形成枯枝落叶层。不同森林，其归还量有所差异。一般规律是：亚高山暗针叶林每年每公顷归还量为 0.78~1.67 t，温带阔叶红松林为 4.0~4.5 t，亚热带阔叶林为 4.5~5.0 t，热带雨林为 11 t 左右。由于凋落物数量、质量和分解条件的不同，温带阔叶红松林每年以凋落物形式归还给土壤的 N、P_2O_5、K_2O、CaO 和 MgO 分别为 30.5~40.5 kg/hm^2、3.0~3.1 kg/hm^2、11.0~17.6 kg/hm^2、44.0~61.0 kg/hm^2 和 9.8~11.8 kg/hm^2，而热带雨林分别为 164.1 kg/hm^2、16.4 kg/hm^2、35.0 kg/hm^2、4170.0 kg/hm^2 和 106.1 kg/hm^2。

（4）枯枝落叶层的分解对土壤的影响

在我国，大多数森林的枯枝落叶层主要进行弱酸性分解，且分解产物通过降水而淋洗至土壤。由于渗滤水中含有丰富的盐基，为一种弱酸性溶液，所以能够调节土壤的 pH 值，使其接近于弱酸性。另外，枯枝落叶层的存在与分解常使土壤表层营养元素出现明显的生物积聚，促使土壤肥力逐渐提高。灰化过程就是一个在森林植被下（针叶林）进行的酸性淋溶和淀积过程，但由于养分逐渐淋失，黏粒被破坏，土壤酸化、灰化过程反而导致土壤肥力逐渐降低。

1.1.3　森林土壤肥力

土壤肥力是土壤的本质属性。植物能够在土壤上生长，其中一个最重要的原因是土壤具有肥力。关于土壤肥力的概念，不同的学者、不同的时期对其有不同的解释。

1.1.3.1　土壤肥力的概念

20 世纪 30 年代，苏联土壤学家威廉斯认为："土壤肥力就是土壤在植物生活的全部过程中，同时而且不间断地供给植物以最大限度的有效养分及水分的能力"。这种能力是其他自然体所没有的。但现在看来威廉斯理论已不够全面和完整，其原因是影响植物生长的因素是多方面的，不仅仅是水分和养分，还包括温度、通气状况等。

美国土壤学会 1989 年出版的《土壤科学名词汇编》中把土壤肥力定义为"土壤供应植物生长所需养料的能力"。

我国的土壤科学工作者对土壤肥力的认识目前统一于《中国土壤》第二版（1987）中对肥力的描述，即"肥力是土壤的基本属性和质的特征，是土壤从营养条件和环境条件方面，供应和协调植物生长的能力。"其中，营养条件包括土壤水分和养分，环境条件包括土壤温度、土壤水分和土壤空气，土壤水既是营养条件，又是环境条件。

简言之，土壤肥力的概念是：土壤能供应与协调植物正常生长发育所需要的养分和水、空气、热的能力。从这一概念可以看出，土壤肥力取决于水、肥、气、热等肥力因素的综合作用，而不是某些孤立的因素。

1.1.3.2　森林土壤肥力的特征

土壤肥力是土壤内在的、可被植物利用和转化的物质和能量，其肥力高低取决于土壤内在物质和能量的存在状况以及被植物利用和转化的程度。土壤肥力不是固定不变的，它有着自己的发生、发展规律。

从土壤肥力的演变过程来看，土壤肥力可分为自然肥力和人为肥力两种。

自然肥力是指土壤在自然形成过程中产生或发展起来的肥力，如森林土壤、草原土壤等。自然肥力的高低取决于成土过程中诸多成土因素的相互作用，特别是生物的作用。我国广大林区主要是充分利用土壤的自然肥力，来达到林木速生和丰产。

人为肥力是指在自然肥力的基础上，由耕作、施肥、灌溉、改土等人为措施形成的肥力。人为肥力的高低，受多种因素的影响。耕作土壤、果园土壤等已开发的土壤既有自然肥力又有人为肥力，两者的关系是自然肥力为基础，人为肥力为导向。社会科学技术水平的高低，直接影响土壤肥力的高低。另外，人为措施对土壤肥力的影响集中在用地和养地两方面，只用不养或不合理的栽植利用，会导致土壤肥力的衰退。用养结合，合理培肥土壤，才能保持土壤肥力的可持续利用。

目前，我国林业生产的基地，主要是天然林区、人工林区以及一些宜林的荒山荒地，这些地区土壤的肥力基本上是自然肥力。具有人为肥力的土壤，主要是苗圃、母树林地、种子园地、经济林地和一些速生丰产林地等。

从土壤肥力的发挥效果看，可将土壤肥力分为有效肥力和潜在肥力。有效肥力，指由于受环境条件和管理水平的限制，土壤肥力往往只有部分表现出来，这部分肥力称为"有效肥力"，又称为"经济肥力"，即在一定农林业技术措施下能反映土壤生产能力的那部分肥力。另一部分没有直接表现出来的肥力称"潜在肥力"，指受环境条件和科技水平限制不能被植物利用，但在一定生产或技术条件下可转化为有效肥力的那部分肥力。

1.1.3.3　森林土壤肥力的生态相对性

土壤肥力高或低是相对的，因为不同植物对土壤的要求不同，因此，应从植物的生态要求出发来认识土壤肥力的生态相对性。

土壤肥力的生态相对性是指不同的植物因其生物学特性不同，故而所要求的土壤生态条件也有所不同，其肥力的高低仅是针对某种植物而言的，而不是针对任何植物的。即使在相同的环境条件下，不同植物对土壤所提供的肥力条件的利用能力也是不同的。同一肥力的土壤可表现出两种不同的有效肥力水平。对于生态上适宜某种土壤的植物表现出有效肥力高，对于不适宜的植物，则表现出有效肥力低。例如，能使侧柏生长良好的石灰性土壤，若栽种松树则会出现生长不良的现象。这就是土壤肥力的生态相对性。再如，在一些水湿的甚至是积水的泥炭沼泽土上，赤杨生长良好，而其他许多树种则不能良好地生长。所以只有把树种的生态要求和土壤的生态性很好地结合起来，土壤的肥力才能得到充分利用，这就是林业生产实践中强调的"适地适树"。

在林业生产中，只有充分了解和认识土壤肥力的生态相对性和植物的生态需求，才能从实际出发切实有效地开展林业活动。

1.2　森林土壤的作用与功能

1.2.1　森林土壤在林业生产中的作用

土壤是植物生长繁育和生物生产的基地。林业生产的特点是生产出有生命的生物有机体，其中最基本的任务是发展赖以生存的绿色植物的生产。在自然界，植物的生长繁育必须以土壤为基地，一种良好的土壤应使植物"吃得饱（养分供应充足），喝得足（水分供应充分），住得好（空气流通，温、湿度适宜），站得稳（根系伸展，机械支持牢固）"。

森林土壤是林业生产的基本生产资料。在天然林中，土壤与森林的关系密切，森林的生长、森林的类型、森林的分布和自然更替都受土壤因子的制约。在林业生产中，土壤是良种和壮苗的基础。在选择母树林、建立种子园、区划苗圃以及森林培育过程中，均必须考虑土壤的宜林性质。"万物土中生"，土壤在林业生产中发挥着不可或缺的作用。

（1）营养库的作用

绿色植物的生长发育需要 5 个要素：光、热、空气（氧气和二氧化碳）、水分和养分，其中，养分和水分主要通过根系从土壤中吸取，故土壤是植物生存所必需的营养库。同时，土壤中的热量和空气也是植物生长的必备条件，并可通过土壤管理实现控制和调节。

（2）养分转化和循环作用

营养元素的生物小循环过程需在土壤中完成，即无机物（养分）通过生物作用转化为有机物（植物光合作用），有机物质（森林凋落物）归还土壤后，在微生物参与下经过矿质化作用重新分解为无机物再被植物吸收利用，以上过程主要发生在土壤中，故土壤是养分转化和物质循环的重要场所。

（3）生物的支撑作用

土壤不仅提供给植物营养物质，还是植物根系伸展穿插，并获得机械支撑的物质环境。根深才能叶茂，只有根系发育充分才能保证植物的苗壮成长。

1.2.2　森林土壤是森林生态系统的重要组成部分

无论是全球生态圈或较小范围内的森林生态系统，土壤都是重要的生态因子，它是生物与非生物环境的分界面，也是生物与非生物体进行物质与能量移动和转化的重要介质。森林生态系统作为地球陆地生态系统中最关键的组成，其生态服务功能的发挥依赖于森林土壤的供给与调节。同时，森林生态系统的维持还在持续促进森林土壤的发生与发展，如森林可调节土壤温度和湿度，改善局部温湿条件，森林凋落物层可减小地表径流，增加土壤腐殖质、营养元素和保水、保肥能力；森林土壤生物类群丰富，有提高土壤生物生化活性和促进生物培肥的作用，如植物根系深入土层，能促进土壤熟化过程，改善土壤结构等。

人类对生态系统的影响很多是直接或间接通过土壤进行的。这些影响有的有利于人类的生产和生活。例如，沙漠通过综合治理变为绿洲；寸草不生的盐碱滩涂地通过排水洗盐、种植绿肥、施用有机肥等可改造为良田。但有些活动如毁林开荒、陡坡开垦耕地、过度放牧等，会造成水土流失、洪涝干旱灾害频繁。

森林土壤是森林生态系统的重要组成部分，对土壤的开发利用，不能破坏生态平衡和自然环境，而应致力于维护和建立良好的生态环境。根据土壤与其他自然因素的特点，因地制宜，宜林则林、宜农则农、宜牧则牧，既要有利于发展生产和提高经济收益，又要防止生态系统失调和得天独厚环境的破坏。

1.2.3 森林土壤的生态环境功能

森林土壤不但是林业可持续经营和管理的基础，而且在全球碳循环、生物多样性保护、水土保持和水源涵养等方面具有举足轻重的地位和作用。

首先，森林土壤是陆地生态系统中最大的碳库，在全球碳循环源、库、汇中起着重要的作用。据联合国政府间气候变化专门委员会（IPCC）2000 年发表的报告估计，陆地生态系统碳库的碳储量约为 2477 Gt，其中，全球植被碳库的碳储量约 500 Gt，1 cm 厚土壤碳储量为 2011 Gt，后者是前者的 4 倍；森林植被的碳储量约占全球植被的 77 %，而森林土壤的碳储量为 784.29 Gt，约占全球土壤的 39 %。这表明，森林土壤碳库的变化可能导致大气 CO_2 浓度的巨大变化，故加强森林土壤生态系统碳库管理对于缓解大气温室气体的增加具有重要作用。

其次，森林被誉为"绿色的海洋""看不见的绿色水库"，而森林土壤则是一个巨大的"土壤水库"，不仅能涵养水源，还可在调节区域气候和流域水文过程中发挥重要作用。土壤是地球陆地表面具有生物活性和多孔结构的物质，具有很强的吸水和持水能力。土壤的雨水涵养功能与土壤的总孔隙度、有机质含量等土壤的理化性质和植被覆盖度有密切关系。森林可通过林冠层、林下植被层、枯枝落叶层以及土壤层发挥良好的水文生态效益。据统计，地球上的淡水总贮水量为 $0.39×10^8$ km^3，其中被冰雪封存和埋藏在地壳深层的水有 $0.349×10^8$ km^3。可供人类生产和生活的循环淡水总贮量只有 $0.041×10^8$ km^3，仅占总淡水量的 10.5 %。在 $0.041×10^8$ km^3 的循环淡水中，循环地下水占 95.12 %，湖泊水占 2.95 %，土壤水占 1.59 %，江河水占 0.03 %，大气水占 0.34 %，土壤贮水量明显大于江河和大气的贮水量。

再者，森林土壤是生物多样性繁育的基地。若一片森林面积减少 10 %，能继续在森林中生存的物种将减少 1/2。地球上有 500 万~5000 万生物物种，其中 1/2 以上在森林中栖息繁衍。一旦森林土壤生态系统被破坏，大量的动植物将失去生存和繁衍的基础。据 Freckman 等（1997）估计，生活在地表下的物种的数量和丰富度可能高于地表，且 98 % 的物种（如细菌、真菌、原生动物和微型节肢动物等）尚未被认识，而其中的许多物种显著地修饰和调节着生物地球化学关键过程和诸如 C、N、P、S 等元素的转换类型。如果将土壤动物和土壤微生物多样性的丧失也计算在内，森林土壤的破坏导致的生物多样性的丧失将相当巨大。

另外，土壤处于大气圈、水圈、岩石圈及生物圈的交界面，是地球表面各种物理、化学和生物化学过程的反应界面，是物质和能量交换、迁移等过程最复杂、最频繁的地带。

土壤复杂的无机和有机缓冲体系，对稳定和缓冲环境变化起着重要作用。

　　森林土壤是经过漫长的物理、化学和生物过程形成的，一旦被破坏，将可能导致水土流失加剧，水源涵养功能和土壤碳库、碳汇功能丧失以及生物多样性减少等一系列严重的生态和环境问题，然而，要恢复土壤的结构和功能却需要付出漫长的时间和巨大的代价。据测定，在自然力的作用下，形成 1 cm 厚的土壤需要 100～400 年。因此，森林以及森林土壤作为重要的自然资源，对它的开发利用绝不能仅着眼于短期内的经济效益，而要充分考虑其对生态环境的长期效果。

1.3　森林土壤学的发展概况与发展趋势

　　森林土壤学是介于林学和土壤学之间的中间学科，它作为土壤学的一个分支和森林生态学的一个组成部分，其形成和发展始终与林业生产紧密联系。

　　国际上，对森林土壤的系统观察和研究始于 19 世纪，这主要与当时欧洲森林经营措施的发展有关，Gustav Heyer(1856) 的《森林土壤学和气候学实用手册》(德文)便是这方面早期记录的一个范例。这一时期，其重点大多放在森林土壤的物理性质方面。19 世纪后期，Ebermayer(1879) 等人开始集中研究森林凋落物及其对土壤化学性质的改善方面。1893 年，Ramann 的《森林土壤学和立地学》(德文)把有关森林土壤的物理性质、化学性质和生物性质的资料有机地结合在一起，并论述了森林土壤知识在某些林业实践中的应用。1903 年，Bornebush 开始进行土壤动物的研究，这奠定了土壤生物学的诞生与发展。1908 年，Henry 的《森林土壤学》(法文)，着重于森林凋落物的成分和数量，并论述了土壤性质对造林实践的重要意义，书中还对土壤水分和森林对水循环的影响进行了叙述。之后，工业革命期间，因大量原始森林的破坏以及对农业土壤的重视，森林土壤学的研究基本处于停滞状态。

　　20 世纪 50 年代起，有关森林土壤的研究开始转向人为措施或干扰(火等)对森林—土壤生态系统的影响与作用，以及森林水运移等方面，并涉及森林水文、森林立地条件、营林措施等对土壤的影响。1958 年，Wilde 出版《森林土壤，它们的性质和造林的关系》一书。1979 年，W. L. Pritchett 的《森林土壤的性质与管理》比较全面地叙述了森林土壤的基本性质与管理方法。20 世纪 80 年代后，有关林木施肥、森林土壤动物、森林土壤污染成为新的研究方向，森林土壤的分析测定方法也进一步提升。进入 21 世纪后，森林土壤学进入蓬勃发展时期，随着土壤学、生态学、环境科学等相关学科的迅猛发展，森林土壤学的研究领域、研究深度、研究方法都有了大幅的进步。目前，林业发达国家都在着手建立人工林土壤质量退化指标、评价、监测及预报系统，并将计算机、遥感等先进技术应用于其中，为不同立地条件下森林土壤的合理经营提供科学的理论依据和适用技术。

　　我国森林土壤学的兴起是在中华人民共和国成立之后，作为林业的一个重要基础学科，自 20 世纪 50 年代之后开始发展，20 世纪 70 年代末，结合第二次全国土壤普查工作，森林土壤地理和分类发展迅速，一些原始林区也开始进行土壤调查。中国森林土壤从 20 世纪 50 年代中期至 20 世纪末，历经建立和发展，在许多方面取得显著进展；进入 21 世纪后，我国森林土壤学进入多学科交叉，多领域拓展的快速发展阶段。

近70年来，我国森林土壤研究工作取得了显著的进展，如揭示了我国森林土壤资源的分布，提出了保护和合理利用并改良森林土壤的措施与途径，并对我国主要天然林及人工林的森林土壤生态系统进行了定位研究；同时，揭示了森林与土壤相互作用的动态规律，为森林土壤管理及提高森林土壤生产力提供了科学依据，并对我国广大造林地区进行了森林立地分类与质量评价研究工作，建立了"中国森林立地分类系统"以及森林立地分类、质量评价及应用技术体系，为土壤立地类型的综合分类、预测预报森林土壤生产力和适地适树开辟了途径；另外，对我国主要造林树种开展了林木施肥及生物固氮、菌根、细菌肥料应用技术研究，并针对我国主要造林树种杉木、杨树等人工林地力衰退原因机理及其防治措施进行了调查总结，此研究成果为维护和恢复森林土壤功能、合理施肥提供了可靠的科学依据。此外，还进行了森林土壤分析方法标准化及森林土壤标准物质的研究等。

面对新的形势，森林土壤学研究呈现出新的特点，即研究领域向着纵深方向发展、向着交叉学科发展，由原来仅研究土壤本身向研究土壤圈及其与各圈层的关系方向发展，由研究森林土壤的内在功能向研究其对人类和环境的影响方向发展；同时，物理学和数学进入森林土壤学科，引发了当今森林土壤学的数字化和信息化革命。森林土壤学科研究定量化趋势日益明显，森林土壤质量研究逐渐地成为本学科研究的重点。动态、定位、长期地观测森林土壤性质变化及其与林木生长的关系，已是森林土壤学科研究工作进一步系统化的重要标志，也是本学科长期面临的重要任务。

1.4 森林土壤学的研究内容与任务

森林土壤学是一门以科学技术和方法来研究土壤发生、发展和土壤结构、功能的学科，也是对土壤进行综合管理的学科。近年来，研究内容从以往宏观的认识土壤、了解土壤的发生、分类及一些基本的理化性质，发展到从微观领域去揭示森林土壤的组成结构与其功能的关系，并从因地制宜地选择合适树种的研究发展到在不同立地条件下合理利用森林土壤资源，探索维护、提高森林土壤生产力的综合途径及对森林土壤退化的防治和改良技术的综合研究。

随着土壤学、生态学、环境科学等学科的迅猛发展，森林土壤学的研究领域进一步拓宽。目前，森林土壤学的研究领域包括森林土壤发生与分布、森林土壤物理、森林土壤化学、森林土壤生物、森林土壤肥力、森林土壤环境、森林土壤资源、森林土壤生态、森林土壤全球变化等；其研究内容涉及森林土壤的发生与演变、森林土壤的结构与功能、森林土壤的生态过程等多个方面，有关森林土壤元素循环、森林土壤生态系统与全球气候变化、退化森林土壤的恢复与重建等研究内容逐渐成为热点。

森林土壤学主要依据森林土壤功能与其组成、结构、性质一致性原理，以揭示并调控不同林分类型土壤功能的动态演化规律为任务，旨在为森林土壤资源的合理利用、可持续经营提供科学依据。今后，森林土壤学的研究任务将集中在以下方面：

①森林土壤物质组成、性质以及物质与能量的循环仍是森林土壤学研究的基本任务。

②随着人类活动范围的扩展，森林土壤学研究由原来仅研究土壤本身向研究土壤圈及其与各圈层的关系方向发展，故研究森林土壤的内在功能和所处地位，以及对人类和环境

的影响将是森林土壤学研究的重要任务。

③随着地理信息技术在森林土壤学研究中的应用日益增加，我国现在已经建立了一些地方性的土壤信息系统，在此基础上建立全国性的森林土壤信息系统，从而达到真正意义上的"适地适树"，进行林木养分的精准管理，提高林产品的数量和质量是森林土壤学研究的当务之急。

④开展长期定位研究依然是森林土壤学的长期任务。由于林木生长时间久，养分循环周期长，故森林土壤本身有着较长期的发生和演化规律，再加上人类活动对森林土壤的影响在很短的时期内无法体现，故对森林土壤的研究必须建立在长期不间断地观测基础之上，因此，对森林土壤的定位研究需长期坚持。

⑤对退化土壤生态系统的恢复进行研究是较长时期内森林土壤研究的重点。目前土壤退化问题已经制约了我国国民经济的发展，对森林土壤退化时空变化的研究是较长时期内森林土壤研究的重点，同时还必须研究我国森林土壤退化的机制、现状和发展趋势，并进行全面地、综合地评价，最终提出防治措施，以便为国家提供战略性的决策依据。

1.5　森林土壤学的学习目的与要求

1.5.1　森林土壤学的学习目的

森林土壤学是林业相关专业的一门重要的专业基础课程。学习森林土壤学的目的是，掌握森林土壤学的基本理论知识、基本操作技能，并能够利用所学知识发现并解决林业生产过程中有关土壤学的问题。

我国森林土壤的分布地区是我国木材和木本粮油生产的重要基地。掌握森林土壤的物理、化学和生物学性质，以及我国各种森林土壤类型的发生和分类等知识，是开展林业工作的基础。另外，造林工作在我国具有特别重要的意义，在完成大面积造林事业中，应用所学的土壤学知识去解决造林工作中的土壤问题，也是林业工作者面临的重要任务之一。

造林工作中所涉及的土壤问题，主要有两方面：一方面是土壤的合理区划和利用问题，如苗圃、种子园、母树林和经济林土壤的选择、区划和利用中的土壤问题；造林立地条件类型区划中的土壤问题；造林适地适树中的土壤问题；抚育采伐中的土壤问题；森林更新方式中的土壤问题等。另一方面是土壤肥力的保持和提高问题，如苗圃、种子园、母树林和经济林土壤的耕作、施肥和灌溉问题；营养钵育苗中营养土问题；采用树种混交改善人工林土壤有机质的转化和改善土壤营养状况的问题；非森林地区营林活动中的土壤改良问题等。

1.5.2　森林土壤学的学习要求

通过森林土壤学课程的理论学习与实验、实习的操作实践，学生需达到下列几方面的要求：

①系统掌握森林土壤的物理、化学和生物学性质，能分析各种肥力性状之间的相互关系；掌握主要森林土壤的分布规律、形成条件、剖面特征、基本理化性状和利用改良。

②能鉴别主要的岩石、母质类型和地形地势，能独立进行土壤剖面观察、识别土壤类型，并能进行林业生产有关的土壤资源调查工作。

③掌握土壤的常规分析方法，并能对数据进行整理和分析。

④可运用森林土壤学的相关知识，科学地培育、经营森林，更好地维护和发挥森林生态系统的多种功能。

本章小结

森林土壤是在森林植被下发育的能够生产植物收获物的疏松陆地表层，其形成除受气候、母质、地形、时间等自然因素影响外，还受到森林小气候以及森林凋落物、林木根系和依赖于现有森林生存的特有生物因素的影响。森林土壤的本质属性是具有肥力，即森林土壤具有供应与协调植物正常生长发育所需要的养分和水、空气、热的能力。因不同植物对土壤的要求不同，故应充分认识土壤肥力的生态相对性，把树种的生态要求和土壤的生态性很好地结合起来，使土壤肥力得到充分利用，从而实现林业生产中的"适地适树"。森林土壤是林业生产的物质基础，是植物生存所必需的营养库，它不仅提供给植物营养物质，还是植物根系伸展穿插，并获得机械支撑的物质环境，同时，还在全球碳循环、生物多样性保护、水土保持和水源涵养等方面发挥着重要的生态环境功能，故保护和合理利用森林土壤资源十分关键。

森林土壤学是研究土壤发生、发展和土壤结构、功能的学科，也是对土壤进行综合管理的学科。目前，森林土壤学研究已从宏观地认识土壤、了解土壤的发生、分类及一些基本的理化性质，发展到从微观领域去揭示森林土壤的组成结构与其功能的关系，从因地制宜地选择合适树种的研究发展到在不同立地条件下合理利用森林土壤资源，探索维护、提高森林土壤生产力的综合途径以及对森林土壤退化的防治和改良技术的综合研究。

复习思考题

1. 试述森林土壤在林业生产中的作用。
2. 森林土壤与林业土壤的区别与联系？
3. 如何理解森林土壤肥力的生态相对性？
4. 森林土壤学的主要研究内容？

本章推荐阅读书目

1. 中国森林土壤. 中国林业科学研究院林业研究所. 科学出版社, 1986.
2. 森林土壤生态学. 杨万勤, 张健, 胡庭兴, 等. 四川科学技术出版社, 2006.
3. 森林土壤六十年. 林伯群. 科学出版社, 2010.

第2章

土壤地学基础知识

在地球演化的漫长历史进程中，地壳中的化学元素在各种地质作用下形成了具有相对稳定物理、化学性质的各种单质或化合物，称为矿物。这些矿物并不是单独存在的，而是以集合体的形式出现，即岩石。从地质学观点来看，土壤是破碎了的陈旧岩石，是坚实地壳的最表层风化层。若要正确认识土壤的形成与演变，势必从认识地壳的物质组成——矿物、岩石开始。

2.1　主要的造岩矿物

2.1.1　矿物的概念

矿物是地壳中的化学元素在各种地质作用下形成的单质或化合物（自然产物），是组成岩石的基本单位。所谓地质作用，是指由于地球的各种自然力导致其物质组成、内部构造和地表形态发生变化的作用。引起地质作用的自然力称为地质营力，有内营力和外营力之分。内营力来源于地球的内能（如内热能、重力能、地球旋转能等），其所引起的地质作用叫内力地质作用；外营力指地球以外的能（太阳辐射能、潮汐能、生物能等），其所引起的地质作用叫外力地质作用。

地壳中的化学元素，在各种地质作用下，经各种化学过程而形成的矿物，通常是无机物（石油和煤等不属于矿物）。因地质环境差异，形成的矿物数量多达约3000种，但主要的造岩矿物仅20~30种。工作中常根据需要对矿物进行分类研究，土壤学工作中常用的分类方法是依据矿物成因进行的分类。

2.1.2　矿物的类型

矿物按成因可分为原生矿物、次生矿物和变质矿物。

2.1.2.1　原生矿物

在内力地质作用下的造岩、成矿过程中所形成的矿物，也称内生矿物。如岩浆、热液活动等过程形成的矿物。

常见的造岩原生矿物主要有：石英、正长石、斜长石、云母、角闪石、辉石、橄榄石等。

2.1.2.2　次生矿物

原生矿物在各种地质作用下，其组成和性质发生化学变化，形成的新矿物，也叫外生矿物。在化学成分上与原生矿物间有一定的继承关系。

常见的造岩次生矿物主要有：褐铁矿、方解石、白云石、石膏、高岭石、蒙脱石、伊利石等。

2.1.2.3　变质矿物

早期形成的矿物因环境条件(如温度、压力、活性物质等)的变化而产生新的性质特征，重新形成的新矿物。

常见的造岩变质矿物主要有：绢云母、绿泥石、蛇纹石、滑石、石榴子石等。

2.1.3　矿物的化学成分

地壳的化学成分对矿物化学成分具有影响，矿物的化学成分既是区别不同矿物的重要依据，也是矿物形成条件的反映。每种矿物都有相对固定的化学成分和性质，并可用化学式表达，如黄铜矿和闪锌矿分别为 $CuFeS_2$ 和 ZnS。

按矿物的化学成分分类：

（1）单质矿物

由同一种元素的原子结成的矿物(自然元素矿物)，如金(Au)、银(Ag)、铜(Cu)等。

（2）化合物

由两种或两种以上元素构成的矿物，如石英(SiO_2)、刚玉(Al_2O_3)、蛋白石($SiO_2 \cdot nH_2O$)、石膏($CaSO_4 \cdot 2H_2O$)等含氧盐、氧化物、含水化合物、氢氧化物、卤化物、硫化物及其他化合物。

有的化合物矿物成分在一定范围内会产生变化，即在结晶的晶体结构中，性质相似的离子或原子相互取代的现象，被称为类质同像。这是矿物中一个非常普遍的现象，是形成矿物中杂质的主要原因之一。具有类质同像的矿物化学式，一般将相互置换顶替的元素放在同一括号中，按含量高低排序，并以逗号分隔，而阴离子团以方括号括起来。例如，镁橄榄石 Mg_2SiO_4。

2.1.4　矿物的鉴定特征

自然界的矿物虽然种类繁多，但通常都有相对稳定的物理和化学性质。工作中常借助这些性质对其进行区分鉴定。

常用的矿物鉴定包括以下方面：矿物的形态、矿物的光学性质、矿物的力学性质、部分矿物特有的其他性质。

2.1.4.1　矿物的形态

矿物的形态是指矿物的单晶体、规则连生体及同种矿物集合体的形态。矿物的形态是矿物最重要的外部特征(尤其单晶体),是矿物成因的重要标志,也是识别矿物、指导找矿的重要依据。

晶体形态简称晶形,是晶体的几何外形,是其化学组成和内部结构的反映。一定的化学成分和内部结构的矿物,在适宜的环境条件下(通常是温度、结晶速度、介质 pH、杂质等)形成晶体,每一种晶体都有一定的习见晶形,不同的矿物具有不同的晶形,从而成为其识别特征(图 2-1)。

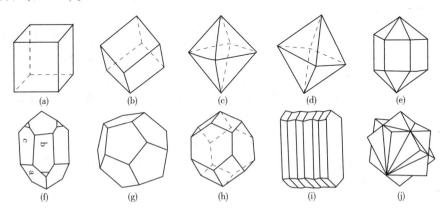

图 2-1　常见的晶体形态
(a)四方体(六面体)　(b)菱面体　(c)八面体　(d)四方双锥　(e)六方柱
(f)六方柱与菱面体的聚形　(g)五角十二面体　(h)菱形十二面体　(i)聚片双晶　(j)穿插双晶
(资料来源:宋春青等《地质学基础》(第三版),1996)

(1)矿物单体的结晶习性

结晶习性:在相同的生长条件下,一定成分的同种矿物总是形成某一特定形态的晶体,从而成为识别矿物的重要性质之一。

依矿物晶体在三维空间方向上的生长情况,常将矿物的结晶习性划分为 3 种类型:

①一向延伸型　晶体沿 1 个方向发育,常形成柱状、针状或纤维状等。

②二向延展型　晶体沿 2 个方向发育,常形成板状、片状等。

③三向等长型　晶体沿 3 个方向大致相等发育,常呈粒状。

注:只有晶质矿物才能呈现单晶体。同时,上述所讨论的晶形是矿物的理想晶体的表现。实际上晶体在形成过程中总会受到各种环境条件的限制与影响,从而形成不规则或不完整的晶形,与理想晶体相差甚远,不能表现出理想晶体所具有的全部特征。

(2)矿物集合体的形态

矿物集合体是指由同种矿物的多个单体聚集在一起的群体。这是自然界矿物常见的产出形式,其集合体形态主要取决于单体的形态和它们聚合的方式。

①显晶集合体　肉眼可辨认单晶体,常按单晶体集合的形态划分为粒状、柱状、针状、板状等,或者纤维状、放射状、簇状、树枝状等。

②隐晶和胶态集合体　显微镜下可辨认(隐晶)或不能辨认单晶体(胶态),常按形成

方式及外貌特征划分为结核、鲕状、豆状、分泌体(晶腺)、钟乳状等。

2.1.4.2 矿物的光学性质

矿物对可见光的吸收、反射、折射等所表现出来的各种性质,主要包括颜色、条痕、光泽、透明度。

(1)颜色

矿物颜色是矿物对可见光选择性吸收的结果,当不同波长的可见光(390~770 nm)被矿物吸收或反射后再进入肉眼所引起的视觉表现。透明矿物的颜色是透过矿物的光波颜色,而不透明矿物的颜色主要取决于该矿物反射光波的颜色。因此,在不同的光源下,矿物呈现的颜色会有不同。

根据矿物成色的原因,可将其颜色分为自色、它色、假色,最具鉴定意义的是矿物的自色。

①自色 矿物本身的化学成分与结构所决定的颜色,基本固定不变。

能使矿物呈色的色素离子主要是:Ti、V、Cr、Mn、Fe、Co、Ni、Cu 等和一些稀土元素的离子。例如,Cr^{3+}红色(刚玉),Fe^{2+}绿色(绿泥石),Fe^{3+}红色(赤铁矿),Cu^{2+}绿色(孔雀石)等。

②它色 矿物因含杂质而呈现的颜色,它色因杂质不同而变化。

例如,水晶(SiO_2)是无色透明的,因含 Fe^{3+}、Cr^{3+}、Al^{3+} 可显紫色、黄色、黑色,即为紫水晶、黄水晶、烟水晶。

③假色 矿物因反射、散射、干扰等而产生的颜色。

例如,因矿物表面氧化膜而呈色(锖色),因矿物内部的解理面或裂隙面而呈色(晕色),因观察角度不同而有颜色变化(变彩),矿物内部有微小其他矿物或胶体而呈乳白色(乳光)。

注:矿物的颜色应以矿物的新鲜面颜色为准。

(2)条痕

条痕是矿物粉末的颜色,是矿物在白色无釉瓷板(条痕板)上擦划留下的痕迹颜色。

条痕颜色较为固定,可消除假色或它色,从而显现矿物本身的自色,因而更具鉴定意义。对不透明矿物或透明—半透明彩色矿物更为突出。浅色而透明的矿物,其条痕多为近白色,鉴定意义不大。

注:条痕应以矿物的新鲜部分擦划获得,清晰条痕的细微变化推测矿物的成分与形成条件。

(3)光泽

光泽是矿物表面的总光量或者矿物表面对光的反射能力。反光能力越大,光泽越强。

根据矿物的光泽强弱,可分为以下几个等级:

①金属光泽 矿物具金属感,反光能力强,似抛光的金属面的反光。常见于不透明含金属矿物,如黄铁矿、自然金、自然银等。

②半金属光泽 反光能力较强,似未抛光的或陈旧的金属表面的反光。常见于不透明—半透明矿物,如褐铁矿、磁铁矿等。

③非金属光泽 不具有金属感的光泽。根据其表现又分为 8 种:

金刚光泽:矿物反光能力较强,闪亮耀眼,但不具金属感,似金刚石等宝石的磨光面的反光。例如，金刚石、浅色闪锌矿、辰砂等。

玻璃光泽：反光能力较弱，似玻璃表面的反光。例如，水晶、方解石、重晶石等。

珍珠光泽：在极完全解理的浅色透明矿物解理面上，有在贝壳内面见到的与珍珠相似的多彩光泽。例如，白云母、片状石膏等。

丝绢光泽：纤维状集合体的浅色矿物对光反射而呈现出的如蚕丝的光泽。例如，石棉、纤维石膏等。

脂肪光泽：透明矿物的不平滑断口上，对光的散射而呈现似油脂状光泽。例如，玛瑙、磷灰石等。

土状光泽：粉末状或土状集合体的矿物，表面呈似土的暗淡光泽。例如，高岭石、铝土矿等。

注：矿物的光泽与其颜色、条痕、透明度有一定关联，且一种矿物可以表现出多种光泽（表 2-1）。

表 2-1　矿物的光学性质关系表

颜色	条痕	光泽	透明度
金属色（深色）	深	金属光泽	不透明
↓逐渐过渡	↓逐渐过渡	↓半金属光泽	↓逐渐过渡
非金属色（浅色）	浅	非金属光泽	透明

（4）透明度

透明度是矿物允许可见光透过的程度。

矿物的透明与否并不是绝对的，主要受测试矿物的厚度影响。因此，研究中以 0.03mm 标准厚度的矿物薄片透光的程度，将其分为 3 级：透明、半透明、不透明。

日常工作中，用肉眼鉴定矿物透明度时，常以矿物碎片边缘（约 1cm 厚）透光程度+条痕进行鉴定。

①透明　矿物在 0.03mm 厚的薄片上能透光，矿物碎片边缘能清晰透见另一物，条痕无色或近白色。例如，冰洲石、水晶等。

②半透明　矿物在 0.03mm 厚的薄片上透光较弱，矿物碎片边缘可模糊透见另一物，条痕彩色。例如，辰砂、锡石、闪锌矿等。

③透明　矿物在 0.03mm 厚的薄片上不能透光，矿物碎片边缘不能透光，条痕黑色或金属色。例如，黄铁矿、磁铁矿、石墨等。

注：自然界的矿物没有绝对透明或不透明的，同一种矿物的透明度会因杂质、气泡、放射性等的影响而有差异；在不同介质中也会有一定的变化。

2.1.4.3　矿物的力学性质

矿物在外力作用下（如敲打、刻划等）所表现出来的各种物理性质，如解理、断口、硬度、弹性、脆性、挠性、延展性等。

（1）硬度

硬度是指矿物抵抗外力入侵（刻划、压入、研磨等）的能力，它是矿物的重要物理常数和鉴定标志。

矿物硬度是其内部结构牢固程度的表现，主要取决于化学键的类型和强度。根据硬度高的矿物可以刻划硬度低的矿物的情况，德国矿物学家弗莱德奇·摩氏提出用 10 种硬度递增的矿物为标准来衡量矿物的相对硬度，即摩氏硬度计。

摩氏硬度计，由软到硬分为 10 级：1-滑石、2-石膏、3-方解石、4-萤石、5-磷灰石、6-正长石、7-石英、8-黄玉、9-刚玉、10-金刚石。

各级之间硬度的差异不是均等的，等级之间仅表示硬度的相对大小。野外工作时，为了方便常借用简易器具来代替标准矿物的硬度：指甲 2~2.5、铜币 3~3.5、小刀 5~6.5、玻璃 5.5~6 等。

注：风化、裂隙、杂质及集合体方式等都会影响矿物的硬度，因此测试矿物硬度应尽量在颗粒大的单体的新鲜面上进行。

（2）解理与断口

①解理　矿物晶体受力后，沿一定的方向破裂，并产生光滑平面的性质。光滑面称为解理面。

解理的产生取决于矿物晶体内部质点的排列及质点间连接力的性质，同种矿物的解理，性质（方向和程度）是固定的，因而具有鉴定意义。通常根据解理产生的难易与完善程度，将矿物解理分为 5 个等级。

极完全解理：矿物受力极易破裂成薄片，解理面大而极薄，极光滑。例如，云母、石墨等。

完全解理：矿物受力后易裂成规则小块（不是薄片），解理面较大，光滑。例如，方解石、萤石等。

中等解理：矿物碎块上解理面不大，不光滑，不连续，常呈小阶梯状。例如，辉石、角闪石等。

不完全解理：矿物受力后较难得到解理，碎块上解理面小且不光滑。例如，绿柱石、磷灰石等。

极不完全解理：也称无解理。矿物受力后，很难出现解理。例如，石英、石榴石等。

需要注意的是：解理的概念只适用于矿物显晶单晶体。另外，矿物的解理有等级、方向、组数、夹角的不同，在不同方向观察解理，其表现形式不同（有时是面，有时是线）。

②断口　如果矿物受力后，不能沿一定方向破裂的性质。矿物破裂面就是断口。

矿物的断口与解理具有互为消长的关系，解理完全，则断口少见；若解理不完全，则断口易出现。同时，断口与解理不同，在晶体或非晶体矿物上都可发生。同种矿物的断口常具一定的形态，因而也可作为鉴定矿物的辅助特征。

根据断口的形状，常见以下几种：贝壳状断口、锯齿状断口、纤维状断口、参差状断口、土状断口。

2.1.4.4　部分矿物的特有性质

（1）发光性

矿物晶格吸收了较高的外界能量（如紫外线、X 射线、放射线、打击、摩擦、加热），而后以较低能量（可见光或红外光）释放出来的性质。例如，萤石、金刚石、磷灰石、白钨矿等。

（2）密度

矿物（纯净矿物）单位体积的质量称为密度（g/cm^3）。矿物密度与 4 ℃时同体积水的密度（$1\ g/cm^3$）之比称比重，其数值与密度数值相同，无量纲。大多数矿物的密度介于 2~3.5 g/cm^3，一些重金属矿物密度 5~8 g/cm^3，极少数矿物密度特别高。例如，自然银（10.5 g/cm^3）、自然金（15.6~19.3 g/cm^3）、自然铂（13.35~19 g/cm^3）。

（3）弹性和挠性

矿物受外力作用发生弯曲变形，当外力消失后，弯曲变形恢复原状的性质称弹性；弯曲变形后不能恢复原状的性质称挠性。属于弹性的如云母、石棉等；属于挠性的如滑石、绿泥石、蛭石等。

（4）脆性

矿物受外力作用时易发生碎裂的性质，是离子键矿物的一种特性，与矿物的硬度无关。例如，食盐、方解石、石榴石、金刚石等。

上述矿物物理性质，不一定对每种矿物都需应用，因为有许多矿物只有某几种性质显著，常常根据一、二种性质就可以鉴定其为某种矿物。

2.1.5　主要的造岩矿物性质特征

2.1.5.1　原生矿物

（1）石英 SiO_2

晶体呈柱状，柱面常见横纹，集合体呈晶簇状、致密块状，隐晶质石英称玉髓，显晶质石英称水晶。水晶无色透明，含杂质时呈各种颜色，玻璃光泽、断口油脂光泽，硬度 7，无解理。

石英在自然界分布最广，是最主要的造岩矿物，在各类岩石中都常见。由于化学性质稳定，硬度大，不易风化，因而在岩石风化后，常以砂粒碎屑状残留，从而成为土壤中砂粒的主要来源。石英化学成分简单，含盐基少，形成的土壤母质养分贫乏，酸性较强。

（2）长石类矿物

长石类矿物的类质同象替代很发育，岩石学中主要是正长石与斜长石。

①正长石 $K[AlSi_3O_8]$　晶体短柱状，常见卡氏双晶（同一断面上可见反光不同的两部分）。颜色肉红或浅黄，玻璃光泽，二组解理（完全或中等），硬度 6~6.5。

正长石在自然界分布广泛，是浅色岩浆岩、变质岩和沉积碎屑岩的主要造岩矿物。易风化，风化后形成水云母和高岭石等黏土矿物，并为土壤提供大量 K 养分。

②斜长石 $Na[AlSi_3O_8]_x$-$Ca[Al_2Si_2O_8]_y$（$x+y=100$）　板状和板柱状晶体，聚片双晶，白色或灰色，玻璃光泽，二组斜交解理（一组完全、一组中等）而得名，硬度 6~6.5，半透明。

斜长石在自然界分布极广，主要存在于岩浆岩与变质岩中，比正长石容易风化，且随风化过程的进行形成不同的次生矿物，如绿帘石、蒙脱石、方解石等，并为土壤提供 K、Na、Ca 等矿物养分。

（3）云母类矿物

云母类矿物有白云母和黑云母。

①白云母 $K\{Al_2[AlSi_3O_{10}](OH，F)_2\}$　晶体片状、鳞片状，无色或浅黄、浅绿，透明，极完全解理，薄片有弹性，珍珠光泽，硬度 2~3。

白云母是许多岩浆岩和变质岩的主要造岩矿物，较难风化，常以反光性明显的细小鳞片状混杂于砂土中，强烈风化后能转变为高岭石、水云母等黏土矿物，是土壤 K 的重要来源之一。

②黑云母 $K(Mg，Fe^{2+})_3(Al，Fe^{3+})Si_3O_{10}(OH，F)_2·(Mg，Fe^{2+}，Al)_3(Si，Al)_4O_{10}(OH)_2·4H_2O$　黑云母颜色呈深褐色或黑色，单晶体以短柱状、板状为主，集合体以鳞片状，其他性质与白云母相似，易于风化，形成蛭石、绿泥石、蛋白石与铁铝氧化物等多种次生矿物。

黑云母主要分布在花岗岩、变质岩中，风化物常呈碎片状，是土壤 K 的重要来源之一。

（4）普通角闪石 $Ca_2[Na(Mg，Fe^{2+})_4Al](Si_7Al)O_{22}](OH)_2$

普通角闪石并不是指一种矿物，是闪石矿物中的一类，如钙镁闪石、浅闪石、韭闪石等都属于普通闪石。其晶体细长柱状，深绿至黑色，条痕浅灰绿色，玻璃光泽，二组完全解理，硬度 5~6。

角闪石主要存在于岩浆岩和部分变质岩中，易风化，风化后常形成蛭石、蒙脱石、碳酸盐、氧化铁等次生矿物或次生黏土矿物，随风化过程为土壤提供大量 Ca、Mg、Fe、Al 等养分元素。

（5）普通辉石 $(Ca，Na)(Mg，Fe，Al，Ti)(Si，Al)_2O_6$

普通辉石属于辉石类矿物，晶体短柱状，黑绿或黑褐色，条痕浅灰绿色，二组中等解理，硬度 5.5~6。

辉石广泛存在于基性岩浆岩和变质岩中，比角闪石难风化，风化产物与角闪石相同。

（6）橄榄石 $(Mg，Fe^{2+})_2SiO_4$

橄榄石又名太阳宝石。单晶少见，常以粒状集合体出现，草绿色，玻璃或油脂光泽，透明，解理不完全，脆性大，硬度 6~7。

橄榄石为超基性岩浆岩的主要组成矿物，不与石英共生，基性岩浆岩和镁质碳酸的变质岩中可见，易风化，风化产物有蛇纹石、滑石、氧化铁、硅胶等，并为土壤提供大量 Mg、Fe 等盐基离子。

2.1.5.2　次生矿物

（1）方解石 $CaCO_3$

"敲破，块块方解"而得名。晶体菱形，集合体晶簇、粒状、钟乳状等，白色或杂色（因杂质而不同），半透明，三组完全解理，玻璃光泽，硬度 3，脆性，遇冷稀盐酸剧烈起泡(CO_2)。

方解石分布很广，无色透明者称冰洲石，是大理岩、石灰岩、沉积岩岩脉、溶洞堆积物的主要矿物，化学风化为主，为土壤提供大量的 Ca 元素。

(2) 白云石 $CaMg(CO_3)_2$

晶体呈弯曲的马鞍状、粒状、致密块状等，灰白、灰黄色，性质与方解石相似，但硬度稍大 3.5~4，与冷稀盐酸反应微弱，是与方解石的主要区别。

白云石是白云岩、白云质灰岩的主要矿物，比石灰岩稳定，风化物是土壤 Ca、Mg 养分的主要来源。

(3) 磷灰石 $Ca_5[PO_4]_3(OH, F)$

磷灰石或氟磷灰石，是一类含钙磷酸盐矿物的总称。晶体六方柱状，集合体致密块状、球状、粒状等，黄绿、黄褐等色，玻璃或油脂光泽，不完全解理，硬度 5，加热后可现磷光，将饱和钼酸铵的硝酸溶液滴在新鲜断面上，可见黄色沉淀(磷钼酸铵)。

磷灰石以次要矿物存于岩浆岩和变质岩中，规模型的磷灰石矿床属于浅海沉积或沉积变质岩，较难风化，风化产物是土壤磷养分的重要来源。

(4) 石膏 $CaSO_4 \cdot 2H_2O$

晶体板状、柱状，双晶常见燕尾双晶或箭头双晶，集合体多呈致密块状或纤维状。无色或浅色，玻璃或丝绢光泽，半透明，极完全解理，硬度 2。

石膏是干热气候下的盐湖沉积，根据硫酸钙($CaSO_4$)的水合程度又分为生石膏 $CaSO_4 \cdot 2H_2O$、熟石膏 $2CaSO_4 \cdot H_2O$(又名半水石膏)、硬石膏 $CaSO_4$(又名无水石膏)，易风化，遇盐酸反应不起泡，常作碱性土壤改良剂。

(5) 铁矿类

铁矿类包括赤铁矿、褐铁矿、针铁矿、磁铁矿、黄铁矿等。

①赤铁矿 $\alpha\text{-}Fe_2O_3$　晶体板状，常为鲕状、块状、土状集合体，钢灰、铁黑、红色，条痕樱红、红棕色，半金属光泽，硬度 5~6，风化者硬度 2(可染手呈红色)。

广泛分布于各类岩石中，常将土壤染成红色，在地表很稳定，潮湿环境中可水化为针铁矿。

②褐铁矿 $Fe_2O_3 \cdot nH_2O$　含铁矿物的风化产物，成分不纯。为土状、钟乳状、结核状、块状等，黄褐至黑褐色，条痕黄褐色，半金属光泽，可把土壤染成黄褐色。

③针铁矿 $FeO(OH)$　晶体针状、柱状并具纵纹，集合体钟乳状、块状，黄褐、褐红色，条痕黄褐色，半金属光泽，硬度 5~5.5，完全解理，脆性。

针铁矿又称沼铁矿，是含铁矿物经氧化分解形成的盐类再经水解作用的产物，广泛分布于地表。

④磁铁矿 $Fe^{2+}Fe_2^{3+}O_4$　晶形八面体和菱形十二面体，集合体粒状，条痕黑色，半金属光泽，硬度 5.5~6.5，具强磁性，脆性。炎热条件下可氧化为赤铁矿或褐铁矿。

⑤黄铁矿 FeS_2　立方晶体和，集合体粒状，铜黄色，条痕绿黑色，金属光泽，无解理，断口参差状，硬度 6~6.5，脆性，燃烧时有臭味，易氧化成褐铁矿，是炼制硫黄和硫酸的主要原料。

（6）锰矿类

主要是软锰矿 MnO_2 和硬锰矿 $mMnO \cdot MnO_2 \cdot nH_2O$。

两者均为黑色，条痕黑色，半金属光泽。软锰矿晶体粒状、块状，硬度 2，能污手；硬锰矿晶体钟乳状、树枝状，硬度 4~6，脆性，常含铁、钙、铜、硅等杂质。

两种锰矿均为含锰矿物在地表条件下风化形成的次生矿物，风化层中常见，可做微量元素锰肥。

（7）蛋白石 $SiO_2 \cdot nH_2O$

非晶质，通常呈块状、钟乳状，无色或蛋白色，因含杂质而呈各色，玻璃或油脂光泽，半透明，具蛋白光，断口贝壳状，硬度 5~5.5。

由 SiO_2 胶体沉淀而成，可作宝石、变彩的蛋白石又称欧泊、澳宝，若沉淀于生物遗骸中，则形成"有机宝石"，如"树化玉""螺化玉"，是硅藻土主要成分，化学性质稳定，脱水后可变石英。

（8）黏土矿物

黏土矿物是一类含 Al、Mg 为主的含水硅酸盐矿物，常见的黏土矿物有高岭石、伊利石、蒙脱石等，对土壤理化性质均有较大影响。

①高岭石 $Al_2[Si_2O_5](OH)_4$ 隐晶质，集合体土状，白色或浅色，土状或无光泽，硬度 1~2.5，吸水性强，颗粒细腻，有滑感。

高岭石是风化物和土壤中的主要黏粒，吸水性强，具可塑性，无湿胀性，化学稳定性，是瓷器与陶器的主要原料，又称陶土、观音土、白泥等。

②伊利石 $K_2-xAl_4[Al_2-xSi_6+xO_{20}](OH)_4$ 晶体鳞片状，集合体土状，白色或杂色，油脂光泽，一组完全解理，硬度 1~2，薄片有弹性，可塑性、胀缩性、吸附性均好于高岭石而弱于蒙脱石。

伊利石主要由白云母或钾长石风化而来，属于富钾的中间过渡型黏土矿物，广泛分布于泥质岩及各类土壤，尤其干旱、半干旱区土壤，可提供土壤 K 素养分。

③蒙脱石 $(Na, Ca)_{0.3}(Al, Mg)_2Si_4O_{10}(OH)_2 \cdot nH_2O$ 晶体小鳞片状，集合体致密块状，白色或浅色，土状光泽，硬度 1~2，滑腻感，浸水后显著膨胀，较强的可塑性、黏结性和胀缩性。

蒙脱石主要由岩浆岩在碱性条件下风化而成，在半干旱区或矿物风化度较低的土壤中普遍存在。

2.1.5.3 变质矿物

（1）石榴石 $A_3B_2[SiO_4]_3$

A 代表 Ca^{2+}、Mg^{2+}、Fe^{2+}、Mn^{2+} 等，B 代表 Al^{3+}、Fe^{3+}、Cr^{3+} 等。晶体菱形十二面体、四角三十八面体或二者的聚合形（形似石榴子），晶面有条纹，集合体粒状，色红、棕、黄、黑等，玻璃或油脂光泽，无解理，断口参差或贝壳状，硬度 6.5~7.5。

典型变质矿物，性质稳定，常见于漂砂中，鲜亮透明者可做宝石。

（2）红柱石 $Al_2(SiO_4)O$

晶体长柱状（横断面近四方形），集合体粒状、放射状（菊花石），灰白、粉红、绿等色，玻璃光泽，透明至半透明，断口不平坦状至次贝壳状，硬度 6.5~7.5，脆性。

常见于接触变质带的泥质岩和侵入体的接触带，典型的变质矿物，高级耐火材料，彩色透明晶体可做宝石。

(3)绿帘石 $Ca_2Al_2(Fe^{3+},Al)[Si_2O_7][SiO_4]O(OH)$

晶体柱状，晶面上有纵纹，集合体粒状或放射状，黄绿色，玻璃或油脂光泽，透明至半透明，一组完全解理，硬度 6~7，在遇热盐酸能部分溶解。

典型的变质岩，广泛存在于变质岩、受热液作用的岩浆岩中，晶体是名贵珠宝饰品原矿石。

(4)蛇纹石 $Mg_3Si_2O_5(OH)_4$

通常呈块状、纤维状，各种不同的绿色，油脂或丝绢光泽，透明或半透明，一组完全解理，硬度 2~4，有滑感。

纤维状蛇纹石常作石棉用，农业上常用来制造肥料，色泽亮丽而透明致密者可做玉石饰品。

(5)滑石 $Mg_3[Si_4O_{10}](OH)_2$

晶体片状，集合体块状，白色、浅黄、浅绿，玻璃或珍珠光泽，极完全解理，硬度 1，具滑感，薄片具挠性。

滑石是由含镁的岩石热变质而成，用途广泛，可制成滑石粉，做各种填充料或农药吸收剂等。

(6)硅灰石 $CaSiO_3$

晶体针状、板状，集合体纤维状、放射状，灰白或淡红，玻璃、丝绢或珍珠光泽，半透明，一组完全解理，硬度 4.5~5，脆性，易溶于盐酸并析出 SiO_2。

硅灰石是酸性岩浆岩与石灰岩接触带的变质矿物，造纸、水泥等的原料，农业上用作硅、钙肥原料。

2.2　主要的成土岩石

地壳中的矿物很少单独存在，通常是以一定的规律结合在一起的，这就是岩石。岩石是各种地质运动的作用对象，是漫长的地质历史过程中各种地质事件的记录仪，是研究地球发展演化规律的最重要客观依据，是重要的建筑与工业原材料，也是生活用品及工艺品原料。因此，人们对岩石的研究广泛而深入。

地表及近地表的岩石，是土壤形成的物质基础，是深入研究土壤及土壤肥力形成与发育的起点。

2.2.1　岩石的概念

岩石是构成地壳的矿物的自然集合体，具有一定的矿物组成、结构和构造。自然界的岩石种类很多，按成因可分为岩浆岩、沉积岩、变质岩三大类。这 3 类岩石在地壳中的分布不一致，因沉积岩形成于地表及近地表环境，因而沉积岩在地表分布很广，占地表总面积约 75%。但在重量上，岩浆岩、变质岩合计占了地壳总量的 95% 左右，沉积岩仅占约 5%(表 2-2)。

表 2-2 岩石的地表分布

岩类特点		岩浆岩	变质岩	沉积岩
分布情况	按重量	合计：95 %	5 %	
	按面积	合计：25 %	75 %	
	主要岩石	花岗岩、玄武岩、安山岩、流纹岩等	混合岩、片麻岩、片岩、千枚岩、大理岩等	页岩、砂岩、石灰岩等

资料来源：宋春青等，《地质学基础》（第三版），1996。

2.2.2 岩浆岩概述

2.2.2.1 岩浆及岩浆岩的概念

（1）岩浆

岩浆是来自于上地幔或地壳深处的硅酸盐熔融体，位于地下深处，高温、高压、富含挥发性成分。通常，岩浆温度变化在约 700~1200 ℃，所含挥发性气体主要是 H_2S、SO_2、HF、CO_2、H_2O 等，具有黏性，呈高温熔融状。因地质活动，岩浆可沿构造带上升并侵入岩石层，甚至喷出地表。

岩浆的发生、运移、聚集、变化及冷凝过程，称为岩浆作用，也称岩浆活动，一般表现为 2 种不同的活动方式：喷出作用和侵入作用。岩浆过程的进行，岩浆逐渐冷却凝固，构成了各种岩浆岩。

（2）岩浆岩的概念及其产状

由岩浆冷却凝固形成的岩石称为岩浆岩。它是构成地壳的主要岩石类型，占地壳体积的 65 %。

岩浆侵入体在地下的空间位置称为岩浆岩的产状（图 2-2），是侵入体形态、大小、与围岩的接触关系的总和。一般可分为深成侵入岩、浅成侵入岩、喷出岩。

①深成侵入岩　岩浆侵入地壳，在 3 km 以下的地壳深处冷凝形成的岩石。一般规模大，产状主要为岩基、岩株。

②浅成侵入岩　岩浆侵入到地表至地下 3 km 范围的近地表处冷凝形成的岩石。因岩浆侵入围岩的构造裂隙而规模较小，产出状态表现为岩床、岩墙、岩盖、岩被、岩脉等。

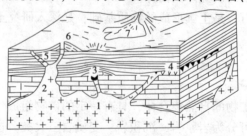

图 2-2 岩浆岩产状示意

1. 岩基　2. 岩株　3. 岩盘　4. 岩床　5. 岩墙和岩脉　6. 火山锥　7. 熔岩流

（资料来源：宋春青等《地质学基础》（第三版），1996）

③喷出岩　岩浆喷出或溢出地表冷凝而成的岩石，包括由固体喷发物堆积固结而成的火山碎屑岩，喷/溢出地表的熔浆冷凝而成的喷出岩。常见的产状有：熔岩锥（火山锥）、熔岩流、熔岩被等。

2.2.2.2　岩浆岩的特征

（1）岩浆岩的矿物成分

岩浆岩的矿物成分是岩浆岩分类、定名和鉴定的主要依据。组成岩浆岩的矿物属于原生矿物，最常见的有：石英、斜长石、正长石、白云母、角闪石、辉石、橄榄石等。

根据矿物在岩石中的含量与是否作为岩石分类定名依据，将其分为主要矿物（含量>10%）、次要矿物（含量5%~10%）和副矿物（含量很少）。

（2）岩浆岩的结构

岩浆岩的结构是指岩浆岩中矿物的结晶程度、颗粒大小、矿物形状、矿物间相互关系（四要素），是岩浆岩在不同形成环境（温度、压力等）下的具体表现。岩浆岩主要结构有：

①全晶等粒结构　岩石中的矿物全部结晶，颗粒较均匀。根据晶体大小又分粗粒、中粒、细粒。一般出现在岩浆温度下降较为缓慢地侵入岩中。

②斑状结构　岩石中矿物颗粒大小不一，地下深处先结晶的大斑晶散布在快速冷凝的基质中。基质一般为非晶质或隐晶质，常见于浅成或喷出岩中。如果基质为显晶质，则称为似斑状结构。

③隐晶质结构　在显微镜下才能分辨颗粒细小的矿物颗粒。常见于冷凝较快的浅成或喷出岩中。

④玻璃质结构　岩石中的矿物没有结晶，岩石类似玻璃的非晶态固体。为喷出岩常见的结构。

影响岩浆岩结构的主要因素：冷却速度、岩浆性质（黏度、挥发性成分含量）。

（3）岩浆岩的构造

岩浆岩的构造指岩石中各种矿物的排列方式和填充方式所赋予岩石的外貌特征。构造与结构同样是岩浆岩对不同形成环境（温度、压力等）的具体反映。主要构造有：

①块状构造　岩石中各种矿物的排列没有特殊方式，分布大致均匀的块体。常见于侵入岩，岩浆在静止状态下冷凝而成。

②流纹构造　岩石中不同成分各种颜色的矿物因熔浆流动而呈定向排列，似流动纹路的岩石，是岩浆流动的标志。常见于酸性喷出岩，如流纹岩。

③气孔构造　喷出地表的熔浆，因冷凝较快，从熔浆中逸出的气体未及时逃逸而形成的孔洞。为喷出岩所拥有的构造，如玄武岩，以浮岩、火山渣最典型。

④杏仁构造　具有气孔构造的岩石，其中的气孔被后期的矿物（多为方解石、石英、玉髓、绿泥石等）填充所形成的构造。常见于喷出的熔岩表层。

（4）岩浆岩分类与主要岩浆岩

①岩浆岩分类　岩浆岩的种类很多，目前已知的已有1000余种。工作中主要根据岩石的产状、矿物成分、结构和构造，对岩浆岩进行分类与野外鉴别（表2-3）。

通常根据《岩浆岩分类和命名方案》（GB 14712.1—1998）对岩浆岩按 SiO_2 重量百分数

表 2-3　岩浆岩分类简表

化学成分			酸性	中性	基性	超基性
			富含 Si、Al		富含 Fe、Mg	
SiO$_2$含量(%)			>65	65~52	52~45	<45
颜色			浅色(灰白、浅红、淡褐等)→深色(深灰、黑、暗绿等)			
主要矿物成分			正长石 石英 黑云母 角闪石	正长石 角闪石 黑云母	斜长石 角闪石 辉石 黑云母	斜长石 辉石 角闪石 橄榄石	辉石 橄榄石 角闪石
产状	结构	构造	岩石类型			
喷出岩	玻璃质	流纹、气孔、杏仁、块状	黑曜岩、浮岩、火山凝灰岩、火山角砾岩、火山集块岩等			
	隐晶、斑状、细粒		流纹岩	粗面岩	安山岩	玄武岩	金伯利岩
侵入岩	浅成岩	伟晶、细晶	块状	各种岩脉(伟晶岩、细晶岩、煌斑岩等)			
		隐晶、斑状、细粒		花岗斑岩	正长斑岩	闪长玢岩	辉绿岩	苦橄玢岩
	深成岩	中粒、粗粒、似斑状	块状	花岗岩	正长岩	闪长岩	辉长岩	橄榄岩 辉岩

资料来源：梁成华《地质与地貌学》，2002。

划分类型：超基性岩 SiO$_2$<45%；基性岩 SiO$_2$45%~52%；中性岩 SiO$_2$52%~63%。酸性岩 SiO$_2$>63%；超酸性岩 SiO$_2$>75%；碱性岩 SiO$_2$45%~52%、(Na$_2$O+K$_2$O)>9%。

②主要岩浆岩简介

a. 超基性岩：橄榄石、辉石、角闪石等 Fe、Mg 矿物占绝对优势，颜色深，密度较大(3.2~3.3g/cm^3)，占岩浆岩分布面积的 0.4%，易风化，风化物铁锈色。

i. 深成侵入岩：橄榄岩(橄榄石含量 40%~90%)、辉石岩(辉石>90%)、角闪石岩(普通角闪石>90%)。

ii. 浅成侵入岩：苦橄玢岩(斑状，斑晶：橄榄石、辉石)；金伯利岩(斑状，斑晶：橄榄石、石榴石，常以岩脉形式产出，有金刚石岩石中)。

b. 基性岩：仍以 Fe、Mg 矿物为主(40%)，主要矿物为辉石、斜长石，颜色较深，分布较多，较易风化，风化产物多为黏土矿物，氧化铁锰较多。

i. 深成侵入岩：辉长岩(主要矿物斜长石、辉石)，以及过渡岩类橄长岩、闪长辉长岩。

ii. 浅成侵入岩：辉绿岩(主要矿物斜长石、辉石，晶体细小)。

iii. 喷出岩：玄武岩(主要矿物斜长石、辉石，隐晶、斑状、玻璃质结构，气孔、杏仁等构造)。

c. 中性岩：Fe、Mg 矿物含量均减少，角闪石、斜长石为主，含少量石英，颜色浅灰，具有一定的抗风化能力，风化后产生黏粒较多，能提供较多的 Fe、Ca、Mg 养分。

ⅰ. 深成侵入岩：闪长岩(显晶结构)。

ⅱ. 浅成侵入岩：闪长玢岩(斑状结构，斑晶斜长石)。

ⅲ. 喷出岩：安山岩(隐晶或斑状结构，斑晶为斜长石)。

d. 酸性岩：Fe、Mg 矿物含量少，石英、正长石、斜长石等浅色矿物含量达 90 % 以上，颜色浅，抗风化能力强，风化产物砂性重，酸度较大，风化后释放较多的 K、Si 等元素。

ⅰ. 深成侵入岩：花岗岩(显晶结构，主要矿物为正长石、石英、斜长石、黑云母等)。

ⅱ. 浅成侵入岩：花岗斑岩(斑状，斑晶正长石、斜长石、石英)。

ⅲ. 喷出岩：流纹岩(隐晶、玻璃结构，流纹构造，含石英斑晶)。

e. 脉岩：在原深成岩的裂隙中，由岩浆填充而形成的岩石，常呈脉状产出，故称脉岩。

深色岩脉称皇斑岩(由辉石、角闪石等深色矿物组成，FeO、MgO 含量高)，浅色岩脉常见伟晶花岗岩(结晶颗粒粗大)或花岗细晶岩(晶体细粒)。

2.2.3　沉积岩概述

沉积岩是分布于地表或近地表的早期形成的各类岩石，在常温、常压、大气、水等因素的影响下，风化、破碎、搬运、堆积在低洼处，经压固、脱水、胶结而形成的岩石。

沉积岩是地表分布最广的岩石类型，其特有的形成过程，使岩石中有了新的矿物成分(次生矿物)和生物活动痕迹，从而具有了与先成岩石不同的新的特征特性。

自然界分布最多的沉积岩(黏土岩、砂岩、石灰岩)约占沉积岩总量的 95 % 以上，拥有全部的煤、石油、天然气等有机矿产，丰富的磷、石膏、石灰、钾盐、石盐、铁、锰、铜、铝等沉积矿产。

2.2.3.1　沉积岩的形成过程

先成岩石经风化剥蚀形成的产物是疏松的碎屑与化学沉淀物，同时混有各种生物残骸，需要经过一系列的成岩作用，才能形成岩石。

(1)风化碎屑的搬运沉积

在流水、风、冰川等外力的作用下，碎屑颗粒以滚动、跳跃、悬浮等方式由高向低搬运，并在搬运力下降时，按先大(重)后小(轻)的顺序逐渐沉积下来。

碎屑的搬运沉积过程受颗粒特性、搬运力和沉积环境的影响，在搬运和沉积过程中按一定顺序在地表依次沉积，伴随着化学成分的不断变化、碎屑颗粒的不断变小和圆化，从而赋予了沉积岩的沉积分异作用，表现为：碎屑颗粒沿搬运力方向上按照颗粒大小、比重、形状发生分异，依次沉积，相应地形成砾石、粗砂、粉砂、细砂、黏土等颗粒上的沉积分异，并随搬运距离的加长而不断磨圆，具有分选性和磨圆性。

溶液中物质的化学沉积受溶解度影响，沉积分异次序大致为：氧化物→铁硅酸盐→碳酸盐→硫酸盐→卤化物。生物过程所产生的沉积有生物遗体沉积或者生物化学沉积(新陈代谢所引起的物质沉淀)，前者在沉积岩中出现化石，后者在沉积岩中出现新的沉积物质，如煤、石油等。

（2）压固与胶结作用

①压固　随着沉积厚度的不断增加，下层沉积物受到新沉积覆盖物的积压而逐渐呈现水气排出、密度加大、体积缩小、颗粒排列致密等反应，并因上下层沉积物间碎屑颗粒的不同而表现出不同程度的层次分异。

②胶结　在沉积物被压固的过程中，碎屑颗粒间的缝隙被细小颗粒或化学沉淀物所填充，并将松散的沉积物黏结在一起。被填充的松散沉积物称基质，填充的黏结物称胶结剂。胶结剂有化学的和机械的 2 种类型，常见的有：硅质（SiO_2）、铁质（$Fe_2O_3 \cdot nH_2O$）、钙质（$CaCO_3$）、泥质（黏土），胶结力按顺序逐渐降低，相应的岩石抗风化能力也逐渐减弱。

（3）成岩作用

松散堆积的沉积物，经过一系列物理、化学和生物化学作用最后成岩的过程。经过压固胶结后的沉积物，经过交待、重结晶、充填、自身矿物形成等作用，最终成岩。

2.2.3.2　沉积岩的特征

（1）沉积岩的矿物成分

沉积岩中含有较多抗风化能力强的原生矿物，同时有大量新形成的次生矿物。已知的沉积岩矿物多达 160 多种，但主要造岩矿物只有 20 多种。

①沉积岩的特有矿物　反映沉积环境，对沉积岩的成因具有重要的指示性，属于次生矿物。

黏土矿物、白云石、方解石、铁锰氧化物、石膏、磷酸盐矿物、有机组分。有机组分是沉积岩的重要特征之一，如化石、煤层、油页岩等，只能在沉积岩中存在。

②继承矿物　先成岩石风化后残留的抗风化力强的原生矿物碎屑，是沉积碎屑的主要构成。例如，石英、钾长石、钠长石、白云母等。

（2）沉积岩的结构

沉积岩的结构是指岩石组成分的颗粒大小、形状及相互间的关系。

①碎屑结构　先成岩石因机械破碎产生的碎屑颗粒经胶结作用而形成的岩石结构。

岩石主要组成分包括：矿物碎屑（如石英、长石、白云母等）、岩石碎屑。

胶结剂：硅质、铁质、钙质、泥质。

碎屑颗粒：按大小（mm）划分砾（2~10 mm）、砂（0.05~2 mm）、粉砂（0.005~0.05 mm）、泥（<0.005 mm）。由火山碎屑经沉积成岩作用所形成的岩石结构称为火山碎屑结构。

碎屑磨圆度：根据碎屑颗粒在搬运过程中的磨损程度分为圆状、棱角状。

②化学结构　因化学或生物化学作用有矿物结晶形成晶粒的岩石结构。主要包括石灰岩、白云岩、硅质灰岩。

③生物结构　直接由生物残骸构成的岩石结构。一般生物残骸的含量>30 %，如珊瑚礁岩。

2.2.3.3　沉积岩的构造

沉积岩构造是指沉积物因各种作用而形成的岩石中各种物质成分的空间分布和排列方式，是沉积岩的重要宏观外貌特征与沉积环境的反映。

（1）层理构造

沉积物在沉积过程中，因气候、环境等变化而引起的沉积物在颜色、成分、粒度、厚度等方面显现的沿垂直方向上的成层现象。它是沉积岩区别于岩浆岩、变质岩的重要标志。

层与层的不同，是由于沉积时期、沉积环境等不同所造成的。根据层理的形态，可分为水平层理、波状层理、交错层理、斜层理。后 3 种层理一般都反映浅水环境(风成除外)。

在一个基本稳定的环境下形成的沉积单位叫层。一个层的顶面或底面称层面，层面不一定是平的。层的厚度可以反映在单位地质时间内的沉积速度。通常根据层厚分为：块状(>100 cm)、厚层(50~100 cm)、中厚层(10~50 cm)、薄层(1~10 cm)、页片层(0.1~1 cm)。

(2)层面构造

沉积岩层面上保留的因自然作用而产生的痕迹。它是岩石沉积环境的真实记录。

常见的层面构造有：波痕、干裂、雨痕、生物痕迹等。

化石是在自然作用下，保存于沉积岩中的古生物遗体、遗骸、遗迹或遗物的总称。

2.2.3.4　沉积岩分类与主要沉积岩

(1)沉积岩分类

沉积岩按成因及组成可以分为两大类：碎屑岩类、化学岩与生物化学岩类，详见表 2-4。

表 2-4　沉积岩分类简表

岩石类型		主要沉积物来源	主要沉积作用	结构特征	岩石名称
碎屑岩类	沉积碎屑岩亚类 火山碎屑岩亚类	母岩机械破碎的碎屑 火山碎屑	机械沉积	沉积碎屑结构 火山碎屑结构	砾岩、角砾岩 砂岩 粉砂岩 火山集块岩 火山角砾岩 凝灰岩
	黏土岩(泥质岩)类	母岩化学风化形成 的次生黏土矿物	机械沉积和胶体沉积	泥质结构	黏土岩 泥岩 页岩
	化学岩与 生物化学岩类	母岩化学风化形成的 可溶盐、胶体物质、 生物化学作用产物、 生物遗骸	化学沉淀、生物沉积	化学结构、 生物结构	铝、铁、锰质岩 硅、磷质岩 碳酸盐岩 盐类岩 可燃有机岩

资料来源：梁成华《地质与地貌学》，2002。

(2)主要沉积岩简介

①碎屑岩　包括沉积碎屑岩与火山碎屑岩。

a. 沉积碎屑岩：为陆源碎屑岩类，主要由机械破碎的矿物碎屑和岩石碎屑经搬运沉积而成的岩石。依碎屑颗粒的大小分为砾岩(角砾岩)、砂岩、粉砂岩、泥岩。

i. 砾岩：由粗大砾石(直径>2 cm)经胶结作用而成。层理不发育，碎屑组成及胶结剂对岩石的矿物成分和风化难易影响较大，风化产物中常见大小不等的砾石、粗砂，养分贫乏，易干旱。砾石磨圆度较高者称砾岩，否则称角砾岩。

ii. 砂岩：主要由砂粒胶结而成的岩石，是粗细不等的各种砂质岩石的统称。矿物成分以石英、长石、岩屑为主，云母次之，手感粗糙。层理构造，风化难易受胶结剂影响明显，风化产物多砂而松散。

iii. 粉砂岩：矿物成分单一，主要以石英为主，长石、云母次之，颗粒细小（直径 0.05~0.005 mm），胶结剂多为黏土、Ca 质或 Fe 质，层理构造，风化产物板结密闭。黄土高原上的黄土，是由黏土、$CaCO_3$ 胶结的半固结黏土粉砂岩，层理不明显，垂直裂隙发育。

iv. 泥岩：沉积岩中分布最广的岩石。由直径<0.005 mm 的细小颗粒组成，主要为黏土矿物，手感细腻，风化产物黏性大，养分含量较多，对水肥的保蓄性良好。层理构造明显，厚度小于 1 cm 的称页岩。因沉积环境不同而含有不同的化学沉积物（如氧化铁锰、碳酸盐、硫酸盐等）与有机质。

b. 火山碎屑岩：主要由火山喷发产出的火山碎屑，经沉积、压固、胶结而成的岩石。其组成分是火山碎屑，因颗粒大小不同又可分为：集块岩、火山角砾岩、凝灰岩，前两种岩石主要分布于火山附近，而凝灰岩分布较为广泛。

②化学岩与生物化学岩　为内源沉积岩类，由沉积区水溶液中的溶质经化学或生物化学作用沉淀的物质组成。主要矿物成分较多，如含 Fe、Al、P、Si、CO_3^{2-}、SO_4^{2-}、Cl^- 等成分的矿物，以及有机质等。常见岩石有：碳酸盐岩、硅质、铝质、铁质、锰质及磷质岩、蒸发岩（硫酸盐、卤化物）、可燃有机岩等。

a. 石灰岩：包括石灰岩（化学沉积）、生物灰岩（生物沉积），主要矿物为方解石，少量白云石、石英、黏土矿物等，颜色多变（灰白—灰黑），化学或生物化学沉积，与冷稀盐酸强烈起泡是其显著特征。易化学风化，常形成溶蚀洞穴、石峰、石林等地形，风化物黏重、富钙。

b. 白云岩：主要矿物为白云石，含少量方解石、石膏及黏土矿物等，外表特征与石灰岩极为相似，但较坚硬，遇冷稀盐酸起泡微弱，抗风化能力强于石灰岩，风化表面多见格状溶沟，风化物富钙、镁。白云岩中随方解石含量的增多，有逐渐向石灰岩过渡的类型，如石灰质白云岩或白云质石灰岩等。

c. 泥灰岩：为石灰岩与泥岩的过渡类型，当石灰岩中的黏土矿物含量增加到 25 %~50 %即称泥灰岩，泥质或微粒结构，加冷稀盐酸起泡并有泥质残留物，颜色多变，常呈薄层状分布于石灰岩与泥岩之间。

d. 硅质岩：主要由蛋白石、石髓、石英、碧玉中的一种矿物组成的沉积岩或变质岩，SiO_2 含量较高，包括燧石岩、硅藻土、碧玉岩等。

i. 燧石岩：由微晶石英和玉髓组成，致密坚硬，锤击冒火花，深灰色和黑色，隐晶质结构。

ii. 硅藻土：古代的硅藻遗体组成，属于生物沉积，主要矿物成分蛋白石，含有黏土矿物及生物质等，颜色浅，具有细腻、松散、多孔、无毒等特点，吸水性、渗透性强，在工农业领域广泛应用。

iii. 碧玉岩：主要矿物成分为自生石英，含氧化铁与生物残体，呈各种颜色，红色或绿色多见。

2.2.4　变质岩概述

变质岩是先成岩石(原岩)在内力地质作用下，受高温、高压和化学活性物质的影响，发生成分、结构和构造等的改变形成的新岩石。

变质岩是组成地壳的主要岩石，一般形成于地下深处，随地壳运动而出露地表，在地表分布范围较小。岩石中常蕴藏金、铀、铜、铅、铁等金属矿产及云母、石墨、石棉、刚玉等非金属矿产。

2.2.4.1　变质岩的形成过程

引起岩石变质的因素有：温度、压力和化学活性物质。

(1)温度

岩石发生变质的温度一般在 200~800 ℃，温度较高，则岩石熔融成为岩浆。在高温影响下，原岩将发生以下两种变化：

①重结晶　高温导致原岩中组成矿物的原子、离子或分子重新排列，产生物质成分的迁移和重新结晶，非晶质向晶质转变。例如，石灰岩变为大理岩时，原岩中的碳酸钙重结晶转变为方解石。

②产生新矿物　高温条件下产生高温矿物。例如，硅质石灰岩中的方解石($CaCO_3$)与石英(SiO_2)结合形成硅灰石($CaSiO_3$)。

(2)压力

地下深处的岩石所承受的压力有静压力和定向压力两种。

①静压力　上覆岩石引起，表现为各向均等，原岩受压而体积缩小密度加大，脆性增加，柔韧性降低，原岩矿物重新排列，产生密度较大的新矿物。例如，辉岩中的斜长石与橄榄石高压下变为石榴石。

②定向压力　构造运动的侧向压力引起，具有方向性，使岩石或矿物破碎，并产生新矿物，碎片或晶体呈定向排列。

(3)化学活性物质

以 H_2O 和 CO_2 为主的各种挥发性气体和热液侵入围岩中，与围岩产生一系列化学反应，改变了原岩的矿物成分，形成新的矿物。例如，菱镁矿($MgCO_3$)在 SiO_2 和热水作用下形成滑石。

2.2.4.2　变质岩的特征

(1)变质岩的矿物成分

变质岩的矿物组成包含 2 个部分：变质岩的特有矿物、与原岩共有矿物。

①变质岩的特有矿物　变质作用形成的变质矿物，是区别于岩浆岩与沉积岩的标志性矿物。常见变质矿物：石榴石、蛇纹石、绢云母、红柱石、绿泥石、滑石、透闪石、石墨等。

②与原岩共有矿物　即原生矿物与次生矿物，变质过程中形成，或从原岩中继承的矿物。主要有石英、长石、云母、角闪石、辉石等。

(2)变质岩的结构

变质岩的结构与岩浆岩相似，是矿物的颗粒大小与晶体间关系，但因受变质程度的影响而有不同，常分为 3 种结构类型：变余、变晶、变形。

①变余结构　变质程度不深，变质岩中保留有原岩的矿物成分与结构，可判断原岩类别。

②变晶结构　原岩在变质过程中发生重结晶形成的结构，岩石的变质程度高，则重结晶程度也高。

③变形结构　原岩在受力而产生的脆性变形(碎裂)或塑性变形(糜棱)而成的结构。

(3) 变质岩的构造

变质岩的构造与岩浆岩和沉积岩相似，是矿物颗粒的空间排列方式，但因变质程度不同而呈现保留或者重新定向排列的构造表现。

①片理构造　岩石中的片状、柱状、纤维状矿物(云母、角闪石等)，在定向压力下的平行排列表现。因可把岩石分成小片状而称之。

常见的片理构造主要有以下几种：板状、千枚状、片状、片麻状、条带状。

②块状构造　岩石中矿物颗粒均匀排列，无定向性，形成于温度与静压力的共同作用。

③变余构造　变质岩中保留有原岩的构造特征，如气孔、层理等。

2.2.4.3　主要变质岩简介

以原岩类型和变质作用为主要基础，结合变质岩的矿物组成、结构和构造，将变质岩进行分类，主要的变质岩见表 2-5。

表 2-5　变质岩与原岩关系

变质岩名称	结构	构造	主要矿物成分	主要原岩
大理岩	变晶	块状	方解石、白云石	石灰岩、白云岩
石英岩	变余、变晶	块状	石英、绢云母	石英砂岩、硅质岩
蛇纹岩	变晶	块状	蛇纹石、橄榄石	超基性岩
板岩	变余	板状	黏土矿物、绢云母	泥岩、粉砂岩
千枚岩	变余、变晶	千枚状	绢云母、石英	泥岩、粉砂岩
片岩	变晶	片状	云母、绿泥石	泥岩、基性岩
片麻岩	变晶	片麻状	长石、石英、云母	中酸性岩、砂岩

资料来源：宋春青等，《地质学基础》(第三版)，1996。

(1) 板岩

由页岩或粉砂岩变质而成。主要矿物有石英、黏土矿物、绢云母、绿泥石等鳞片状、块状矿物组成。呈暗绿色或黑灰色，板状构造，板岩坚硬，难风化，风化后多呈黏粒。

(2) 千枚岩

由泥质岩或砂质岩变质形成。千枚状构造，表面呈绢丝光泽，黄褐色、灰绿色等。风化后多呈黏粒，含 K 元素较多。

(3) 片岩

具有片理构造，种类很多，常见的有石英片岩、滑石片岩、角闪石片岩等，一般较难风化，风化物含 Ca、Mg 较多，但有效性较低。

(4) 片麻岩

由酸性岩浆岩或泥质沉积岩变质形成。块状结构，片麻状构造。主要矿物组成为石英、长石、云母及角闪石等。其风化物特性似花岗岩的风化物。

(5) 大理岩

由石灰岩、白云岩变质重新结晶而成。主要矿物为方解石、白云石，多为白色、灰色、浅红色。全晶质粒状变晶结构，块状构造，遇盐酸起泡。易风化，其风化物特性与石灰岩风化物相似。

(6) 石英岩

由石英砂岩经高温、高压作用重结晶而形成。粒状变晶结构，致密块状构造。坚硬难风化。风化物多为砾质或砂质，养分贫乏。

案例分析

土壤是由岩石风化产物进一步经成土作用而形成的，成土岩石特性对土壤理化性质具有较大影响。何腾兵等(2006)对贵阳市乌当区几种岩石发育的土壤理化性质和重金属含量进行了采样分析，这几种岩石分别为：石灰岩、白云岩、钙质紫色砂页岩、砂页岩、页岩、砂岩等。结果显示：

(1) 成土岩石对土壤中砂粒含量的影响由大到小的顺序依次为：砂岩>白云岩>钙质紫色砂页岩>砂页岩、石灰岩>页岩，页岩发育的土壤含砂最少，土壤黏性较重，而砂质岩石发育的土壤黏性弱，土壤通气透水性能良好。

(2) 成土岩石对土壤酸碱性的影响，土壤 pH>7.5 的成土岩石有石灰岩、白云岩、钙质紫色砂页岩；土壤 pH<6.0 的成土岩石有砂页岩、页岩、砂岩。含钙的岩石发育的土壤，其 pH 均表现有弱碱性趋势。

(3) 砂岩发育的土壤有机质含量、阳离子代换量(CEC)都很低，而钙质紫色砂页岩发育的土壤有机质含量、阳离子代换量均较高。

(4) 砂岩发育的土壤中，重金属(镉、铅、铬、汞、砷)含量最低。

综上，砂岩、矿物成分较简单而且抗风化能力较强，发育形成的土壤通常具有明显的砂、酸、瘦(缺乏养分)等特点；钙质紫色砂泥岩，矿物成分复杂，矿质元素丰富，发育形成的土壤砂黏性、养分等均较适中，pH 显中—弱碱性；石灰岩、泥岩等，风化产物中有较多的黏土矿物，发育形成的土壤黏性重，吸附保蓄性较强。

本章小结

矿物是岩石的组成成分，是土壤的物质基础。自然界的矿物很多种，通过晶形、颜色、条痕、光泽、透明度、解理、断口、硬度等物理性质进行鉴定。根据成因将矿物划分为原生矿物(石英、长石、云母、角闪石、辉石、橄榄石等)、次生矿物(氧化铁、方解石、石膏、黏土矿物等)、变质矿物(蛇纹石、滑石、石榴石等)3 种类型。组成矿物的化学元素经风化释放进入土壤而成为植物生长的营养物质，其中抗风化能力强的矿物如石英、长石等是土壤中砂粒的主要来源，风化过程中形成的次生黏土矿物对土壤理化性质具有重要影响。

地壳由岩浆岩、沉积岩、变质岩3类岩石组成。3种岩石在成因、产状、矿物组成、结构和构造等方面均有明显不同（表2-6）。当所处环境发生改变，岩石为了适应新的环境而产生一系列变化，即风化。岩石种类不同，其矿物组成有差异，导致抗风化能力及风化产物均有不同，这对成土母质的形成与母质的物理化学性质均有影响。因此，学习土壤，应先从土壤的物质基础——造岩矿物与成土岩石入手。

表2-6 三大类岩石的特征

岩石类型	岩浆岩	沉积岩	变质岩
成因	岩浆冷凝而成	风化碎屑沉积压固而成	先成岩石变质而成
产状	侵入或喷出的不规则状	层状产出	随原岩产状而定
矿物成分	原生矿物	原生、次生矿物	原生矿物、次生矿物、变质矿物
结构	矿物结晶程度与颗粒大小	碎屑、化学、生物结构	变余、变晶
构造	块状、气孔、流纹等	层理、层面、含化石	片理、块状

复习思考题

1. 基本概念

造岩矿物 原生矿物 次生矿物 变质矿物 次生黏土矿物 岩石 岩浆岩 变质岩 沉积岩 岩石产状 岩石的结构 岩石的构造 岩浆 气孔 杏仁 层理 化石 片理

2. 主要造岩矿物的鉴定特征有哪些？

3. 请按矿物抗风化能力的大小给以下矿物排序：石英、正长石、斜长石、白云母、角闪石、辉石、方解石、石膏、赤铁矿、硫黄。

4. 对比三大类岩石的异同，野外如何识别三大类岩石。

本章推荐阅读书目

1. 地质学基础（第三版）. 宋青春，张振春. 高等教育出版社，1996.
2. 地质与地貌学. 梁成华. 中国农业出版社，2002.

第3章

矿物岩石的风化与土壤形成

当矿物岩石离开其形成区域环境，尤其是出露地表时，接触到太阳辐射、温度与降水等外界条件，矿物岩石就可能发生破碎，即进行风化过程。风化过程是矿物岩石转化成原生土壤的必经过程。由于不同地区气候条件不同、岩石特性不同，形成的风化产物（成土母质）明显不同，而由母质进一步发育形成的土壤理化特性也会有较大的差异。

3.1　矿物岩石的风化过程及基本风化类型

3.1.1　风化过程

矿物岩石的风化过程是指地表的矿物岩石遇到了和它形成时很不相同的外界条件（各种地质营力的作用）而受到破坏，使其内部的成分、结构和性质发生变化的过程。

当矿物岩石处在它所生成的环境条件下是很稳定的。但是，矿物岩石一旦离开生成它的环境时，如升至地表，与空气接触，受各种外营力（主要是水、热、风、冰川等）和生物的影响，就会发生破碎，改变矿物岩石原有的形态和性质。这是矿物岩石向原生土壤转化的中间过程。

3.1.2　矿物岩石的基本风化类型

矿物岩石的基本风化类型分为物理风化、化学风化和生物风化。物理风化和化学风化是矿物岩石风化的基本类型，生物风化是物理风化和化学风化的特例。

3.1.2.1　物理风化

物理风化是指矿物岩石在太阳辐射、水、风等作用下，由大块变小块，由小块变碎屑，而不改变其基本化学成分的过程。太阳辐射、地表水热状况和岩性是影响物理风化的主要因素。太阳辐射引起矿物岩石表面热胀冷缩，外层逐渐破碎而成为碎屑物质。

物理风化作用的具体表现形式主要有：

（1）热力作用

矿物岩石在太阳辐射作用下，引起矿物岩石受热，其表层和内部热胀冷缩不同引起的。

（2）冰劈作用

进入岩石裂缝中的水反复融化与冻结，水在相变过程中会引起体积的变化（冰的体积大于水的），对岩面产生挤压劈裂作用。

（3）风和流水的作用

主要通过风和流水的动力作用，把岩石表层剥落的松散的碎屑吹走、冲走及磨蚀。

（4）冰川作用

冰川底部和两侧的岩石会受到冰川的压力和磨蚀作用而破碎成为碎屑物质。

（5）卸荷作用

由岩石卸荷释重而引起的剥离作用，使原来坚硬的岩石不断地剥离变小。具体地讲，位于地表深部的岩石出露地表后，因失去负载（压力），体积膨胀，产生垂直表面张力，形成与岩石表面大致平行的破裂面及垂直表面的不规则裂缝，成为卸荷裂缝，最终导致岩石崩解。

矿物岩石经物理风化后，改变了原来的性状，增加其通透性，使化学风化更易于进行，但其化学成分并没有改变。在岩石粉碎过程中，大块变小块，再变为细粒（最小粒径小至0.1mm），这就增加了表面积，扩大了进行化学风化的接触面，为加速化学风化创造了条件。

3.1.2.2　化学风化

化学风化是指矿物岩石在水、氧气、二氧化碳等风化因素的作用下，所发生的一系列化学变化过程。主要有溶解、水化、水解和碳酸化、氧化作用。

（1）溶解作用

矿物岩石与水分接触后，虽然其溶解度很低，但某些岩石经长期作用，总还是可以溶解的。例如，碳酸钙类岩石。

（2）水化作用

在自然界中，有的矿物遇水易于结合，产生结构性不很稳定的另一种矿物，抗风化能力减弱。例如，

$$2Fe_2O_3+3H_2O \rightarrow 2Fe_2O_3 \cdot 3H_2O$$
$$CaSO_4+2H_2O \rightarrow CaSO_4 \cdot 2H_2O$$

（3）水解和碳酸化作用

这是最彻底的一种化学风化类型。矿物岩石与水、碳酸发生阴阳离子交换，原有矿物发生彻底改变而形成次生矿物。

①矿物水解作用

$$2KAlSi_3O_8+3H_2O \rightarrow Al_2Si_2O_5(OH)_4+4SiO_2+2KOH$$
$$（正长石）\qquad\qquad（高岭石）$$

或　　　　　　　　$KAlSi_3O_8 + 8H_2O \rightarrow Al(OH)_3 + 3H_4SiO_4 + KOH$

　　　　　　　（正长石）　　　　　（三水铝石）

$$Al_2Si_2O_5(OH)_4 + 8H_2O \rightarrow Al_2O_3 \cdot 8H_2O + 2SiO_2 \cdot 2H_2O$$

（高岭石）　　　　　　　　（含水氧化铝）（含水氧化硅）

②碳酸化

$$CaCO_3 + H \cdot HCO_3 \rightarrow Ca(HCO_3)_2$$

（方解石）

$$2KAlSi_3O_8 + CO_2 + 2H_2O \rightarrow Al_2Si_2O_5(OH)_4 + 4SiO_2 + K_2CO_3$$

（正长石）　　　　　　　　（高岭石）

(4) 氧化作用

$$4CaFeSi_2O_6 + 6H_2O + 4H_2CO_3 + O_2 \rightarrow 4CaCO_3 + 4FeO \cdot OH + 8H_2SiO_3$$

（辉石）　　　　　　　　　　　　　　（针铁矿）

$$2FeS_2 + 2H_2O + 7O_2 \rightarrow 2FeSO_4 + 2H_2SO_4$$

（黄铁矿）

　　矿物岩石经化学风化后，产生多种次生黏土矿物，如高岭石、含水氧化物等，成为颗粒极细的黏粒（粒径可达或小于 0.001 mm），同时释放出可溶性养分成为植物养分的最初来源。由于黏粒本身具有胶体的性质，使风化产物具有初步的吸附交换能力，即能吸附养分、水分等，是原始土壤形成的最初表现方式。

3.1.2.3　生物风化

　　生物风化是指矿物岩石在生物及其分泌物的作用下，进行的机械破碎（如根的穿插）和化学分解过程（如有机酸的酸化）。生物风化的机械破碎部分类似于物理风化；生物风化的化学分解部分类似于化学风化。

　　总之，物理风化和化学风化是基本风化类型。物理风化可使矿物岩石成为碎屑状，粒径达 0.1 mm，但不改变其化学成分；化学风化可使矿物岩石成为黏粒状，彻底改变矿物岩石的成分，粒径仅 0.001 mm。由此，矿物岩石经物理风化与化学风化作用后，向土壤转化。

3.1.3　风化过程的一般规律

　　风化过程是矿物岩石在一定条件下的破坏与合成相结合的过程，包括物理风化与化学风化。前一过程又称为崩解，后一过程又称为分解。崩解使矿物岩石由大块变小块，一般不改变成分。但化学分解作用，则发生一系列变化，释放出可溶性物质，又合成新的次生矿物，或产生稳定的最终产物（如铁、铝含水氧化物）。在干旱地区、高寒山区，矿物岩石以物理崩解为主；在高温多雨地区，以化学分解为主。风化过程中所产生的一系列变化，如图 3-1 所示。

3.1.4　影响岩石风化的因素

3.1.4.1　气候条件

　　在有足够时间的前提下，气候条件是影响矿物岩石风化最关键的因素。比如，在水热

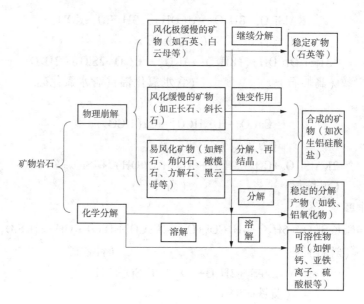

图 3-1　温暖湿润地区中等酸性条件下的风化

条件非常优越的地区，各类矿物岩石不但风化快，而且风化更为彻底，在此条件下，母质、生物、地形因素相对处于次要地位，形成的风化壳深厚而黏重，盐基离子流失严重，氢、铝等酸离子相对富集，铁等高价离子也相对富集，形成以红色调为主的铁铝风化壳；而在温度低的高纬度地区、高海拔地区，严重缺水的干旱地区，则趋向于风化缓慢，以物理风化占优势，石砾含量高、黏粒成分少。在气候条件中，尤其以太阳辐射强弱及其持续程度、温度变化、降水量大小、地表湿度状况等影响最大。

3. 1. 4. 2　矿物岩石的物理特性

不同矿物岩石的物理特性有较大的不同，其表现在形成矿物岩石时，矿物颗粒大小、坚硬程度、解理状况、胶结程度的影响。矿物岩石的物理性质更多地影响了物理风化，即抗机械崩解的能力，一般地，矿物岩石的硬度大、解理差、胶结程度高，则抗物理风化能力相对较强。在矿物中，深色矿物(含铁、镁元素多)抗风化能力较弱、浅色矿物(含钾、钠、钙较多)抗风化能力较强。

3. 1. 4. 3　矿物岩石的化学特性和结晶构造

矿物岩石的化学特性和结晶构造决定其分解的难易。硅酸盐类造岩矿物大多极难溶解；而石膏、方解石、白云石等矿物，其溶解性较大。矿物晶体单位晶胞中离子排列的紧密程度也影响着风化速率。例如，橄榄石的晶胞排列较松散，而锆石晶胞中离子排列的紧密，前者抗风化能力低，后者抗风化能力强；黑云母的晶格中含有亚铁离子，易于氧化成高铁离子，故稳定性差、抗风化能力差。以硅酸盐类矿物岩石为例，其抗化学风化能力由强到弱表示为：

(1)岩浆岩种类

酸性盐类(石英含量高，盐基成分少)＞中性岩类＞基性盐类＞超基性盐类(盐基成分多)。

（2）深色矿物类

黑云母>角闪石>辉石>橄榄石。

（3）浅色矿物类

石英>白云母>正长石>酸性斜长石>中性斜长石>基性斜长石。

在自然界中，抗风化能力强的矿物岩石更多地残存在母质和土壤中，而抗风化能力弱的矿物岩石基本上在形成土壤过程中，极少以本相形式存在于土壤中。

3.2　矿物岩石的风化产物类型

影响矿物岩石风化过程的因素很多，如地理环境、气候环境、岩石的组成成分、形成土壤的母质是否经过搬运等。为了从矿物岩石风化这一角度了解土壤与矿物岩石的关系，对风化产物从不同角度进行分类归纳十分有必要。一般地，从以下 3 个角度来划分：

3.2.1　风化产物的生态类型

根据风化产物对土壤肥力性状的影响作为分类标准。这种分类有利于了解岩石的不同矿物组成，经风化后其风化产物对土壤理化性状可能带来的影响。生态类型分为硅质岩石风化物、长石质岩石风化物、铁镁质岩石风化物、钙质岩石风化物。

（1）硅质岩石风化物

二氧化硅含量很高的岩石，多半是酸性岩石类，如石英岩、石英砂岩、硅质砾岩、硅质砂岩等。形成的风化产物，风化层厚度薄，砂质或粉质，多石砾，酸性反应，耐风化，养分差，保肥力低。

（2）长石质岩石风化物

长石质岩石风化物包含正长石成分较高的岩石，如岩浆岩当中的花岗岩、正长岩、花岗斑岩、流纹岩；沉积岩当中的长石质砂岩；变质岩当中的片麻岩等。这类岩石物理风化较易，形成厚层砂壤质或壤质风化物。风化物通透性好，磷、钾丰富，微酸性至酸性反应。

（3）铁镁质岩石风化物

由铁、镁含量较高的深色矿物组成的岩石，包括辉长岩、玄武岩、闪长岩、安山岩等。可形成较厚的风化层，质地为壤质或黏壤质土，含较丰富的钙、镁、磷等元素，但钾素较低，风化物常呈中性或微酸性反应，在干旱地区则呈微碱性反应。

（4）钙质岩石风化物

由碳酸钙类岩石组成风化物，包括沉积岩中的石灰岩、泥灰岩、白云质灰岩、钙质砂岩，变质岩中的大理岩等。风化过程以溶解、碳酸化为主。形成风化层厚薄不一，以薄层为主，质地黏重，石灰质多但磷钾少，酸性、中性或微碱性反应。生长喜钙植物。

3.2.2　地球化学类型

岩石风化壳的物质组成、化学成分和风化速率，一方面取决于风化物的种类及其特性，另一方面决定于风化环境条件，特别是地理环境与气候条件。依此可划分为碎屑类型、钙化类型、硅铝化类型、富铝化类型。

（1）碎屑类型

碎屑类型以物理风化为主，少化学风化，形成碎屑物，常发生于干旱或高寒山区。碎屑类型又称碎屑阶段，也是矿物岩石风化的起始阶段，即岩石由大块变小块，由小块变碎屑的过程。在干旱地区或高寒地区，由于缺乏化学风化的气候条件，大多只能停留在这一阶段，即形成风化产物的碎屑类型。

（2）钙化类型

钙化类型常发生于干旱或半干旱地区，如中国的西北、华北、内蒙古等地，微碱性至碱性反应。矿物岩石经化学风化，生成易溶性钾、钠、钙、镁的氯化物或硫酸盐，受流水作用而淋溶流失，风化产物中残留大量的碳酸钙，并形成各种次生矿物，如方解石、白云石、绢云母、伊利石、蒙脱石等。风化产物矿化度较高，从风化产物中淋失的氯化物和硫酸盐，常积累在该区域内的盆地中，形成内陆盐土分布区。

（3）硅铝化类型

硅铝化类型常发生于温暖湿润的气候区，如中国北方东部地区，气温较高雨量适中，微酸性至中性反应。岩石中的矿物受长期风化，氯化物及硫酸盐遭强烈淋失，溶解度较小的碳酸钙也被淋失，而铁、铝、硅尚有残留，形成微酸性土壤，土壤中含水云母、蛭石、蒙脱石等次生黏土矿物，尤其是蒙脱石占有很高的比例。

（4）富铝化类型

富铝化类型多发生于高温多雨地区，如中国南方广大地区，包括广东、广西、海南、台湾、福建、浙江、湖南、江西、四川、重庆、云南、贵州等省（自治区、直辖市）。由于该区域高温多雨，物理风化和化学风化都十分强烈，岩石风化彻底，风化物中以高岭石、含水氧化物为主，土壤黏性重，淋溶强烈，呈酸性至强酸性反应。

3.2.3　母质类型

矿物岩石经风化作用形成的母质，一部分仍残留在原地；另一部分则经重力、风力、水力、冰川力的作用，被搬运至新的地点堆积下来。故根据风化母质堆积特点和搬运方式可划分为定积母质或残积母质和运积母质两大母质类型。另外，还有独立于两者之外的第四纪沉积物。

3.2.3.1　残积母质

残积母质或称定积母质，指基岩风化后残留于原地的碎屑物质。一般分布在山区比较平缓的山峰、山脊或高地上，由于没有动力输送条件，矿物岩石风化后基本未有更多的搬移，保留了最初矿物岩石风化的特征，母质的性质受基岩影响较大，一般上层颗粒细，下层粗，逐渐过渡到母岩层，该区域形成的土壤往往也受基岩特性的影响。

3.2.3.2　运积母质

运积母质即由外在动力的作用被搬运至别处而堆积下来的母质，由于搬运的动力不同而表现出不同的特性。

（1）流水及冰川运积母质

这一类母质以水动力或冰川动力搬运为前提，形成流水沉积物、冰川沉积物、冰水沉积物。其中，流水沉积物包括坡积物、洪积物、冲积物。流水及冰川运积母质分述如下：

①坡积物　是基岩风化物被雨水或融雪水在重力作用下，沿斜坡运行，堆积在山坡和山麓的一种运积母质。在山坡上部，堆积层较薄，颗粒物较粗；山坡下部堆积较厚，颗粒物较细，肥力较高。坡积物是山区土壤的主要母质类型。

②洪积物　是山洪夹杂泥沙和碎石沉积在山前谷口一带的一种运积母质。洪积母质往往形成扇形，称为洪积扇。洪积物的母质层较深厚，养分丰富，形成的土壤肥力较高。

③冲积物　又称为淤积物。指被河水或山溪水搬运而沉积的物质。冲积物因流域广，成分复杂，养分状况取决于流域内被搬运的物质所含腐殖质的量，具有深厚腐殖质层的天然林地表搬运而来的冲积物，往往养分也比较丰富，形成优良的土壤类型。

④冰川沉积物和冰水沉积物　冰川沉积物由冰川搬运的粉砂、砂砾石和漂砾等混合的非层状沉积的物质组成，颗粒粗，养分较差。冰水沉积物指冰川融水的水流所分选而沉积的物质。在我国分布较广，但多不连续，呈小片分布。

（2）静水沉积物

静水沉积物多出现于内陆湖泊的沉积物，又称为湖积物。湖积物系原湖泊底部的沉积物质，由于时间的推移，湖水位的下降或陆地上升而出露的一种母质。在断陷湖泊，其湖积物原本来自于湖泊周边区域地表径流悬移质的汇入沉积于湖底，故湖积物与流水沉积物很难截然分开。湖积物大多养分丰富，有机质累积多分解少，是主要农业土壤的来源。

（3）浅海沉积物

浅海沉积物指河流携带泥沙，在海岸边沉积的物质，属海相沉积。而海积物实际上也是由流水搬运至浅海的，是地质大循环中关键的一环。由于海退而出露水面，沉积物粗细不一，硅质含量高，颗粒粗。由于浅海沉积物长期受海水侵蚀，是形成滨海盐土的一种主要母质。

（4）风积母质

风积母质是经风搬运而堆积的物质，如风成沙地和黄土。形成的土壤肥力低。一般风积物多表现为沙丘、沙岗等地形，要发展成农业土壤限制条件多，如缺水、土壤理化特性差。

（5）重积母质

重积母质又称塌积物，位于山区陡崖，经风化的岩石由于重力作用而崩塌坠落，在山麓或谷地堆积形成的一类母质类型。大多以碎石为主，无分选性，无结构层次。

3.2.4　第四纪沉积物

距今一百多万年前持续至今，在地学上称为第四纪。当时在各种外力作用下，岩石被剥蚀、搬运、堆积在地层的最上层。包括黄土及黄土性物质、红色黏土和冰碛物 3 种。

（1）黄土及黄土性物质

黄土是由风搬运沉积的第四纪陆相粉砂质富含碳酸钙的土状沉积物，当时气候条件十分干燥，降水量小、蒸发量大，干燥的土壤抗风沙的能力非常有限，最终以黄土或黄土性物质的形式存留至今。由黄土形成的土壤肥力一般较高。

（2）红色黏土

在中国的华中、华南、西南一带，由于受海洋性气候的影响，气候炎热潮湿，形成第四纪温暖潮湿气候下形成的红色黏质残积物或运积物。质地黏重，呈红色、棕红色，养分含量少，酸性至强酸性反应。

（3）冰碛物

冰碛物是冰川期的遗迹。第四纪中国没有大面积的大陆冰盖，只有零星不连续的小片冰碛物分布，如在甘肃、四川、广西、贵州等地有冰碛物分布。冰碛物层薄，地势平坦，夹杂着大量的巨砾、粗砾及泥沙等物。

3.3　土壤的形成

土壤是位于地球陆地表面具有肥力能够生长植物的疏松层。也就是，土壤是地球陆地表面上的疏松物质，且具有肥力能够生长植物。一是具有疏松物质，即矿物岩石经风化后的碎屑物，这最初来自于岩石的风化产物，随后又加入各类沉积物；二是给风化产物注入肥力特征，并使水、养、气、热相互协调，植物能够顺利正常生长，这些土壤特征是地球经过漫长进化和自然选择的结果。土壤形成的实质是地质大循环与生物小循环相互作用的结果，即形成具有肥力能够生长植物的地表疏松物质。而影响土壤形成的自然因素包括气候、母质、地形、生物和时间，到了近代有人类活动的参与，加速或迟滞土壤的形成，使土壤的形成更加复杂化。

3.3.1　土壤形成的实质

3.3.1.1　物质的地质大循环

各类矿物或岩石出露地表后，在地质外营力（太阳辐射、水、冰川、风等）作用下发生风化变成细碎或可溶的物质，被流水搬运、迁移到海洋，经过漫长的地质年代变成沉积岩。当地壳再次上升，沉积岩又露出海面成为陆地，岩表再次受到风化淋溶的过程，称为物质的地质大循环。

在这一过程中，岩石不仅外在形态上发生变化，而且也把大量的矿物营养元素释放出来，如钾、钠、钙、镁、铜、铁、硅、磷等，这些碎屑物质及释放的元素经受大气降水的淋洗，或渗入地下水，或随地表径流的搬运，或风力的搬运，最终汇集至海洋成为沉积物，这些沉积物经长期的成岩作用形成沉积岩。当地壳受到上升运动的影响，岩石重新出露地表，在外力作用下进行新一轮风化形成母质，如此循环往复，即是地质大循环，又称为沉积循环。

地质大循环过程需要相当长的时间，涉及范围极广，植物所需的营养物质处于淋失分散的状态，难于满足植物生长的基本要求。但地质大循环为土壤的形成准备了基本的疏松物质及大多数矿质营养元素，是形成土壤的先决条件。

3.3.1.2　物质的生物小循环

当植物吸收利用地质大循环释放出的可溶性矿质养料或先前的生物分解释放出的养分，通过植物生理活动制造成植物的活有机体；当该植物有机体死亡之后，在微生物分解作用下，又重新变为可被植物吸收利用的可溶性矿质养料，被植物重新吸收利用。这一过程，只要环境条件适宜，就会不断地一代一代的持续下去，这就是物质的生物小循环。

最初生长在原始母质上的是对肥力要求不高的低等生物，如自养型微生物。这些微生物从大气中吸取 CO_2 作为碳源，从母质中吸取数量不多的矿质营养元素，从氧化母质的无机物中取得合成有机物的能量生长繁殖，经漫长的岁月富集，在母质上积累了有机质和养分元素，特别是固氮细菌的发育，使原始土壤中氮素得到了积累，肥力水平不断提高，并呈现出植物群落的演替。这在原始森林土壤中表现得最为典型。因为植物具有强大的根系系统，可以把一定范围内的养分进行有效的吸收，不断地构建植物本身，而植物枯落物经微生物分解后形成的营养元素，依就近堆积的原则，一开始集中于地表，其中虽有淋失，但由于植物从生长到死亡的时间毕竟较短，养分地表积累的趋势只要强于淋失的趋势，就会形成具有相对稳定性的土壤。

物质的生物小循环从时间上较短，短的不到一年，长的数十年或上百年。显然，自从形成了成规模的森林植被后，如果没有大自然的大规模逆向变化，植物就会一代一代地繁衍下去，生物小循环不断加强。生物小循环在时间上较晚于地质大循环，在空间上远小于地质大循环，但对森林土壤的形成是非常重要的环节，即养分的良性循环。

3.3.1.3　地质大循环与生物小循环的关系及土壤形成的实质

从植物营养元素的运动方向来看，地质大循环和生物小循环是相互矛盾的：即地质大循环使矿质养料处于分散和淋失的状态，而生物小循环又使养分处于集中和聚积的状态。然而，两者又是相互关联、相互统一的：生物小循环以地质大循环为前提条件，没有地质大循环岩石中的营养元素就得不到释放，生物生长所需的营养元素就没有来源，生物生长无从谈起，也就没有生物小循环，真正意义上的土壤就无法形成。土壤肥力是土壤的本质问题，没有生物参与的条件，只有地质大循环土壤肥力是无法形成的。因为生物小循环很好地解决了养分在地表层积累的问题，形成了土壤肥力，使植物的世代生长有了保障，也使土壤的保存与不断更新有了保障。

可以说，物质的地质大循环与生物小循环在土壤形成过程中缺一不可，尤其以原生土壤、森林土壤的形成最为典型。而次生土壤的形成，如河流冲积土也涵盖地质大循环与生物小循环的内在关联，因为河流动力对土壤的搬运作用属地质大循环的内容，土壤在新的地域沉积后，沉积物中又不断地得到生物养分的补充，假如沉积物中没有生物养分的补充，这类土壤的生产力是无法维持下去的，即丧失了土壤形成条件。

不论是原生土壤还是次生土壤的形成，地质大循环和生物小循环都是必不可少的，且两者是一种动态变化的关系，既有正向变化又有逆向变化。为了使土壤维持正常的状态，土壤中碎屑物、养分物质都需要不断更新和补充，尤其是耕作土壤。在目前地球陆地土壤圈中，矿物岩石风化产生的碎屑物已经普遍存在，处于次要地位，而生物循环过程是维持森林土壤发生发育的主要过程，这也是森林土壤的良性循环过程，故森林凋落物的归还过程是关键性环节。

总之，土壤形成的实质是地质大循环和生物小循环的矛盾和统一。没有地质大循环就没有土壤母质及其矿物质，没有生物小循环就没有养分在地表层聚积，土壤肥力也就无从谈起，真正意义上的土壤也就无法形成。物质的地质大循环、生物小循环与土壤形成的关

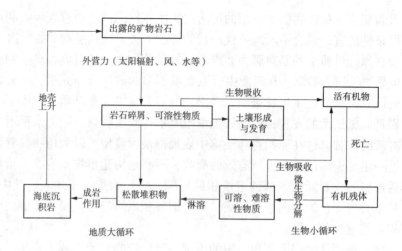

图 3-2　地质大循环、生物小循环与土壤形成的关系

系如图 3-2 所示。

3.3.2　土壤形成的因素

土壤是多因素综合作用的结果。依照俄罗斯土壤学家 B·B·道库恰耶夫的土壤发生学理论，母质、气候、生物、地形和时间是土壤形成的主要因素，创立了土壤形成因素学说。

3.3.2.1　母质因素

岩石圈是地球上地幔软流层以上的坚硬岩石部分，它是土壤形成发育的物质来源。母质即是指与土壤有直接发生联系的母岩风化物或堆积物。母质是形成土壤的物质基础，是土壤的骨架和养分的最初来源。土壤以母质为基础，在不断地同动物、植物和气候因素进行物质和能量交换的过程中形成了土壤。

母质对形成土壤的影响有以下几方面：

(1)母质影响土壤的机械组成

残积母质形成的土壤质地上细下粗，发生层次分明；硅质岩、酸性岩石英含量高，抗风化能力强，大量未彻底风化的岩石颗粒残存于土壤中，土壤质地轻，偏砂性，通气透水好；石灰岩地区形成的土壤质地黏重；河流冲积母质发育的土壤多层间砂黏相间；洪积母质发育的土壤常伴有大量粗大的石砾。

(2)母质影响土壤的化学特性、酸碱状况

花岗岩风化形成的土壤，石英含量多，盐基离子少，土壤多偏酸性；由闪长岩、辉长岩等中性或基性岩风化形成的土壤，多含钙磷，盐基离子较丰富，土壤多为中性；母质中含丰富的云母时，岩石风化后形成的土壤含丰富的钾素；紫色砂页岩风化后形成的土壤含有较高的锰离子。

(3)母质影响土壤的通气透水性

含石英多的石英砂岩、石英岩等风化后形成的土壤，大多通气透水性好；含铁、镁多的土壤风化后形成的土壤，质地较黏重，通气透水性差；湖积母质发育的土壤质地通气透水性好黏重，通气透水性差。

3.3.2.2　气候因素

气候是土壤形成的能量源泉。气候因素主要包括太阳辐射、温度、降水、风等。土壤与大气之间经常进行水分和热量的交换。气候直接影响着土壤的水热状况、土壤中物质的迁移转化过程，并决定着母岩风化与土壤形成过程的方向和强度。

（1）太阳辐射对土壤形成的影响

矿物岩石经风化后形成原始土壤，而太阳辐射对矿物岩石的物理风化具有重要作用，矿物岩石在太阳辐射的作用下，岩石反复进行热胀冷缩，使得岩石不断破碎而成碎屑，为土壤形成准备基本物质条件。在不同地理环境条件下，太阳辐射差异大，矿物岩石风化强度及速率差异也很大。在纬度较低的赤道、热带地区，因太阳高度角大，一般地表岩石获得更多的太阳辐射能，促进和加快了岩石的风化，往往形成较深厚的土层。而在纬度较高的地区，或大气透明度较低的地区，获得太阳辐射能也少，岩石风化较慢、风化壳较浅。

（2）温度对土壤形成的影响

地表获得太阳辐射和大气逆辐射，是土壤温度的重要来源。土壤与近地气层之间存在着频繁的热量交换过程，土壤温度与近地气层的温度具有显著的相关性。温度具有季节性的变化，温度是夏季高冬季低；温度随纬度的增加而降低、随海拔的升高而降低。气温及其变化对土壤矿物质的物理崩解、土壤有机物与无机物的化学反应速率具有明显的作用；气温及其变化对土壤水分的蒸散、土壤矿物的溶解与沉淀、有机质的分解与腐殖质的合成都有重要影响，从而制约土壤中元素迁移转化的能力和方式。温度的快速剧烈变化会导致岩石中不同矿物晶体热胀冷缩的差异，并使相邻晶体彼此分离。因此，经常维持较高温度，有利于土壤温度的保存。

（3）降水量对土壤形成的影响

在温带地区，随着降水量的增加，土壤阳离子交换量呈增加的趋势。在降水量少而蒸发量大的地区，土壤盐基饱和度大，土壤表现为中性或碱性反应；而在降水量多的地区，土壤盐基饱和度低，致酸离子含量高，土壤表现为酸性至强酸性反应。显然，降水主要是对土壤离子的淋失作用，对于低价阳离子更具显著性影响。降水量多，土壤更易板结，结构遭受破坏，偏黏重。降水量大小也影响土壤有机质的合成与分解及其微生物的活动，最终影响土壤养分及水热状况。

总之，气候对土壤形成的影响表现在：

①决定着土壤的水热条件。

②影响土壤有机质合成与分解。

③影响风化过程和土壤淋溶过程。

3.3.2.3　生物因素

生物因素是土壤形成的主导因素，在母质之后随着生物的出现才形成真正意义的土壤。土壤生物包括植物、动物、微生物，其中植物在土壤形成过程中作用最大。地质大循环形成的母质，其矿物养分是分散的、易淋失的，养分不易积累，自从出现植物后，这种状况变得大为不同。经微生物分解的养分，变得易于保存和积累，一是因为植物生长周期较短，从植物根系不断地截留、吸收养分；二是土壤中胶体数量不断增多，吸收和保存更多的养分，使得养分在土表层长期存在，经若干时代，地表层养分进入良性循环状态，使得土壤水、养、气、热越来越协调。故土壤生物是影响土壤形成最活跃的因素，它参与岩石风化，促进有机质合成与分解，选择、创造、富集和保持养分、调整养分比例。

3.3.2.4　地形因素

地形因素是土壤形成的间接因素。地形主要包括平原和山地、山脊和山谷、阳坡和阴坡、山峰和山坡等。地形的间接作用首先表现在对土壤水分的再分配作用，在降水量相同的前提下，平地降水量较均匀；在山地的中上部分，地表径流作用，无地下水涵养，呈局部干旱；山坡下部则土壤较为湿润。若地下水位较高，则有局部积水或滞涝现象。其次，地形的间接作用表现在对热量的重新分配。在山地或丘陵，阳坡和阴坡的土壤热量相差很大，阳坡光照时间长，太阳高度角较大，所接受到的太阳辐射更强，土壤热量及土壤温度较高，阴坡则相反。海拔高度不同土壤热量相关极大，低海拔土壤热量高于高海拔地区的土壤。再次，地形的间接作用表现在对母质的重新分配。由于地形条件不同，岩石风化产物或其他沉积物产生不同的侵蚀、搬运、堆积状况。陡坡由于受冲蚀的影响，土层薄，质地粗，养分易流失，土壤发育低。坡脚和缓坡地的堆积物，则土层厚，质地细，养分积存，肥力条件好。在干旱地区，微起伏地形土壤盐分积累严重。在河流平缓开阔地带，常形成养分丰富的沉积物，是冲积母质丰富的区域。

总之，地形对土壤的形成作用表现为：

①影响水、热再分配。

②影响母质的再分配。

③影响地表对太阳辐射的接收。

3.3.2.5　时间因素

时间因素是土壤形成的强度因素。威廉斯曾提出土壤的绝对年龄与相对年龄的概念。就一个具体的土壤而言，它的绝对年龄应当从在当地新风化层或新母质层上开始发育的时候算起，而相对年龄则可由个体土壤发育的程度来决定。一般来说，土壤绝对年龄越大，则相对年龄也越大。然而，土壤形成受空间因素的影响，当土壤绝对年龄相近时，因成土条件不同，土壤发育程度即相对年龄有很大变化，表现出土壤类型不同和性质上的差别。

时间对土壤形成的作用既具有顺向性，也具有逆向性。在原始森林，由于长期没有外界干扰，时间越长，土层厚度、土壤有机质累积越多；如果存在土壤侵蚀的地段，时间越长，水土流失越严重，土层变薄，岩石母质裸露，土壤性状越来越差，这便是时间的逆向作用。

土壤形成过程中，气候、生物、地形、母质、时间，被称为土壤形成的五大自然成土因素，这五大自然成土因素同等重要，缺一不可，以母质为基础，生物为主导，气候为决定因素，综合作用形成自然土壤。

3.3.2.6　人为因素

人类活动对土壤形成的影响表现为两方面：

(1)促进土壤由自然土壤转变为农业土壤

通过耕作施肥、灌溉排水、平整土地、改造地形以及经营管理等措施，定向培肥土壤，使以土壤为发展基础的农、林、牧业得到长足的发展。作物生长发育过程，一方面吸收土壤水、肥等物质；同时，又以枯枝落叶等方式影响土壤的结构和理化性质，促进土壤水、养、气、热的协调。通过合理的耕作，改善土壤的物理性质，促进土壤养分的有效化。合理灌溉排水，调节土壤水、气、热状况。

（2）不合理利用土壤，会导致土壤退化

例如，毁林开荒、破坏草地，引起土壤侵蚀、土壤沙化、气候变恶劣；不合理灌溉还引起土壤次生盐渍化；土壤污染导致土壤质量下降。

人为因素是独特的成土因素，在农业土壤或人为土壤的形成与发育过程中，有着重要的作用。合理耕作、科学施肥、科学水肥管理有利于良好土壤的形成和维持；相反，土地利用、管理不合理，严重的可导致土壤退化。

3.3.3　土壤的主要成土过程

（1）崩解过程

在高寒山区或干旱内陆区，由于水热条件差，风化作用停留在崩解阶段形成粗骨土或石质土。温带中的花岗岩、页岩、千枚岩和石英岩地区，土体的崩解作用也较明显，土壤石砾含量多。

（2）盐化过程

发生在干旱、半干旱地区或滨海区，指地表水、地下水或母质中含有较多易溶性盐分，发生强烈蒸发作用，这些盐分随毛管水作垂直或水平移动，逐渐向地表或局部地段聚积。盐分以氯化钠、硫酸盐为主或有碳酸钠，有盐积层。

（3）碱化过程

发生在干旱、半干旱地区或滨海区，指交换性钠不断进入并被吸附在土壤胶体表面的过程，结果是形成交换性钠含量很高的钠质层。

（4）钙化过程

钙化过程指在干旱、半干旱地区，土壤碳酸钙发生移动和积累的过程，结果使土壤胶体表面和土壤溶液多为钙饱和，并可在土壤剖面中形成富含游离碳酸钙的钙积层。

（5）淋溶过程

淋溶过程指土壤物质以悬浊液或溶液态从一个层次或几个层次向下迁移的过程。这个过程与下渗水流的作用有关，多发生在湿润区，结果是使易溶盐和碳酸钙淋失，盐基饱和度降低。

（6）灰化过程

在某些林分下发生的过程，冷湿气候、针叶林下或苔藓林层或砂性母质，有机酸下渗入土体，矿物溶解、水解或螯合裂解，黏粒或氧化铁淋失，铁、铝活化并与有机质结合，一起从上层向下淋溶，并在下层淀积。

（7）黏化过程

黏化过程指土壤剖面中黏粒的形成和积累过程。一般分次生黏化（就地积累）和沉积黏化。次生黏化指土内化学风化所形成的黏粒就地积累，具有较高彩度，较红色调和较高黏粒含量；沉积黏化指黏粒以悬浮液形式自剖面上部向下淋洗并沉积于一定深度土层内，形成沉积黏化层。

（8）白浆化过程

白浆化过程指在季节性还原淋溶条件下，土壤中黏粒与铁、锰离子自表层随水移动，在表层之下形成粉粒量高而铁锰贫乏的漂白层，而该层之下形成淀积黏化层。

（9）硅铝化过程

温带湿润或半湿润气候区，母岩中的原生矿物水解，形成三层型次生矿物为主的 B 层或再沉积的过程，土层中阳离子交换量（CEC）大于 24 cmol/kg，游离氧化铁小于 2 %，硅铝率大于 2.4。

（10）铁铝化过程

铁铝化过程指在高温多雨区，矿物强烈化学风化，原生或次生铝硅酸盐类矿物彻底分解为氧化铁（铝、硅），氧化硅易向下淋失，氧化铁、铝相对富集，结果以二层型矿物和含水氧化物占优势，CEC 小于 24 cmol/kg。

（11）潜育化过程

潜育化过程指在长期渍水或嫌气条件下，土壤中高铁化合物还原为亚铁离子及其化合物，如蓝铁矿、硫化亚铁或亚正铁氢氧化物等，使土壤剖面中出现青灰色的斑块或层次。

（12）有机质积累（腐殖化）过程

有机质积累（腐殖化）过程指在植被下有机质在土壤表层积累的过程。漠土或干旱草原土由于植被稀疏，土壤表层有机质含量少；植被覆盖率高的草原土，其有机质含量中等；植被完好的森林土壤，其表层有机质含量高。各类生物残体在微生物作用下形成腐殖质。

总而言之，在中国，成土过程总的趋势：

①西部以崩解占优势，西北部则以盐化、钙化较明显。

②西南高原地区，有丰富的有机质积累过程。

③东部地区淋溶明显，从北到南逐渐加强。

④灰化过程仅见东北北缘或高山区。

⑤湿润地区，北方硅铝化占优势，南方以铁铝化为主。

⑥有机质积累，在温带自东向西逐渐减弱。

3.4 土壤剖面

土壤剖面是指从地面向下挖掘而裸露出来的垂直切面。它是土壤外界条件影响内部性质变化的外在表现。不同的土壤形成条件，导致土体内部不同的物质运动特点，并带来土壤剖面形态的不同。通过研究土壤剖面，可以了解成土因素对土壤形成过程的影响以及土壤内部的物质运动和肥力特点等。

土壤剖面是为全面研究土壤而挖掘，故需要挖至母质层。自然土壤剖面一般要求宽 1 m，长 2 m，深 2 m（或达地下水层，如盐渍土），石质母质要求挖至基岩。而耕作土壤剖面，要求宽 0.8~1 m，长 1.5 m、深 1 m。

3.4.1 森林土壤的基本发生层

（1）覆盖层（O 层）

这一层由枯枝落叶所组成，在森林土壤中常见，虽不属于土壤，但对土壤的理化性质非常重要。O 层常可分为 2 个亚层：上部为基本未分解的保持原状的枯枝落叶；下部为已腐烂分解的有机残体。

（2）腐殖质层（A 层）

在森林土壤腐殖质层中，植物根系、微生物最集中，有机质积累较多，颜色深暗，多具良好的团粒性结构，土体疏松，养分含量高，肥力性状好。

（3）淋溶层（E 层）

这一层是重要的发生学土层，几乎任何土壤都有这一土层，也即是表土壤。由于其中水溶性物质和黏粒有向下淋溶的趋势，故称为淋溶层，如灰化层、白浆层均属此层。在正常情况下，E 层区别于 A 层的主要标志是有机质含量较低，色泽较淡。

灰化层：这一层并不是所有森林土壤都有，一般在中高纬度或高海拔地区，冷性针叶林下常见。灰化层淋溶强烈，盐基离子淋失严重，常只含最难移动的石英，颜色较浅，灰白色，质地轻，贫养分，肥力性状差。

（4）淀积层（B 层）

这一层常淀积着由上层淋溶下来的黏粒和氧化铁、铝、锰等物质，质地较黏重，颜色一般南方为红色、黄色；北方为棕色、褐色等。土壤结构紧实、块状或大块状。它是一个发育完全的土壤剖面必备的土层。

（5）母质层（C 层）

处于土体最下部，没有产生明显的成土作用的土层。多为岩石风化的残积物或各种再沉积的物质，未受成土作用的影响。

（6）母岩层（R 层）

由半风化或未风化的岩石所组成。典型森林土壤剖面的层次构成及代表符号如图 3-3 所示。但自然界的土壤剖面层次结构是复杂多样的，常见的土壤剖面层次构造如图 3-4 所示。

（7）过渡层

有的森林土壤含有过渡层，如 AB 层或 BC 层，第一个字母表示占优势的主要土层。AB 层是淋溶层向淀积层过渡的土壤层次，一般在这 A、B 层间，同时具有这两层特点的

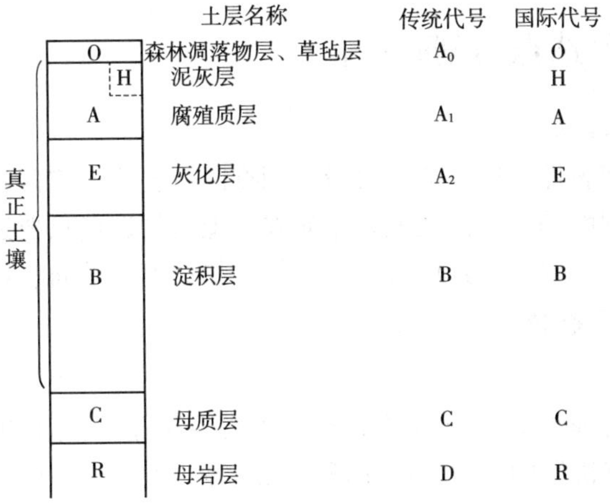

	土层名称	传统代号	国际代号
O	森林凋落物层、草毡层	A_0	O
H	泥灰层		H
A	腐殖质层	A_1	A
E	灰化层	A_2	E
B	淀积层	B	B
C	母质层	C	C
R	母岩层	D	R

真正土壤

图 3-3 自然土壤剖面发生层示意

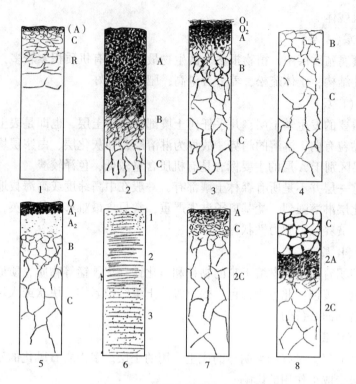

图 3-4   不同土壤剖面示例

1. 石灰岩极薄层土壤   2. 厚层黑土   3. 具有完整发生层次的森林土壤   4. 侵蚀性土壤   5. 灰化土壤

6. 冲积幼年土   7. 具有两个堆积层次的土壤   8. 石质覆盖层下的埋藏土壤

（资料来源：罗汝英《土壤学》，1992）

层次；BC 层是淀积层向母质过渡的土壤层次，通常是土壤与岩石碎屑的混合体。

（8）潜育层（G 层）

土壤形成中的潜育化过程，即指土体在水分饱和、强烈嫌气条件下所发生的还原过程。一般在地下水位较高、排水不良的森林土壤，或相类似的农业土壤才有该层次。

3.4.2   土壤剖面的选点与剖面形态

3.4.2.1   土壤剖面的选点

要求具有最大的代表性，即要能代表所要调查区域土壤的实际情况。因受地形的影响很大，对于森林土壤剖面的选点比较复杂，而农业土壤的选点只要遵守机械布点的原则就可以。对森林土壤剖面，要考虑具体的地形地势，如坡度、坡向、坡位、植被类型等。

3.4.2.2   土壤剖面的形态特性

（1）土壤颜色

土壤颜色是土壤物理性质最直观的表现，主要取决于形成土壤过程中不同元素的积累、气候条件、生物有机质的积累、氧化还原状况等。例如，在南方高热多湿地区，岩石风化彻底，高价铁、铝有大量富集，土壤的沉积层往往表现为红色；如果形成土壤的区域多雨土壤湿度大，又表现为黄色，这是气候影响的结果。而土壤表层若有丰富的有机质，一般土壤颜色表现为黑色、灰黑色、褐色等。当土壤中含大量锰离子时，又表现为紫色。长期处于还原态的土壤，红色调不显，多为灰黑色、青灰色、灰白色。

（2）土壤质地

土壤质地主要反映土壤的颗粒组成，砂粒、粉粒、黏粒的比例。不同质地的土壤，其通气透水性能、有机质含量、土壤结构、水气热的协调性等是不同的。在野外，可以观察土壤粗细、遇水后可塑性等进行简单的鉴别。一般地，土壤质地以轻壤土、中壤土为最佳，粗砂土、中黏及重黏土则趋向于两个极端，是土壤质地改良的主要对象。在实验室，大多采用特种比重计法以卡庆斯基简明制为分类基础进行土壤质地的测定。

（3）土壤结构

土壤结构是土壤黏聚特性的主要表现，与土壤的凝聚性和分散性有关。良好结构的土壤大多为团粒性结构，使得水气热易于协调。如要形成团粒性结构的土壤，需含有较多的胶结物质、有机质、水旱交替较稳定、耕作合理等。柱状、片状、大块状结构的土壤要差很多，也是土壤改良的对象。

（4）土壤紧实度

土壤紧实度反映的是抵抗土壤耕作力、植物扎根能力，土壤孔隙度状况及有机质含量。长期受外力作用也会增加土壤的紧实度。

（5）土壤湿度

土壤湿度大小取决于天气状况、地下水位高低、土壤毛管孔隙与非毛管孔隙状况。多雨则湿度大、干旱则湿度小；地下水位高、土壤偏于黏重则湿度大；质地较轻的土壤，若无经常性的降水补充，土壤多偏向于干燥，湿度小。对于森林土壤来说，在植被覆盖度大的林内，土壤偏于阴湿，因森林具有涵养水源的功能。

（6）pH 值

土壤 pH 值是土壤溶液中氢离子所引起的酸度，多分为强酸性、酸性、中性、碱性、强碱性土壤。土壤 pH 值直接影响土壤环境，且影响植物生长、微生物活动和土壤养分的有效性。在实验室一般采用酸度计来测定，在采样现场，可采用简单的 pH 试纸比色法。在降水量较大的中国南方地区土壤大多偏酸性，甚至强酸性；在北方东部地区大多也偏酸性；在西北干旱、半干旱地区、滨海地区的土壤大多偏碱性反应。在中国南方的某些干热河谷区的土壤，多半表现为中性至碱性反应。在针叶林中，以其针叶为归还的凋落物，含有较多的富里酸，土壤往往也呈现出强酸性的特点，如中国南方高海拔山区、东北大兴安岭针叶林下的土壤。

（7）新生体与侵入体

土壤的新生体与土壤发生发育过程有关，也与母岩、气候有关。例如，土壤中的锈纹、铁锰结核、石灰结核等。土壤的侵入体与土壤发生发育过程无关，多半与其他自然因素、人类动有关，例如，土壤中的火山灰、砖头瓦片、玻璃碎屑等，记录人类活动的痕迹，或某些自然现象的过往痕迹。

（8）植物根系状况

土壤剖面的根系状况，尤其是森林土壤，是一个很重要的指标。根系多，说明森林植物丰富；根系表层多下层少，说明草本类植物、灌木类植物密度大。森林中的乔木根系一般都分布较深，根系粗大。把地表植物调查记录与土壤剖面根系状况对比分析，能得到更多的关于土壤基本状况的信息。土壤根系状况调查，可采用目估法，记录根系所占的百分比，或记录根的多少。特殊情况，还会测定根系的长短、根系粗细。

3.5　地质地貌与森林土壤的关系

地球上所有的土壤都是由岩石与各种沉积物经风化作用和成土作用发育形成的，土壤的物质组成和性质表现与成土的岩石或沉积物关系密切。地表起伏产生水热差异，对土壤性质影响明显。因此，地质与地貌是认识土壤，利用土壤资源，促进土壤科学发展的基础。

3.5.1　土壤地质背景

土壤是岩石风化破碎后经生物改造作用而形成的，早期的土壤学是地质学的一部分，对土壤形成与发育的科学认识，以及土壤基本理论的研究，都与地质学基础密切相关。

3.5.1.1　岩性对土壤的影响

(1)硬质岩石

花岗岩、石英砂岩、硅质岩等，岩性坚硬，不易化学风化，风化产物中砂粒含量较多，形成的土壤通常土质疏松，矿质元素较少；泥岩、页岩等岩石，岩性柔软，易于风化，发育形成的土壤较为黏重，有利于保持水分和养分。

(2)岩石的抗风化能力

抗风化能力较强的岩石，在物理风化明显的山区，常形成质地粗、含砾石多、土层浅薄的石质土。母岩岩性对其影响明显，土体中富含岩石风化碎屑。

(3)坡面岩石的影响

山区坡面上的土壤与成土母质(母岩、风化母质)的关系密切。软硬岩石互层的区域(如砂泥互层)，常有土层厚薄不一的土壤分布。局部区域内的土壤受裸露岩石或风化母质的强烈影响，可能出现与之相对应的不同土壤类型复合分布。

3.5.1.2　岩石的矿物成分对土壤的影响

(1)矿物元素组成

不同的岩石，其矿物成分有差异，发育形成的土壤矿质元素种类及其含量不尽相同，从而影响成土过程中矿质元素的富集。通常，岩石中某一元素含量较多，则成土母质和土壤中该元素含量也相应较多。

(2)石灰质岩石与碎屑岩石

石灰岩及富钙岩石的风化碎屑发育的土壤，钙含量相对较高；玄武岩风化母质中矿质元素较复杂，形成的土壤中营养元素较为丰富全面；碎屑岩风化物疏松，通透性好，易产生元素淋溶，形成的土壤养分贫瘠。

3.5.1.3　成土母质对土壤的影响

（1）黄土母质

黄土母质是第四纪沉积物，主要分布于中国的西北高原区。粉砂质，石英为主，含碳酸盐矿物，垂直节理发育，导致溶蚀、崩塌等作用明显，发育形成的土壤土层深厚，土体疏松，水土流失严重。

（2）红土母质

红土母质是第四纪湿热条件下的产物，为各种岩石的红色厚层风化物（残积或堆积），广泛分布于中国的东南丘陵区和西南山地区域。黏质酸性，对土壤的进一步发育形成有影响。

3.5.1.4　第四纪沉积物对土壤的影响

第四纪沉积物主要包括湖积物、冲积物、坡积物、洪积物、残积物等，其分布与地形相关，发育形成的土壤与沉积母质的组成与特性关系密切。

3.5.1.5　地质构造与地貌对土壤的影响

（1）低山坡面上土壤的分布

低山坡面土壤的分布受母岩、母质类型和性质的影响很大，其表现不一定是上薄下厚的。在不同基岩构成的坡面上，风化母质与发育形成的土壤也存在差异。例如，山坡上部的泥岩与山坡下部的砂岩，所发育的土壤会产生上厚下薄的土层厚度表现。

（2）区域地质构造对土壤的影响

如单斜山构造导致的山体两侧土壤性质差异会明显影响其上生长的林木种类及其长势长相。与断层谷、背斜谷等特殊地貌有关的小气候和深厚土壤条件，林木生长相应良好。

（3）侵入岩出露对土壤的影响

在有侵入岩出露的区域，侵入岩与围岩的岩性差异较大，抗风化能力不同，会出现局部岩石风化成土与周边差异明显，从而影响林木生长的异常现象。

（4）地质条件对土壤形成发育的影响

例如，海水退却后出露的地面，或构造带新裸露岩石风化区，与土壤发育的年龄密切相关。

综上所述，不同岩石、不同沉积物、不同地表形态、不同地质年龄等，都将影响土壤形成发育，从而使土壤肥力特性不同，对土壤的分布也产生影响。

3.5.1.6　水文地质条件与土壤水分状况

地层及岩性的不同会影响到土壤水分状况，这与岩石的透水性或含水性不同有关。风化母质的透水性能对局部土壤水分状况有影响，可能会形成特殊的立地条件，影响林木生长。

3.5.2　土壤地球化学研究

从地质与土壤的观点出发，岩石—土壤—植物，是一个统一的整体。岩性特征对土壤理化性质的影响，将进一步体现在植物的生长发育及其收获物的产量、品质上。

（1）地质背景值的调查研究

通过土壤微量元素地质背景值的调查，确定土壤中微量元素的临界值，并在此基础上推广微量元素肥料的科学施用，可使植物生产得到增产优质的双重效果。

（2）地质—土壤—植物的综合调查与农林区划

结合土壤、植物和不同介质样品的采集与分析（数十种元素氧化物与元素有效性），进行区域土壤地球化学特征与农业环境调查研究，并在此基础上进行农林种植区划，确定某栽种作物的最佳地质、土壤地球化学背景，就可获得该作物品质与产量的提高。

3.5.3　矿石的农业应用

大多数化肥、农药、土壤改良剂所采用的矿石，都是各种地质作用的产物。同样的，另有一些矿石，因含有对农业生产有毒或副作用的元素，而对土壤性质和农业生产造成影响。

（1）农用矿物、岩石资源

用作肥料的磷矿石、钾矿石、泥炭；改良土壤的沸石、石灰石、黏土、砂子、硅藻土、蛭石等；制作农药的硫黄、雄黄、雌黄等；饲料添加剂的沸石、膨润土等。

（2）有毒污染的矿石材料

硫化矿物、重金属矿等矿石，含有对植物与环境产生毒、副作用或污染的成分。

综上，地质学与土壤科学与农业生产都有极其密切的关系。

案例分析

森林土壤剖面调查

（1）剖面点的野外选择

室内对地形图研究布设的剖面位置，野外现场选点并满足以下原则：

①剖面点应设于该土壤类型内代表性最大的地段，不宜设于土类的边缘或过渡地段。

②在地形变化区域，应设于典型的地形部位，如山坡的中部，山脊山谷的坡面上，避免山顶或谷底。

③选择人为干扰较小的区域，避开道路、坟墓、池塘、肥料堆放处等地方。

④林地调查应避开林窗或林缘，选择有代表性地段，离树干1.5m左右的标准地中部。

（2）剖面的挖掘

①剖面规格。自然土壤剖面一般要求：宽1.0m、长1.5m（一侧有斜梯）、深1.5～2.0m（或地下水层）的长方形土坑。若土壤厚度不及1.5m，要求达到基岩层（图3-5）。

②剖面的观察面垂直向阳，无阳光时方向可任选，山地条件下观察面应与等高线平行。

③挖掘的土壤堆放于剖面两侧或后方，观察面上方不能堆土或走动，同时表土与底土分开堆放，观察记录结束后按上下顺序回填进剖面坑中，尽量减少打乱土壤层。

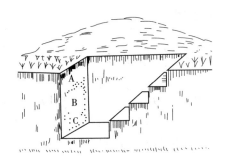

图 3-5　土壤剖面示意

（资料来源：胡慧蓉等《土壤学实验指导教程》，2012）

（3）剖面观测

剖面观测是土壤剖面调查的工作重点，一般有以下内容：划分剖面层次、依层次进行剖面形态观测与记录、土壤样品的采集、回填土壤。

本章小结

矿物岩石风化是土壤形成的中间过程，岩石经物理风化后变化成为碎屑物质，并进一步经化学风化为次生矿物，逐步形成为土壤。岩石风化后由于矿物组成不同或由于所处地理环境、气候条件不同，形成不同的风化产物，可按生态类型、地球化学类型、母质类型来划分。只经岩石的风化还不足以形成真正意义的土壤，矿物岩石在进行地质大循环的同时，还必须有生物小循环的参与，这样才能使得土壤具有肥力且能生长植物，故地质大循环与生物小循环的相互作用是土壤形成的实质。土壤剖面是了解、研究土壤的必备手段。对于自然土壤来说，通过土壤剖面观察与典型样品采集、分析，可对土壤进行真实评价，并最终全面了解土壤特征，从而更加有效地利用土壤资源。土壤剖面的形态观察主要包括：土壤颜色、质地、结构、紧实度、湿度、pH值、新生体、侵入体和植物根系等。

复习思考题

1. 什么是矿物岩石风化过程？解释物理风化、化学风化、生物风化。
2. 影响矿物岩石风化过程的因素是什么？
3. 硅酸盐类矿物抗风化的稳定性顺序如何？
4. 风化产物的生态类型有哪些？地球化学类型有哪些？
5. 风化产物的母质类型有哪些？各类型主要分布在哪些地形部位？具有什么特点？所发育的土壤肥力状况如何？
6. 土壤形成的实质是什么？影响土壤形成的自然因素又是什么？
7. 什么是土壤剖面？模式自然土壤剖面发生层可划分为哪些层次？进行土壤剖面调查要观察哪些剖面形态特征？

8. 矿物、岩石对土壤有什么影响？

本章推荐阅读书目

1. 土壤学(第2版). 林大仪，谢英荷. 中国林业出版社，2011.
2. 土壤地理学(第3版). 李天杰. 高等教育出版社，2004.
3. 土壤学. 罗汝英. 中国林业出版社，1992.

第二篇
土壤物质组成及其物理性质

第 **4** 章

森林土壤生物

森林的土壤生物主要包括森林植物根系、土壤微生物、土壤动物以及土壤酶等。森林土壤生物，不仅参与岩石风化和原始成土过程，调控森林土壤肥力的形成和演变，而且能够通过它们之间相互作用影响森林土壤理化性质与土壤食物网结构，直接和间接调控森林植物的生长。因此，全面认识森林的土壤生物，有助于正确理解与评价森林土壤质量、森林土壤健康及森林土壤生态功能。

4.1　森林植物根系

森林植物根系是森林植物生长在地面以下营养器官的总称。根系作为植物长期适应陆生生活的重要器官，具有固着、支持、吸收及贮藏等主要功能。同时，根系能够通过根表细胞或组织脱落物、根系分泌物向土壤输送有机物质，一方面影响土壤养分循环、土壤腐殖质的积累和土壤结构的改良；另一方面作为微生物的营养物质，刺激根际土壤微生物的数量增长与活性。因此，根系作为联结生态系统地上部分与地下部分的重要桥梁，对土壤生态系统的结构与功能起着至关重要的调控作用。

4.1.1　根系的基本属性

4.1.1.1　类型

根系包括直根系和须根系两大类型（图 4-1）。直根系主根发达，易与侧根相区别，由这种主根及其各级侧根组成的根系，称为直根系。大多数裸子植物和双子叶植物具有直根系。主根不发达或早期停止生长，由茎的基部生出许多粗细相似的不定根，由这些根组成的根系称为须根系。单子叶植物的根系为须根系。

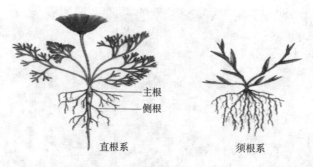

直根系　　　　　　　须根系

图 4-1　直根系与须根系

4.1.1.2　形态学特征

根系形态学特征是精确测定养分流和能量流的基础。不同植物之间、同种植物的变种以至个体之间根的形态变化甚大，而关于根系形态学至今却知之甚少，因此，定量研究根的形态学有助于认识根在土壤系统中的作用。

（1）根的直径

根的直径是指根的粗细或大小，它能够部分反映根的种间差异或发育阶段。根据根的直径大小，一般将根划分成两类：一类是直径大于 2~5 mm 的粗根（coarse roots）；另一类是直径在 2 mm 以下的细根（fine roots），细根的周转期一般小于 1~3 年。

（2）根的长度

根的长度是根在空间伸展的绝对长度，它包括主根长度、侧根长度和根总长度等。根长能够表征植物吸收水分与养分可能达到的土壤深度。

（3）根的密度

根的密度是指单位体积各级根的总数目。根密度一定程度上反映了植物根系吸收能力的大小。

（4）根的表面积

根表面积是指根的所有根系表面的面积总数。它是从吸收面积上表征根系对水分和养分的吸收潜力。

（5）根的构型

按基根与土壤水平面的夹角把根的构型划分 3 种类型。基根初始角度<40°时，为浅根型；初始生长角度>60°为深根型；介于浅根型和深根型之间的类型为中间型。根的构型影响植物根系吸收养分的类型。

4.1.1.3　根系分泌物

根系分泌物是根向生长基质释放有机物的总称。根系分泌物包括渗出物、分泌物、黏质物、分解物与脱落物等组分。根系分泌物对于土壤结构形成与养分活化、植物养分吸收以及环境胁迫缓解等均具有重要意义。根系分泌物组成复杂，主要类别包括碳水化合物、氨基酸、脂肪酸、酶类和毒素类等（表 4-1）。

表 4-1 根系分泌物的组成及生态作用

化合物类别	组　　成	土壤生态学意义
碳水化合物	葡萄糖、果糖、蔗糖、核糖、木糖、麦芽糖、乳糖、鼠李糖、阿拉伯糖、棉籽糖、低聚糖等	碳水化合物与黏土及各种离子相互作用，能够稳定土壤结构
氨基酸	亮氨酸异亮氨酸、缬氨酸、γ-氨基丁酸、谷氨酰胺、α-丙氨酸、天冬酰胺、色氨酸、谷氨酸、天冬氨酸、胱氨酸、半胱氨酸、苷氨酸、苯丙氨酸、苏氨酸、赖氨酸、脯氨酸、蛋氨酸、色氨酸、丝氨酸、β-丙氨酸、精氨酸等	土壤氨基酸是微生物合成植物生长调节剂的重要营养源
有机酸	酒石酸、草酸、柠檬酸、苹果酸、乌头酸、丁酸、戊酸、琥珀酸、延胡索酸、丙二酸、乙醇酸、乙酸、丙酸、羟基乙酸等	土壤有机酸有利于重金属的活化
脂肪酸	棕榈酸、油酸、花生酸、亚麻酸、花生四烯酸、胆固醇等	影响土壤微生物多样性及活性
酶类	硫酸酶、转化酶、淀粉酶、蛋白酶、多聚半乳糖醛酸酶、吲哚乙酸氧化酶、硝酸还原酶、蔗糖酶、尿酶、接触酶等	根系分泌的酶是土壤酶的重要来源
毒素类	苯丙烷类、乙酰配基类、类萜、甾类、生物碱类	影响根系、土壤微生物及动物的生命活动
其他	生物素、硫胺素、泛酸（盐）、烟酸、胆碱、次黄（嘌呤核）苷、对-氨基苯酸、氨基末端甲基烟酸生长素、脱氧-5-黄酮、类黄酮、异类黄酮等	

4.1.1.4 根系生物量

根系生物量是指单位面积上植物根的总干物质量。根系生物量特别是细根生物量，能够反映根系在生态系统碳、氮物质循环中的地位与作用。

4.1.1.5 细根周转

细根通常是指着生在侧根上的细小根，直径一般小于 2 mm。细根周转指的是细根在土壤中生长、衰老、死亡和分解的动态过程。细根周转是森林生态系统碳和养分循环中的关键组分，是近年来研究生态系统碳分配及全球碳循环的热点问题。

4.1.2　根际与根际效应

4.1.2.1 根际

根际的概念最早是由德国科学家 Hiltner（1904）提出的。根际（rhizosphere）是指植物根系直接影响的土壤范围。根际范围一般是指距活性根 1~2 mm 的根际与根面，它因植物根的类型、植物营养代谢状况和土壤环境条件而异。因此，根际并不是一个界限十分明确的区域。

4.1.2.2 根际效应

植物根际的微生物数量和活性、土壤物理性质及化学性质明显不同于非根际土壤，这种现象称为根际效应。根际效应能够表征植物根系为根际微生物提供营养的能力。

根际效应的大小常用根际土和根外土（soil）中微生物数量的比值（R/S 比值）来表示。R/S 比值越大，根际效应越明显。当然 R/S 比值总大于 1，一般在 5~50 之间，高的可达 100。

4.1.2.3　根际效应的类型

（1）根际的碳淀积效应

根际的碳淀积效应主要指根分泌与溢泌单糖、多糖、有机酸和氨基酸等含碳有机化合物。根际碳淀积的总量可达植物光合产物的 10 %。根际碳淀积效应能够调控土壤化学性质、根际生物的数量及活性。

（2）根际的微生物效应

根际微生物在数量和质量上均与根际以外的微生物显著不同。植物根表及近根土壤中的微生物数量常比根际以外的微生物数量高几倍至几十倍，甚至一些细菌群可高达上千倍。因此，根际微生物效应是根际养分沉积及植物生长的基础。

（3）根际的化学效应

根际的化学效应是指根系生命活动对根际土壤 pH 值、氧化还原定位及其他土壤化学性质的影响。它对于土壤氧化还原过程及化学性质的形成具有重要的调控作用。

（4）根际的物理效应

根际的物理效应是指根系生命活动对土壤团聚体形成及土壤结构稳定性的影响，能够影响土壤结构的形成与稳定。

4.1.3　菌根

菌根是指一些真菌侵染宿主植物根系形成的共生体。菌根真菌菌丝，从根部向土壤中延伸，扩大了根对土壤养分的吸收；菌根真菌分泌维生素、酶类和抗生素等物质，促进植物根系的生长；同时菌根真菌能够直接从植物根际获得碳水化合物，因而，植物与真菌之间形成了互利互惠的共生关系。

菌根对森林植物的作用主要包括：①扩大森林植物根系吸收水分与养分的范围；②菌根对森林植物根部病害侵袭具有机械屏障作用；③促进森林植物体内水分运输，提高植物的抗旱性；④增强森林植物对重金属毒害的抗性；⑤促进森林植物的共生固氮。

根据菌根菌与植物的共生特点，将菌根划分为外生菌根、内生菌根和内外生菌根 3 种类型。

4.1.3.1　外生菌根

外生菌根是指真菌菌丝在植物幼根表面发育形成菌丝套，只有少量菌丝穿透表皮细胞，在皮层 2~3 层内细胞间隙中形成稠密的网状哈氏网（Harting net）。外生菌根大多是由担子菌亚门和子囊菌亚门的真菌侵染而形成的。具有外生菌根的树种主要包括松、云杉、冷杉、落叶松、栎、栗、水青冈、桦、鹅耳枥和榛子等。

4.1.3.2　内生菌根

内生菌根是指真菌菌丝在根表面不形成菌丝鞘，真菌菌丝主要在根的皮层细胞间隙或深入细胞内发育，只有少数菌丝伸出根外。内生菌根主要包括泡囊丛枝状菌根、兰科菌根和杜鹃菌根 3 种类型。

许多森林植物和经济林木能形成内生菌根，如柏、雪松、红豆杉、核桃、白蜡、杨、楸、杜鹃、槭、桑、葡萄、杏、柑橘及茶、咖啡、橡胶等。

4.1.3.3　内外生菌根

内外生菌根是外生型菌根和内生型菌根的过渡类型。它们和外生菌根相同之处在于根表面有明显的菌丝鞘，菌丝具分隔，在根的皮层细胞间充满由菌丝构成哈氏网。同时，它们的菌丝又可穿入根细胞内。内外生菌根可发育在许多林木的根部，如松、云杉、落叶松和栎树等。

4.2　森林土壤微生物

4.2.1　森林土壤微生物的概念

森林土壤微生物指生活在森林土壤中的细菌、真菌、放线菌、藻类及地衣等生物的总称。森林土壤微生物体型微小、种类繁多及数量庞大，不仅是森林土壤的重要生物资源库，而且是森林土壤的最活跃部分，参与森林土壤中几乎全部的生物化学反应，在森林土壤物质循环、能量流动和信息传递中具有极其重要的作用。

4.2.2　森林土壤微生物的主要类群

按细胞结构及生物生态学特征，将森林土壤微生物划分为细菌、真菌、放线菌、藻类及地衣等类群。

4.2.2.1　土壤细菌

森林土壤细菌是一类单细胞、无完整细胞核的原核生物。

（1）形态与分布

每克土森林土壤细菌数量可达 $500 \times 10^4 \sim 800 \times 10^4$ 个以上（表4-2），占土壤微生物总数的 70 %~90 %。细菌菌体通常很小，直径为 $0.2 \sim 0.5$ μm，长度约几微米。土壤细菌主要包括球状、杆状和螺旋状 3 种基本形态。土壤细菌种类分布很广，常见属包括：节杆菌属（*Arthrobacter*）、芽孢杆菌属（*Bacillus*）、假单胞菌属（*Pseudomonas*）、土壤杆菌属（*Agrobacterium*）、产碱杆菌属（*Alcaligenes*）和黄杆菌属（*Flavobacterium*）。

表4-2　广西亚热带不同森林类型土壤微生物的数量特征

森林类型	细菌（×10⁶cfu/g 干土）	放线菌（×10⁴cfu/g 干土）	真菌（×10⁴cfu/g 干土）
杉木林	5.78	6.02	11.97
桉松混交林	8.16	29.03	8.98
油茶林	6.32	28.76	7.87

数据来源：胡承彪等，1990。

（2）主要生理类群

按森林土壤细菌在森林土壤养分循环中所起的作用，将其划分为纤维分解细菌、固氮细菌、氨化细菌、硝化细菌和反硝化细菌等生理生态类群。

①纤维分解细菌　按生物学特性，分解纤维细菌可划分好气纤维分解细菌和嫌气纤维

分解细菌 2 种类型。好气纤维分解细菌主要包括生孢噬纤维菌属(*Sporocytophaga*)、噬纤维菌属(*Cytophaga*)、多囊菌属(*Polyangium*)和镰状纤维菌属(*Cellfalcicula*)等。嫌气纤维分解细菌主要包括热纤梭菌(*Clostridium thermocellum*)、溶解梭菌(*Cl. dissolvens*)及高温溶解梭菌(*Cl. thermocellulolyticus*)等。

纤维分解细菌通常适宜中性至微碱性环境。好气纤维分解细菌活动最适温度为 22~30 ℃；嫌气纤维分解细菌活动适宜温度为 60~65 ℃。

纤维分解细菌具有重要的土壤生态功能。它们能够参与枯落物中纤维素的分解，从而影响森林土壤物质循环与能量流动的生态学过程。

②固氮细菌 按固氮方式，将固氮细菌划分为自生固氮细菌和共生固氮细菌 2 类。自生固氮菌是指各种自由生活、能独立固定大气氮的原核生物，包括好氧性的固氮菌属(*Azotobacter*)、氮单胞菌属(*Azomonas*)、拜叶林克菌属(*Beijerinckia*)和德克斯菌属(*Derxia*)等；嫌气性的着色菌属(*Chromatium*)、巴斯德梭菌属(*Clostridium*)等；兼性的克雷伯氏菌属(*Klebsiella*)与红螺菌属(*Rhodospirillum*)等。

共生固氮菌是必须与它种生物共生时才能固氮的原核微生物。包括与豆科植物共生结根瘤的根瘤菌属(*Rhizobium*)、与非豆科植物共生结根瘤的弗兰克氏菌属(*Frankia*)以及与地衣共生的鱼腥蓝细菌属(*Anabaena*)等。

固氮细菌属中温性细菌，最适温度为 28~30 ℃，适宜中性森林土壤。好气性自生固氮细菌适应于 pH>6.0 的森林土壤，而嫌气性自生固氮细菌在 pH 5.0~8.5 范围有较高活性。

土壤固氮细菌是森林土壤固氮微生物的重要组成部分，它们每年从大气中固定的氮素可达 $1×10^8$ t，大约有 2/3 的分子态氮是由固氮细菌所固定。因此，土壤固氮细菌是森林土壤氮循环的重要生物调节者。

③氨化细菌 主要包括好气性氨化细菌，如蕈状芽孢杆菌(*Bacillus mycoides*)、枯草芽孢杆菌(*Bacillus subtilis*)和嫌气性氨化细菌，如腐败芽孢杆菌(*Bacillus putrificus*)。此外，还有一些兼性氨化细菌，如变形杆菌等。

氨化细菌最适温度为 25~35 ℃，最适森林土壤含水量为田间持水量的 50 %~75 %。氨化细胞适宜在中性环境中生长，强酸性森林土壤添加石灰可增加氨化细菌的活性。森林土壤通气状况影响好气性氨化细菌的优势种群。

氨化细菌作为森林土壤中参与氨化作用的微生物类群，能够促进森林土壤氮素物质的分解，调节森林土壤氮循环过程。

④硝化细菌 硝化细菌主要包括亚硝酸细菌和硝酸细菌 2 个亚群。亚硝化细菌包括亚硝化单胞菌(*Nitrosomomas*)、亚硝化螺菌(*Nitrosospira*)、亚硝化球菌(*Nitrosococcus*)和亚硝化叶菌(*Nitrosolobus*) 4 个属。硝酸细菌主要包括硝化杆菌(*Nitrobacter*)、硝化刺菌(*Nitrospina*)和硝化球菌(*Nitrococcus*) 3 个属。

硝化细菌最适温度为 20~28 ℃，低于 5 ℃或高于 40 ℃，硝化作用显著减弱。适宜 pH 值范围 6.6~8.8，当 pH<6.0 时，硝化作用明显抑制。硝化细菌是好气性细菌，土壤含氧量为大气中氧浓度的 40 %~50 %时，硝化作用最旺盛。

硝化细菌是森林土壤中参与硝化作用的微生物类群，不仅影响森林土壤中硝酸盐供应状况，而且能够调控森林土壤氮循环过程。

⑤反硝化细菌　反硝化细菌是一类能够引起森林土壤反硝化作用的原核细菌。多为异养、兼性厌氧细菌，主要包括假单胞菌属（*Pseudomonas*）、变形杆菌属（*Proteus*）、无色杆菌属（*Achromobacter*）、芽孢杆菌（*Bacillus*）、产碱菌属（*Alcaligenes*）、气单胞菌属（*Aerobacter*）、色杆菌属（*Chromobacterium*）等。

引起反硝化过程的微生物主要是反硝化细菌。反硝化细菌最适温度为 25 ℃，但在 2~65 ℃范围内，反硝化作用均能进行。反硝化细菌最适宜的 pH 值为 6~8，在 pH 3.5~11.2 范围内都能进行反硝化作用。

硝化细菌作为森林土壤中参与反硝化作用的微生物类群，不仅影响森林土壤中 N_2O 释放量，而且能够调控森林土壤氮循环过程。

4.2.2.2　土壤真菌

土壤真菌是菌体多呈分枝丝状的一类土壤真核微生物。

（1）数量、形态与分布

森林土壤真菌数量每克土约含 $7 \times 10^4 \sim 11 \times 10^4$ 个以上（见表 4-2），数量虽比土壤细菌少，但因其菌丝体长且菌体远比细菌大，导致土壤中真菌总重量与细菌菌体相当。因此，土壤真菌是构成土壤微生物生物量的重要组成部分。

真菌除少数种类是单细胞外，绝大多数是由纤细、管状的菌丝（hypha）构成的。菌丝分枝或不分枝。组成一个菌体的全部菌丝称为菌丝体（mycelium）。菌丝一般直径在 10 μm 以下，最细的不到 0.5 μm，最粗的可超过 100 μm。大多数菌丝有隔膜（septum），把菌丝分隔成许多细胞，称为有隔菌丝（septate hypha），有的低等真菌的菌丝不具隔膜，称为无隔菌丝（non septate hypha）。

多数土壤真菌分布广，但是某些属种有其最适宜的生境。森林土壤中的青霉属（*Penicillium*）、毛霉属（*Mucor*）的分布在北方多于南方，而森林土壤中的镰刀菌属（*Fusarium*）、根霉属（*Rhizopus*）、异水霉属（*Allomyces*）、笄霉属（*Choanephora*）、曲霉属（*Aspergillus*）的分布则南方多于北方。

（2）主要生理类群

按生理类型区分，土壤真菌可划分为植物寄生菌、纤维素分解真菌、木质素分解真菌、果胶和半纤维素分解真菌、甲壳质分解真菌、糖分解真菌、捕食性真菌等。

土壤真菌按栖息环境可分为土壤习居菌和土壤寄居菌两类。土壤习居菌在土壤中广泛存在，如腐质霉属（*Humicola*）、毛霉属（*Mucor*）、青霉属（*Penicillium*）等。土壤寄居菌是植物或动物的寄生菌。

按研究对象（如植物根），土壤真菌可划分为根围真菌、根表真菌、菌根真菌、维管束真菌等。

（3）生物生态学特征

土壤真菌适宜酸性土壤环境，广泛分布于酸性森林土壤，pH 值低于 4.0 土壤条件细菌和放线菌已难生长，但真菌却能很好发育。土壤真菌属好气性微生物，主要分布于通气良好的森林土壤。土壤真菌的种类和数量以表土层和亚表土层为最多，随着土层的加深而逐渐减少，但青霉属、曲霉属、毛霉属、被孢霉属、木霉属的某些种是常见的深土层分布菌。

土壤真菌主要通过氧化含碳有机物质获取能量，因此，土壤真菌是森林土壤中糖类、纤维类、果胶和木质素等含碳物质分解的重要参与者。

4.2.2.3 土壤放线菌

土壤放线菌是指生活于土壤中呈丝状单细胞、革兰阳性的原核微生物。

（1）数量、形态与分布

土壤放线菌每克土中有 $6×10^4 \sim 20×10^4$ 个以上（见表4-2），占土壤微生物总数的 5 % ~ 30 %，数量是细菌数量的 1 % ~ 10 %，生物量与细菌接近。放线菌在形态上分化为菌丝和孢子，培养特征与真菌相似。按形态的不同，放线菌的菌丝可分为基内菌丝、气生菌丝和孢子丝 3 部分。土壤放线菌分布广泛，常见属为：链霉菌属（*Streptomyces*）、诺卡氏菌属（*Nocardia*）、小单胞菌属（*Micromonospora*）、游动放线菌属（*Actinoplanes*）和弗兰克氏菌属（*Frankia*）等，其中链霉菌属占 70 % ~ 90 %。

（2）主要生理类群

除少数自养型菌种如自养链霉菌外，绝大多数为异养型。大多数放线菌是好氧的，只有某些种是微量好氧菌和厌氧菌。

（3）生物生态学特征

放线菌中除致病类型外，一般为需氧菌，生长的最适温度为 28 ~ 30 ℃，最适 pH 值为 7.5 ~ 8.0。土壤放线菌与细菌、真菌共同参与森林土壤有机物质的转化。多数放线菌能够分解木质素、纤维素、单宁和蛋白质等复杂有机物，放线菌在分解有机物质过程中，不仅形成简单化合物，而且还产生生长刺激素、维生素、抗菌素及挥发性物质等特殊有机物。

4.2.2.4 土壤藻类

土壤藻类是指土壤中的一类单细胞或多细胞、含有各种色素的低等植物，构造简单，个体微小，无根、茎、叶的分化。

（1）数量、形态与分布

土壤藻类可分为蓝藻、绿藻和硅藻 3 类。蓝藻也称蓝细菌，个体直径为 0.5 ~ 60 nm，其形态为球状或丝状，细胞内含有叶绿素 a、藻蓝素和藻红素。绿藻除了含有叶绿素外，还含有叶黄素和胡萝卜素。硅藻为单细胞或群体的藻类，它除了有叶绿素 a、叶绿素 b 外，还含有 β 胡萝卜素和多种叶黄素。

（2）主要生理类群

大多数森林土壤藻类为无机营养型，由自身含有的叶绿素利用光能合成有机物质，一般分布在表层森林土壤中；一些藻类属有机营养型，利用森林土壤中有机碳源为营养，仍保持叶绿素器官的功能，可分布在较深的土层中。

（3）生物学及生态学特征

土壤藻类适应的温度范围较广，能够忍受 100 ℃ 高温，在 -195 ~ -192 ℃ 残存。40 % ~ 60 % 的土壤水分条件下，土壤藻类较丰富。

大多数森林土壤藻类与真菌结合成共生体，在风化的母岩或瘠薄的森林土壤上生长，积累有机质，加速森林土壤形成。有些藻类，如硅藻，可直接溶解岩石，释放出矿质元素，补充森林土壤钾素。许多藻类在其代谢过程中可分泌出大量黏液，改良森林土壤结构；藻类形成的有机质较易分解，对养分循环和微生物繁衍具有重要作用。

4.2.2.5　地衣

地衣是真菌与绿藻或蓝细菌等光合生物之间形成的稳定共生联合体。

（1）分布与结构

地衣作为重要的森林土壤开拓者，广泛分布于岩石、森林土壤和其他物体表面。构成地衣的真菌，绝大多数属于子囊菌亚门的盘菌纲和核菌纲，少数为担子菌亚门的伞菌目和非褶菌目，还有极少数属于半知菌亚门。

地衣内部结构一般可分为上皮层、藻胞层、髓层和下皮层。上下皮层均由致密交织的菌丝构成。上下皮层之间具有明显的藻胞层称为异层地衣，如梅衣属（*Parmelia*）和蜈蚣衣属（*Physcia*）。上下皮层之间没有明显的藻胞层称为同层地衣，如猫耳衣属（*Leptogium*）。

（2）主要类群

地衣按其形态可划分为壳状地衣、叶状地衣和枝状地衣 3 种类群。壳状地衣的植物体扁平成壳状，紧附树皮、岩石或其他物体上，主要为茶渍属（*Lecanora*）和文字衣属（*Graphis*）；叶状地衣植物体形似叶片，仅由下表面成束菌丝附着于基质，主要为梅花衣属（*Parmelia*）和蜈蚣衣属（*Physica*）；枝状地衣植物体直立，通常分枝，成丛生状，主要为石蕊属（*Cladonia*）和松萝属（*Usnea*）。

（3）生物生态学特征

地衣是裸露岩石和森林土壤母质的最早定居生物，地衣分泌的多种地衣酸可腐蚀岩面，使岩石表面龟裂和破碎，逐渐在岩石表面形成森林土壤层，为其他高等植物的生长创造条件。地衣对于森林土壤的形成与结构稳定具有重要意义。因此，地衣常被称为"植物拓荒者"或"先锋植物"。

4.3　森林土壤动物

4.3.1　森林土壤动物的概念

森林土壤动物指长期或一生中大部分时间生活于森林土壤或森林地表凋落物层中的动物。它们直接或间接地参与土壤物质和能量的转化，是土壤生态系统中不可缺少的组成部分。土壤动物通过取食、排泄、挖掘等生命活动，破碎生物残体，混合土壤，为微生物活动和有机物质进一步分解创造条件。土壤动物活动能够调控土壤的物理性质（通气状况）、化学性质（养分循环）以及生物学性质（微生物活动），对土壤形成及土壤肥力维持起着重要作用。

4.3.2　森林土壤动物类群划分

土壤动物是森林土壤中生物量最大的一类生物，门类齐全，种类繁多，数量庞大。土壤动物类群主要按以下 4 种分类方法进行划分。

4.3.2.1 系统分类

土壤动物主要属于原生动物门、扁形动物门、线形动物门、软体动物门、环节动物门、节肢动物门、脊椎动物门等动物门(表4-3)。

表4-3 主要的土壤动物门类

门 Phyla	纲 Classes
原生动物门 Protozoa	
扁形动物门 Platyhelminthes	涡虫纲 Planarian
线形动物门 Nemathelminthes	轮虫纲 Rotatoria、线虫纲 Nematoda
软体动物门 Mollusca	腹足纲 Gastropoda
环节动物门 Annelida	寡毛纲 Oligochaeta
节肢动物门 Arthropoda	蛛形纲 Arachnoidea、甲壳纲 Crustacea、多足纲 Myriapoda、昆虫纲 Insecta
脊椎动物门 Vertebrata	两栖纲 Amphibia、爬行纲 Reptilia、哺乳纲 Ammalia

4.3.2.2 体形大小分类

(1)小型土壤动物(Microfauna)

体宽在0.2 mm以下,主要包括线虫、原生动物等,生活于充水的孔隙中及土壤基质的水膜里,由不同营养类群组成,其中食真菌的、食细菌的和植食性的动物种类最为丰富。

(2)中型土壤动物(Mesofauna)

体宽0.2~2 mm,主要包括螨类、跳虫、拟蝎等微小节肢动物,还有涡虫、蚁类、双尾类等,大多生活在充气孔隙中,由不同营养关系的种类的组成。

(3)大型土壤动物(Marcofauna)

体宽大于2 mm,包括部分等足目、倍足类、蝇类幼虫、甲虫、陆生贝类及蚯蚓等,体型较大,它们的取食或掘土活动常能影响土壤的物理结构。

4.3.2.3 食性分类

土壤动物按食性一般划分为植食性、腐食性、菌食性、藻食性、捕食性、尸食性、粪食性、寄生性和杂食性等类群。

4.3.2.4 土壤中生活时期分类

按动物在土壤中生活的时期,划分为全期土壤动物、周期土壤动物、暂时土壤动物、过渡土壤动物和交替土壤动物等类型。

4.3.3 主要土壤动物类群

土壤动物的种类、数量及多样性令人惊叹,难以计数。这里仅介绍几种对土壤性质影响较大,且其生理习性及生态功能较为人类熟知的优势动物类群。

4.3.3.1 原生动物

(1)一般特点

原生动物属原生动物门,是生活于土壤和苔藓中的真核单细胞动物。相对于原生动物而言,其他土壤动物门类均称为后生动物。原生动物结构简单、数量巨大,只有几微米至几毫米，而且一般每克土壤有 $10^4 \sim 10^5$ 个原生动物，在土壤剖面上分布为上层多，下层少。

已报道的原生动物有 300 种以上，按其运动形式可把原生动物分为 3 类：①变形虫类，主要靠假足移动的原生动物；②鞭毛虫类，主要靠鞭毛移动的原生动物；③纤毛虫类，主要靠纤毛移动的原生动物。从数量上以鞭毛虫类最多，主要分布在森林的枯落物层；其次为变形虫，通常能进入其他原生动物所不能到达的微小孔隙；纤毛虫类分布相对较少。

（2）生物生态特征

原生动物以微生物、藻类为食物，在维持土壤微生物动态平衡上起着重要作用，可使养分在整个植物生长季节内缓慢释放，有利于植物对矿质养分的吸收。

原生动物在土壤系统中的生态作用包括：①通过取食某些微生物类群（主要是细菌）调节土壤微生物群落的种类组成和结构；②通过排泄活动调节微生物的活性；③通过与微生物的相互作用促进土壤有机质和营养元素的转化；④直接排放营养物质、通过带菌或排泄出存活的微生物将其传播到新基质中。

4.3.3.2　线虫

（1）一般特点

线虫属线形动物门的线虫纲，是体形纺锤型、后部较尖的一种体形细长（1 mm 左右）的白色或半透明无节动物，是土壤中最多的非原生动物，已报道种类达 1 万多种，每平方米土壤的线虫个体数达 $10^5 \sim 10^6$ 条。

（2）生物生态特征

线虫一般喜湿，主要分布在有机质丰富的潮湿土层及植物根系周围。线虫主要包括植食型线虫、腐生型线虫、寄生型线虫、捕食型线虫等类型。植食型线虫主要以植物根系为食物；腐生型线虫主要取食对象为细菌、真菌、低等藻类和土壤中的微小原生动物，腐生型线虫的活动对土壤微生物的密度和结构起控制和调节作用；捕食型线虫通过捕食多种土壤病原真菌，可防止土壤病害的发生和传播；寄生型线虫主要寄生于活体植物体的不同部位，寄生的结果通常导致植物发病。线虫是多数森林土壤中湿生小型动物的优势类群。

线虫的生态作用可归结为：①通过取食活动调节和改变土壤微生物群落的大小和结构；②通过与微生物相互作用加速微生物对有机质和营养的转化；③直接排泄出营养物质，促进植物生长；④通过传播或排泄微生物个体使其定殖到新基质环境。

4.3.3.3　轮虫

（1）一般特点

轮虫属轮形动物门轮虫纲，是一类有近 2000 种的微小无脊椎动物的统称。轮虫形体微小，长 0.04 ~ 2 mm，多数不超过 0.5 mm。

它们分布广，多数自由生活。身体为长形，分头部、躯干及尾部。头部有一个由 1~2 圈纤毛组成的、能转动的轮盘，形如车轮故叫轮虫。轮盘为轮虫的运动和摄食器官，咽内有一个咀嚼器。躯干呈圆筒形，背腹扁宽，具刺或棘，外面有透明的角质甲壳。尾部末端有分叉的趾，内有腺体分泌黏液，借以固着有其他物体上。雌雄异体。卵生，多为孤雌生殖。常见的有旋轮属（*Philodina*）、猪吻轮属（*Dicraniphorus*）、腔轮属（*Lecane*）和水轮属（*Epiphanes*）等。

（2）生物生态特征

轮虫广泛分布于湖泊、池塘、江河、近海等各类淡、咸水水体中，也分布于潮湿土壤和苔藓丛中。轮虫因其极快的繁殖速率，生产量很高，在生态系结构、功能和生物生产力的研究中具有重要意义。轮虫也是一类指示生物，在环境监测和生态毒理研究中被普遍采用。

4.3.3.4 线蚓

（1）一般特点

线蚓科隶属于环节动物门环带纲，迄今共记录 32 属 650 余种，是该纲的第二大科。它们广泛分布于土壤、海洋、淡水、河口和冰川等。其中，约 2/3 的线蚓科物种（近 500种）为陆生种类，100 余种仅分布在海洋中。

（2）生物生态特征

生活于陆地的线蚓是土壤生物群落的重要组成部分，而在沼泽地、北方针叶林和苔原带，它们的物种多样性尤为丰富。它们主要聚集在土壤表层，以微生物和腐殖质碎屑为食，能加速有机质分解和养分矿化等生态过程，被称为"生态系统工程师"。

土壤线蚓生态功能包括：①促进或抑制有机物分解和养分矿化；②直接和间接影响植物生长；③线蚓取食微生物可以提高微生物活性和周转；④改变微生物群落结构，传播和促进（抑制）土壤微生物定殖；⑤在土壤微结构（孔隙和微团聚体）的形成和稳定中占有重要地位，可能影响土壤有机碳的稳定性。

4.3.3.5 蚯蚓

（1）一般特点

土壤蚯蚓属环节动物门寡毛纲，是被研究最早（自 1840 年达尔文起）和最多的土壤动物。蚯蚓体圆而细长，其长短、粗细因种类而异，最小的长 0.44 mm、宽 0.13 mm；最长的达 3600 mm、宽 24 mm。身体由许多环状节构成，体节数目是分类的特征之一，蚯蚓的体节数目相差悬殊，最多达 600 多节，最少的只有 7 节，目前全球已命名的蚯蚓大约有2700 多种，中国已发现有 200 多种。

（2）生物生态特征

蚯蚓是典型的土壤动物，主要集中生活在表土层或枯落物层，因为它们主要捕食大量的有机物和矿质土壤，因此有机质丰富的表层，蚯蚓密度最大，平均最高可达每平方米170 多条。土壤表面枯落物类型是影响蚯蚓活动的重要因素，不具蜡层的叶片（如榆、柞、椴、槭、桦树叶等）是蚯蚓容易取食的对象。

蚯蚓按食性划分，可分为腐生性、根食性及捕食性蚯蚓 3 种类型。蚯蚓生态功能：取食与排泄活动富集养分，促进土壤团粒结构的形成；掘穴、穿行改善土壤的通透性，提高土壤肥力；促进土壤 C、N 等养分元素的循环过程。因此，土壤中蚯蚓种类、数量及多样性是衡量土壤肥力的重要指标。

4.3.3.6 螨类

（1）一般特点

螨类属节肢动物门的蛛形纲，是土壤中数量最多的节肢动物，约占土壤动物总数的

54.9 %，它们是我国森林土壤中中型动物的主要优势类群之一。土壤螨分为 4 个亚门：隐气门亚目（Crytostigmata）、中气门亚目（Mesostigmata）、前气门亚目（Prostigmata）和无气门亚目（Astigmata）。螨目的主要代表是甲螨（占土壤螨类的 62 %~94 %），一般体长 0.2~1.3 mm，主要分布在表土层中，0~5 cm 土层内其数量约占全层数量的 82 %，而在 25 cm 以下则很难找到。

（2）生物生态特征

大多数甲螨取食真菌、藻类和已分解的植物残体，在控制微生物数量及促进有机质分解过程中起着重要作用。另外，螨类作为多级捕食者，能够调节土壤食物网结构，维持食物网的稳定性，从而调节土壤生态系统物质循环、能量流动及信息传递。

4.3.3.7　弹尾类

（1）一般特点

弹尾类（又名跳虫）属节肢动物门的昆虫纲，是土壤中数量最多的节肢动物，占土壤动物总数的 28 %，它们是我国森林土壤中中型动物的主要优势类群之一。跳虫一般体长 1~3 mm，腹部第 4 或第 5 节有一弹器，目前已知 2000 种以上，主要生活于土壤表层（0~6 cm最多，15~30 cm 最少），1 m^2 土壤内可多达 2000 尾。绝大多数跳虫以取食花粉、真菌、细菌为主，少数可危害甘蔗、烟草和蘑菇。

跳虫有 3 种基本类型：

①原跳形　体长形，弹器退化。触角短粗，长度与头接近，各体节无大的差异，体毛简单。

②长角跳形　体长形，弹器发达，触角极长，通常为头长的 4~5 倍，有的末端 1~2 节又分亚节，身体密被毛或鳞片，体毛有多种类型。

③圆跳形　胸腹部愈合成球形。

（2）生物生态特征

多数跳虫喜潮湿环境，以腐烂物质、菌类为主要食物，主要取食孢子、发芽种子；少数种类取食活的植物体和发芽的种子，成为农作物和园艺作物的害虫；有极少数种类肉食性，取食腐肉。低龄若虫活泼，活动分散；成虫喜群集活动，善跳跃；若、成虫都畏光，喜阴暗聚集，一旦受惊或见阳光，即跳离躲入黑暗角落。成虫喜有水环境，常浮于水面，并弹跳自如。

跳虫具有极其重要的生态作用及功能。它们能够通过取食以及与微生物相互作用，直接或间接参与凋落物分解，调节土壤物质循环、促进土壤的发育及其微团聚体的形成、改良土壤理化特性和维护土壤生物群落稳定性，从而生态系统物质与能量的平衡。

4.3.3.8　其他类动物

土壤中主要的动物还包括蠕虫、蛞蝓、蜗牛、千足虫、蜈蚣、蛤虫、蚂蚁、马陆、蜘蛛及昆虫等。

4.4　森林土壤酶

4.4.1　森林土壤酶的概念

土壤酶（soil enzyme）是土壤中专一生物化学反应的生物催化剂。它是森林土壤的重要组成部分，主要通过森林土壤微生物、植物根系的分泌物及动植物残体分解释放出来。土壤酶主要包括氧化还原酶类、水解酶类、裂合酶类和转移酶类等。

土壤酶参与土壤物质转化和能量代谢，能降解土壤外来有机物质，在土壤生态系统的物质转化和能量代谢方面扮演重要的角色。土壤酶也是评价土壤肥力的一个重要生物学指标。

4.4.2　森林土壤酶的来源

土壤酶是指土壤中的聚积酶，包括游离酶、胞内酶和胞外酶，主要来源于土壤微生物的活动、植物根系分泌物和动植物残体腐解。

（1）植物根系分泌释放的酶

植物根系能够分泌释放淀粉酶、核酸酶和磷酸酶。1993 年，Siegel 发现小麦和西红柿等植物能够向土壤中释放出过氧化物酶。

（2）微生物释放分泌的酶

微生物细胞死亡、胞壁崩溃与胞膜破裂过程中，酶类伴随原生质成分进入土壤，形成土壤酶。其中根际微生物分泌的土壤酶比根际外高，根际内外酶活性存在很大差异。

（3）土壤动物释放的酶

土壤是动物居住的环境，土壤动物能够分泌土壤酶。蚯蚓排泄物对土壤转化酶活性提高尤为显著。

（4）动植物残体释放的酶

半分解和分解的根茬、茎秆、落叶、腐朽的树枝、藻类和死亡的土壤动物都不断向土壤释放各种酶类。

4.4.3　森林土壤酶的分类

土壤酶的种类很多，仅参与土壤氮素循环的土壤酶就有 200 种左右。已知的酶根据酶促反应的类型可分为 6 类。

（1）氧化还原酶类

氧化还原酶类参与酶促氧化还原反应。这类酶主要包括脱氢酶、过氧化氢酶、过氧化物酶、硝酸还原酶、亚硝酸还原酶等。

（2）水解酶类

水解酶类参与酶促各种化合物中分子键的水解和裂解反应。这类酶主要包括蔗糖酶、淀粉酶、脲酶、蛋白酶、磷酸酶等。

（3）移酶类

移酶类参与酶促化学基团的分子间或分子内的转移同时产生化学键的能量传递的反应。这类酶主要包括转氨酶、果聚糖蔗糖酶、转糖苷酶等。

（4）裂合酶类

裂合酶类参与酶促有机化合物的各种化学基在双键处的非水解裂解或加成反应。这类酶包括天门冬氨酸脱羧酶、谷氨酸脱羧酶、色氨酸脱羧酶。

（5）合成酶类

合成酶类参与酶促伴随有 ATP 或其他类似三磷酸盐中的焦磷酸键断裂的两分子的化合反应。

（6）异构酶类

酶促有机化合物转化成它的异构体的反应。

4.4.4　森林土壤酶的生态作用

土壤酶作为土壤生物化学过程的主要参与者，是土壤质量的生物活性指标与土壤肥力的评价指标。

（1）土壤质量的生物活性指标

土壤酶是土壤中各种生化反应的催化剂，主要参与土壤的营养物质循环，在土壤的养分循环中起着重要作用。土壤酶的活性，与土壤生物数量、生物多样性密切相关，是土壤生物学活性的体现，可以作为土壤质量的生物活性评价指标。因此，土壤酶活性作为土壤质量生物活性指标已被广泛认知。

（2）土壤肥力的评价指标

土壤酶活性是维持土壤肥力的一个潜在指标，它的高低反映了土壤养分转化的强弱。土壤过氧化氢酶、蔗糖酶活性、土壤脲酶、土壤磷酸酶及纤维素酶等可以用来评价土壤肥力的状况及其生产力。过氧化氢酶作为土壤中的氧化还原酶类，在有机质氧化和腐殖质形成过程中起着重要作用，其活性可以表征土壤腐殖质化强度大小和有机质转化速率；土壤蔗糖酶可以增加土壤中的易溶性营养物质，其活性与有机质的转化和呼吸强度有密切关系；土壤脲酶活性能够在一定程度上反映土壤的供氮能力；土壤磷酸酶是活性高低直接影响着土壤中有机磷的分解转化及其生物有效性；纤维素酶可以表征土壤碳素循环速率。

4.5　森林土壤生物的研究展望

人们总是努力从森林生态系统地上部分寻求提高生态系统生产力、维持生态系统结构、功能、过程及稳定性的机制，而对于地下部分，特别是植物根系、土壤动物、土壤微生物及其相联系的土壤酶等土壤生物因素，则知之甚少。

随着人们将目光逐渐从地上转向被长期忽略的地下系统，开始认识到土壤生物拥有丰富的生物多样性，是调控森林地上部分结构、功能及过程的一个至关重要的因素。土壤生物不仅能够通过地下食物链直接作用植物根系，而且能够通过腐屑分解改变养分的矿化速率及其在土壤中的空间分布，影响土壤理化性质，改变植物根际的激素状况，间接地改变植物之间的竞争平衡，影响植物发育、群落结构和演替。更重要的是，地下生物学过程是森林生态系统 C、N 等养分循环及过程的核心环节。因此，探讨森林土壤生物的组成、结构、功能、过程以及与地上部分的关系，具有极其重要的科学意义。

4.5.1　森林植物根系

植物根系作为连接森林生态系统地上与地下过程的桥梁，通过影响森林植物、土壤微生物及土壤动物的生命活动，调控森林生态系统生产力、结构及功能过程。因此，以根系生态学为主要研究内容的地下生态学成为现代生态系统的研究热点。

近十几年来，根系生物学取得了一系列的研究成果，从根系形态学到生理学，从根系发育生物学到分子生物学，均展开了较深入的研究。研究内容不断完善，研究领域进一步拓展，研究方法与手段更加成熟。

(1)根系构型研究

植物根系，尤其细根(fine roots)是最不被人们了解的植物器官。它作为提供植物养分和水分的"源"和消耗 C 的"汇"，已成为生态学及全球变化研究中最受关注的热点。对于森林生态系统来说，森林优势植物根系的形态(morphology)、构型(architecture)及分布(distribution)，尤其是细根的周转过程，在很大程度上决定了生态系统的 C、N 循环过程、水分平衡以及矿质元素的生物地球化学循环。

根系构型研究依赖于合理的观测方法及准确的构型评价建立。传统的观测方法直观，但是破坏性大，难以原位观测；现代先进技术能够实现无损原位观测，但是精度和适用范围不够。根系构型定量研究多为二维平面构型，尚缺定量描述根系三维构型的综合指标。因此，根系构型研究应该从观测方法与构型参数指标构建入手，进一步加以完善。

(2)根系生理生化研究

根系生理生化研究，目前集中于土壤环境的变化对森林植物根系生长、发育、形态和生理的影响，缺乏影响机制研究，应该从根系发育生物学和根系分子生物学的角度，分析森林植物根系生长发育过程以及土壤胁迫对根系生长发育的影响机理，为森林经营管理提供理论基础。

(3)根际生态研究

目前，根际生态研究已经从根际微生物、根系分泌物、根际营养等方面进行较系统的研究。但是，缺少根际动物(如线虫、蚯蚓等)的相关研究。另外，根际分泌物、根际动物与微生物在土壤养分活化、土壤环境改善、植物抗病力提高等方面研究也应该得到加强。

4.5.2　森林土壤微生物

土壤微生物学是现代土壤科学领域的研究前沿和热点。土壤微生物作为森林生态系统物质循环与能量流动的重要生物调节者，土壤微生物在土壤肥力形成和发育、土壤修复和全球环境变化中扮演着重要角色。

(1)土壤微生物多样性对土壤肥力形成与维持的机制

目前，已经形成了森林土壤微生物数量、组成、结构与功能研究的基本技术体系。研究内容方面超越了传统细菌、真菌和放线菌的表观认识，围绕土壤生态系统的关键过程，包括土壤生物对土壤有机质的分解与合成、土壤生物参与养分循环的各种生物学过程、根际微生物的分泌作用等，取得了显著进展。

尽管积累了土壤微生物海量的基因信息数据，但缺乏系统性动态观测。土壤微生物学研究重点亟需实现从"静态"到"动态"的转变。富有挑战性的科学问题包括：土壤微生物群落组成和功能是否存在普适性的时空变异规律，土壤中巨大微生物多样性的维持机制是什么？如何从土壤微生物的分子、细胞、群落、生态系统等不同时空尺度上破解土壤生态学过程与机理?

（2）土壤微生物与环境变化之间的正负反馈机制

土壤微生物生命活动不断影响与改造环境，同时受到环境变化的制约。目前，关于土壤生物对环境变化的适应机理大部停留在群落水平，缺乏分子和细胞水平的研究。土壤微生物能够对全球变化作出反应，土壤微生物多样性的变化，能够调控土壤温室气体的排放动态，进而影响全球变化的进程。

（3）土壤碳、氮代谢的新途径

土壤中存在着大量难培养微生物类群，占土壤微生物种群的 90 % 以上。这些微生物种类极有可能拥有新的代谢途径，包括全新的碳氮固定途径、甲烷代谢途径、有机物质分解和转化途径、氨氮代谢和转化途径，以及铁硫化合物的代谢与循环途径等。目前在水体环境中已发现了多条具有重要科学价值的代谢新途径，预计比水体环境更为复杂和土壤中可能存在更多的元素转化途径。因此，采用宏基因组学技术，结合功能微生物生理、生化特性研究，聚焦土壤微生物的新代谢过程，能够揭示土壤物质转化的新过程。

（4）土壤生物之间的相互作用机理

土壤微生物、土壤动物和高等植物的种内和种间，存在着共生、互生、竞争、寄生和相互颉颃等极其复杂的食物网作用关系，某一种群的变化会导致其他种群的相应变化，进而导致整个土壤生物群落的改变。

4.5.3　森林土壤动物

土壤动物是陆地生态系统重要的组成部分，是物质循环和能量流动正常运行的关键环节。近年来，土壤动物研究越来越受到人们的重视，研究主要包括土壤动物生态特征和生态功能两个方面。土壤动物生态特征包括土壤动物的数量、种类、分布格局及影响因素等，土壤动物生态功能主要包括土壤动物的有机质分解、调节土壤 C/N 养分循环、改善土壤理化性质及生态指示作用等功能。随着全球变化生态学、恢复生态学和生物复杂性研究的迅速发展，土壤动物研究热点集中在以下几方面：

（1）土壤动物对全球变化的响应

全球气候变暖将改变土壤动物群落结构（如大型、中型及小型的比例），大气 N 沉降可能导致某些土壤动物类群的急剧减少。同时，土壤动物驱动的土壤有机质分解是土壤温室气体产生的重要原因。不同土壤动物类群对土壤温室气体排放的相对贡献及其作用机理如何？土壤动物能否在缓解全球变化中起重要作用？这些问题有待进一步解答。

（2）土壤动物参与的地下食物网及其正负反馈机制

参与地下食物网的土壤动物及微生物类群之间存在一定的相互作用。某些动物（如蚯蚓）的活动，能够增加跳虫的丰度和多样性，但蚯蚓的定居，能够使森林地表的微生物生物量明显减少，而使土壤微生物量有所提高。在缺少土壤食物网高层捕食者的情况下，线虫的存在将增加微生物生物量及其呼吸作用，从而产生更多 CO_2。人们对土壤食物网各生物类群之间正负反馈作用有了一定的认识，但是如何定量研究这些作用是目前面临的一个重要挑战。

（3）土壤动物与森林植物之间的相互作用

土壤动物通过影响有机物分解与营养物质传递，从而促进植物生长。土壤动物促进矿化作用，提高植物群落多样性及其演替。土壤动物还能够通过改变植物物种之间的竞争关系影响植物群落结构及动态。土壤动物与微生物相互作用，能够显著促进有机质的分解速率，调控土壤生态系统中物质循环与能量流动。蚯蚓和白蚁等大、中型土壤动物，通过其生命活动，不仅为植物生长和水分输导创造适宜生境，而且改变土壤养分在土壤中空间分布，对植物间营养竞争产生影响，从而间接影响植物群落动态。

4.5.4　森林土壤酶

土壤酶在土壤生态系统的物质循环和能量流动方面扮演重要的角色。目前森林生态系统研究中土壤酶活性监测似乎成为必不可少的研究内容。森林凋落物分解过程中的酶活性动态、植被特征与土壤酶活性的关系、土壤微生物与土壤酶的关系、植物—土壤界面的土壤酶及人类活动干扰对森林土壤酶活性的影响等森林土壤酶学的研究重点。

（1）森林凋落物分解对土壤酶的影响

凋落物的降解最终是在凋落物和土壤中的酶系统的综合作用下完成的。一方面，凋落物分解能释放酶进入土壤中，从而提高土壤酶的活性；另一方面，由于凋落物中生物区系的变化，尤其是微生物数量和活性的升高，会导致凋落物和土壤中的酶活性的升高，酶活性升高有利于凋落物和土壤有机质的分解和养分元素的释放，对于提高森林土壤肥力和维持生态系统物质循环和能量流动具有重要意义。

（2）森林植被类型对土壤酶的影响

森林植被，不仅通过改变土壤理化性质、土壤水热状况和土壤生物区系而间接影响到土壤酶的活性，而且因其凋落物多样性而提高凋落物质量或植物根系分泌物的多样性，直接影响森林土壤酶活性。

（3）土壤微生物与动物对土壤酶的影响

研究表明，细菌、真菌和放线菌及某些动物类群等土壤生物是森林土壤酶活性的重要来源。一般而言，特定的土壤酶活性与细菌和真菌类群密切相关。放线菌能释放降解腐殖质和木质素的过氧化物酶、酯酶和氧化酶等；菌根菌对其他微生物种群具有明显的促进或抑制作用。

（4）植物—土壤界面的土壤酶研究

植物—土壤界面主要包括土壤—凋落物、根—土等2种界面。土壤—凋落物界面是植被对土壤酶产生直接和间接作用最为活跃的场所。根—土界面是植物与土壤直接进行物质交换的最为活跃场所，而根际土壤酶在物质交换过程中扮演着重要的角色。根—土界面研究主要集中于根际土壤微生物和根系分泌物对根际土壤酶的影响。

案例分析

森林植被—土壤生物之间存在重要的交互作用。符方艳（2015）以南亚热带常绿阔叶林不同恢复阶段针叶林、针阔混交林及季风常绿阔叶林3种森林类型为研究对象，分析南亚热带常绿阔叶林次生恢复过程中土壤微生物和土壤动物群落结构变化规律，揭示森林次生演替对土壤生物群落结构的影响机制。主要结果如下：

（1）南亚热带森林次生演替影响土壤微生物群落组成及生物量。土壤微生物生物量随森林次生恢复呈显著增加的趋势。细菌数量在土壤微生物群落中占有极大比重。

（2）南亚热带森林次生演替影响土壤动物的类群数、个体数及生物量。总体上，南亚热带森林次生演替后期的土壤动物个体数及生物量最多，但演替中期土壤动物的类群数最高。

（3）南亚热带森林演替对土壤生物群落结构产生一定的影响。土壤生物群落结构主要由中小型土壤动物类群数及密度所决定。但土壤微生物对群落结构贡献随着演替的进行不断提高，表明演替发展更倾向于土壤动物—微生物之间交互作用。

南亚热带森林演替进程中，影响土壤生物类群数及密度的主要环境因子是土壤有机质、硝态氮、土壤含水率及乔木层生物量。

综上所述，土壤生物作为森林土壤最活跃的部分，是连接地上植被与地下物质循环和能量流动的枢纽，能够对森林地上部分的结构、功能及过程起着重要的反馈调控作用。同时，土壤生物对环境变化反应极其敏感。不同土壤生物类群对森林演替过程中环境变化响应方向与速率存在差异，土壤生物群落演替规律尚不明确。

本章小结

森林植物根系作为植物地下的重要营养器官，通常采用根的直径、长度、密度、表面积及构型等指标来描述根的形态学特征。根系生物量及细根的周转是表征森林植物生长发育及根系在土壤碳、氮等物质循环中作用的重要参数，根际具有重要的根际效应。菌根是指真菌—植物根系之间形成的一种互利互惠共生体，包括外生菌根、内生菌根及内外生菌根 3 种类型。

土壤微生物作为森林土壤中最活跃的生物部分，是森林土壤养分循环的重要生物调控者，按细胞结构及生物生态学特征，一般可划分为细菌、真菌、放线菌、藻类及地衣等主要类群。

森林土壤动物主要生活于森林土壤或地表凋落物层，直接或间接地参与土壤中物质和能量的转化。主要类群包括原生动物、线虫、轮虫、线蚓、蚯蚓、螨类和弹尾类等，还包括蠕虫、蛞蝓、蜗牛、千足虫、蜈蚣、蛤虫、蚂蚁、马陆、蜘蛛及昆虫等常见类群。

森林土壤酶是通过森林土壤微生物、根系分泌物及动植物残体分解释放的酶。它是评价土壤活性与土壤肥力的重要指标。土壤酶主要包括氧化还原酶类、水解酶类、裂合酶类、转移酶类、合成酶类及异构酶类等。森林土壤酶受植被类型、凋落物分解、土壤微生物及人类干扰等因素所调控。

复习思考题

1. 基本概念

直根系　须根系　根系生物量　细根周转　根际效应　菌根　外生菌根　内生菌根

内外生菌根　细菌　真菌　放线菌　藻类　地衣　小型土壤动物　中型土壤动物　大型土壤动物　土壤酶

2. 根际效应的类型有哪些？简述菌根对森林植物的作用。

3. 论述土壤细菌主要类群的基本特征。

4. 土壤动物的主要类群有哪些？简述原生动物、线虫及蚯蚓的生态作用。

本章推荐阅读书目

1. 森林微生物生态学. 程东升. 东北林业大学出版社，1993.

2. 武夷山土壤动物群落生态特征及功能研究. 王邵军. 上海交通大学出版社，2015.

3. 中国亚热带土壤动物. 尹文英等. 科学出版社，1992.

第5章

森林土壤有机质

　　土壤有机质是土壤中含碳的有机物质，与土壤矿物质同属于土壤的固相物质。如果将土壤称为"类生物体"，则有机质可视为它的肌肉，其含量很少，但对土壤的形成、性质与功能有着巨大的影响。在土壤形成之初，生物小循环过程是母质发育成为土壤的关键，随着土壤的不断成熟与演化，有机质成为土壤理化生物学过程的重要影响因子。在全球环境变化的大背景下，土壤有机质对进入土壤环境的有机—无机污染物的作用，以及对全球碳平衡的影响，成为目前生态与环境研究的热点。因此，对土壤有机质的学习，可为进一步研究土壤与环境打下坚实基础。

5.1　森林土壤有机质的概况

　　土壤有机质是指存在于土壤中的所有含碳有机化合物的统称，主要包括土壤中的各种动植物残骸、微生物体及其分解和合成的各种有机物质。

5.1.1　森林土壤有机质的来源

　　与农业土壤不同，森林土壤有机物质主要来源于森林生态系统内部的各种生物生长代谢产物，基本没有人工添加（施肥），因而，植物残体是其最主要来源。

5.1.1.1　微生物体

　　微生物是土壤形成的生物小循环过程中最早参与的生命体，因而也是土壤有机质的最早来源。土壤中的微生物数量庞大，生命周期短，代谢快，是土壤有机质的来源之一。但质量很小，因此，微生物体作为土壤有机质的来源占比很小。

5.1.1.2　植物残体

　　植物残体是土壤形成过程中生物小循环的主体，包括各种绿色植物的枯枝、落叶、落花落果、腐烂根系等，森林土壤具有大量的凋落物和庞大的树木根系，它们是其有机物质的最主要来源。

　　不同的植被类型(如森林、灌丛、草地等)，因植物种类、年龄、生物学特性与生物量的不同，生物小循环规模产生差异，每年进入土壤的植物残体量存在很大差异，结果导致不同植被覆盖下的土壤有机质在数量、质量上均有不同(表5-1)。

表5-1　不同森林类型、不同叶习性、不同树种组成凋落物量　单位：$t/(hm^2 \cdot a)$

森林类型	平均值(变化范围)	叶习性	平均值(变化范围)	树种组成	平均值(变化范围)
寒温带针叶林	3.88(1.40~8.89)	常绿	4.92(0.29~14.17)	针叶树种	3.84(0.29~11.43)
温带针阔混交林	5.35(2.76~8.04)	落叶	4.41(0.96~14.10)	阔叶树种	6.25(1.07~14.17)
暖温带落叶阔叶林	4.59(1.07~14.10)	混交	4.87(0.77~9.88)	针阔混交	5.35(0.77~8.63)
常绿阔叶林	6.16(1.40~13.03)				
热带林	10.17(0.77~14.17)				

资料来源：凌华等，2009。

　　值得注意的是，森林土壤与草地土壤的有机质来源具有明显的不同，森林土壤有机质主要依赖于每年大量的枯枝落叶归还到地表，形成一层特有的枯落物覆盖层，因而土壤有机质具有表聚现象，主要分布于表土层，由表向下急剧减少。而草地土壤有机质主要受根系的影响，因而土壤有机质的分布与根系分布具有相对一致性。

5.1.1.3　动物残体

　　动物残体主要是土居动物，如蚯蚓、蚂蚁、鼠类等，是土壤有机质来源不可忽略的来源，但与植物相比来源较少。森林生态系统内的动物具有明显的空间移动和分布不均，对它的研究存在很大的不确定性。

5.1.1.4　动物、植物、微生物的排泄物与分泌物

　　动物粪尿、植物树液等，数量较少，但对土壤有机质的组成与转化有明显影响，因而是土壤有机质分解转化过程中需要关注的部分。

5.1.2　森林土壤有机质的含量

5.1.2.1　森林土壤有机质的含量

　　受气候、植被、地形、土壤、人为管理等因素的影响，森林土壤有机质的含量在不同土壤中差异很大，一般含量在50 g/kg以下。总体上，中国东部沿海区的土壤有机质含量为北方高于南方，南方地区的西部高于东部，北方地区的东部高于西部；通气良好的偏砂性土壤中有机质含量较低，常不足10 g/kg；潮湿阴冷且森林郁闭度较高的局部区域，有机质含量可在100 g/kg以上，泥炭土高达200~300 g/kg。土壤学中，常用表层土壤有机质含量200 g/kg作为划分标准，高于此含量的土壤称为有机质土壤，低于这一含量的土壤称矿质土壤(表5-2)。

表 5-2　中国地带性土壤表层有机质含量统计　　　　　单位：g/kg

地理区	剖面数	算术平均值	标准差	最小值	中值	最大值
全国	886	32.3	30.8	1.3	21.8	241.0
华东	86	26.3	21.3	5.1	19.0	115.2
华南	113	29.0	20.2	3.1	23.1	144.3
西南	97	53.6	43.3	7.4	39.6	184.7
东北	199	32.5	25.1	4.9	24.5	127.8
华北	175	26.0	26.7	4.0	19.2	182.3
西北	216	31.8	35.6	1.3	16.1	241.0

资料来源：戴万宏等，2009。

注：一般在没有特指的情况下，土壤有机质含量指表层土壤中的含量。

5.1.2.2　影响土壤有机质含量的因素分析

土壤有机质的含量取决于进入土壤的有机物质数量与土壤有机物质的分解损失量。森林生态系统中森林凋落物的归还与分解，对土壤有机质影响明显（表 5-3）。

以下是影响有机质含量的主要因素：

表 5-3　中国主要森林类型凋落物现存量

气候带	森林类型	林龄（a）	郁闭度	凋落物现存量（t/hm²）	组分比（%）		
					枯叶	枯枝	其他
温带	落叶松人工林	28		25.61	69.17	27.87	2.96
	油松人工林	28	0.7	17.95	91.60	5.70	2.70
	油松—蒙古栎人工林	30		11.13	90.82	7.13	2.05
	山杨次生林	中龄	0.7	8.34	79.50	18.10	2.40
亚热带	格氏栲天然林	150	0.9	8.99	64.96	31.59	3.45
	格氏栲人工林	40	0.9	7.56	61.38	37.83	0.79
	马尾松人工林	8		5.10	91.00	8.00	1.00
	马尾松人工林	23		15.54	82.30	12.70	5.00
	马尾松人工林	41		5.02	53.03	23.09	23.88
	杉木人工林	27	0.8	3.53	48.00	40.80	11.20
	杉木人工林	40	0.8	4.81	38.05	42.62	19.33
亚热带	马尾松—甜槠—木荷次生林	60	0.9	6.15	73.60	13.60	12.80
	马尾松—青栲—拉氏栲人工林	28		11.14	60.14	25.91	13.95
热带	假柿木姜子—印度栲次生林	23	0.9	4.68	29.07	36.33	37.60
	白背桐—假柿木姜子次生林	35	0.8	5.17	29.91	29.03	41.06
	绒毛番龙眼—千果榄仁原始林	100	0.9	4.02	28.16	28.90	42.94

资料来源：郑路等，2012。

①气候　潮湿、阴冷的气候条件，有机物质分解困难，积累较多。

②植被　生物量及枯落物量大、植物残体中含木质素等难分解化合物多、根系密集等，土壤有机质积累较多。

③地形　低洼地、高海拔区，易形成冷凉潮湿环境，有机质易于积累。

④土壤　质地黏重、通气不良、土壤含水率高，有机质易于积累。

⑤经营管理　封山育林、植被覆盖率高、人为扰动少等，均有利于有机质积累。

5.1.3　森林土壤有机质的类型划分

5.1.3.1　森林土壤有机质的形态或分解程度划分

进入土壤的新鲜有机物质，因受到微生物不同程度的分解，呈现不同的形态。

(1)新鲜有机质层

刚进入土壤不久，还未被微生物分解的动、植物残体。外表仍保留残体原有的形态。这部分有机物质通常位于地表最上层，在森林土壤中，通常称为凋落物 L 层(Litter)。

(2)半分解有机质层

动植物残体进入土壤已有一段时间，受微生物和土居动物的分解破碎作用，已失去原有的形态，外表暗淡呈黑褐色，肉眼尚可分辨其茎脉或碎片，在森林土壤中位于 L 层之下，是凋落物 F 层(Fermentation)。

(3)完全分解有机质层(腐殖质层)

除未分解和半分解的动植物残体及微生物体以外的有机物质的统称。在森林土壤中常与无机矿物质固体颗粒胶结在一起，是凋落物层的 H 层(Humus)。

5.1.3.2　森林土壤有机质的腐殖质划分

土壤有机质可分为两类：非腐殖质物质与腐殖质物质。

(1)非腐殖质物质

非腐殖质物质，指枯枝落叶和半分解的有机物质，可用肉眼识别并从土壤中分离出来的部分。这部分有机质约占土壤有机质的 20 %(15 %~30 %不等)，对土壤物理性质具有重要作用。

(2)腐殖质物质

腐殖质物质，指进入土壤的有机物质被微生物彻底分解转化再合成的，由多酚和多醌类物质聚合而成的含芳香环结构的，暗色高分子含氮有机酸类胶体物质。腐殖质是土壤有机质的主要成分，稳定性较强，是土壤肥力的重要标志。

5.1.4　森林土壤有机质的化学组成

5.1.4.1　化学元素组成

(1)土壤有机质的基本元素组成

C(碳)、H(氢)、O(氧)、N(氮)，在有机质中分别占 52 %~58 %、34 %~39 %、3.3 %~4.9 %、3.7 %~4.1 %的比例，4 种元素合计占有机质(干物质)的 90 %~95 %。

若土壤有机碳平均含量以 58 %计，土壤有机质的含量大约为有机碳含量的 100/58，即 1.724 倍。生产中所说的土壤有机质含量，即为实验室所测得的有机碳含量与 1.724 的乘积。

（2）土壤有机质的其他元素

P（磷）、S（硫）属于次要组成元素，另有少量其他元素，例如，Ca、Mg、K、Na、Fe、Mn、Zn、Si、Cu、B、Mo 等，这些元素被视为保存于有机物质中的植物养分。

理论上，土壤有机质的 C：N：P：S＝100～120：10：1：1，与土壤中的 C、N、P、S 等元素的含量与比例关系密切。

5.1.4.2　化合物组成

（1）碳水化合物

碳水化合物包括糖类、淀粉、有机酸、纤维素与半纤维素、果胶质等。这部分有机化合物在植物残体中占比较高，约占植物残体的 60%，以纤维素、半纤维素为主，糖类、淀粉等化合物易被微生物分解利用，是土壤微生物活动的主要能源，在土壤中停留时间较短。

（2）木质素

木质素比较稳定，是形成腐殖质的重要原材料。木质素是植物木质部主要组成部分，在植物残体中含量约 10%～30%，木本植物残体高于草本，属于含芳核的醇类化合物，因而很难被微生物分解，在土壤中存留时间较久。

（3）含氮化合物

氨基酸、多肽、蛋白质、生物碱等含氮化合物，易被微生物分解。含氮有机化合物有水溶性的简单氨基酸，也有复杂的非蛋白质。在植物残体中含量约为 1%～15% 不等，经微生物分解转化为含氮化合物，最后转化为 NH_3、NH_4^+、NO_3^- 等无机氮，成为植物生长的氮素养分。

（4）含磷、含硫化合物

包括核蛋白、植素、核酸、磷脂等。含磷、硫化合物在植物残体中含量较少，同时存留的时间也相对较短，经分解转化后，最后可形成磷酸及其盐类、硫酸及其盐类，被植物吸收利用，同时影响土壤的酸碱环境。

（5）脂溶性物质

包括树脂、蜡质、脂肪、单宁等复杂有机物。脂溶性物质在木本植物中含量较多，约占植物残体的 1%～8% 左右，不溶于水而溶于醇、醚、苯等有机溶剂，不易分解，需经过较长时间才能分解成为简单有机酸和醇类等，在土壤中存留时间较长，是形成腐殖质的原材料部分。

（6）灰分

灰分是植物燃烧后所残留的灰烬，以无机态形式存在，占植物残体的约 5%。植物燃烧过程中，有机成分挥发逸散，而无机成分以灰分残留，通称粗灰分。有机物中的 C、H、N 等元素以 CO_2、H_2O、N_2、N_xO_y 等形式逸散入大气中，剩余的各种元素以氧化物或无机盐（硫酸盐、磷酸盐、硅酸盐等）形式存在，称为灰分元素。当这些元素进入土壤中，即为土壤的矿质营养元素，又称矿质元素。

土壤有机质中的灰分元素主要是 P、K、Na、Ca、Mg、S、Fe、Mn、Zn、Al、Si、I

等。土壤有机质来源不同，其灰分元素存在差异，对土壤养分的平衡供给，以及土壤酸碱反应等均有不同的影响。

5.2　森林土壤有机质的转化过程

森林土壤有机物质在进入土壤后，由于环境条件的改变而开始了各种复杂的变化。

5.2.1　森林土壤有机质进入土壤后的变化

（1）水对有机物质的淋洗作用

进入土壤的各种有机物质中，含有少量易溶于水的无机盐类或简单有机化合物，在降水作用下产生淋溶，并随下渗水由表向下进入土体中，并成为植物生长最有效的养分来源之一。

（2）小动物对有机物质的咬食破碎

进入土壤的粗大植物残体或花果等，成为各种地面小动物或土居动物的食物，被咀嚼咬食成碎片，一方面增加了易溶物的淋溶作用，另一方面更加地有利于微生物的进一步分解转化。

（3）微生物主导的转化过程

土壤有机质的转化主要是在土壤酶的作用下进行的，总体上可以分为两个不同的方向，即分解与合成，土壤微生物是这一转化过程的主导者。

5.2.2　森林土壤有机质的分解转化

5.2.2.1　森林土壤有机质的分解过程

森林土壤有机质的分解过程，是在微生物分泌的酶的作用下，土壤中各种有机物质逐步分解成为简单的无机或有机化合物，为植物生长提供营养物质，以及为合成腐殖质提供原料的过程。这一过程的进行受环境条件的影响明显。

（1）土壤有机质的矿质化过程

矿质化过程是指土壤有机物质在好气微生物酶的作用下发生氧化反应，彻底分解为 CO_2、H_2O、NH_3、矿质养分（P、S、Ca、Mg、K 等），同时释放热量的过程。其反应通式如下：

土壤有机化合物——→$CO_2+H_2O+NH_3+M^{n+}$+热量　　（M 为矿质元素，n 为离子价位）

以上分解过程的完成，是在通气良好的土壤条件下进行的，由于 O_2 充足，有利于好气微生物活动，有机物质的分解速度较快，大部分易于分解的简单有机化合物或含氮化合物被彻底分解转变为 CO_2、H_2O，并释放出可供植物吸收利用的矿质养分。

（2）土壤有机质的嫌气分解

若土壤通气不良，O_2 不足而产生嫌气条件，好气微生物活性下降，而嫌气微生物活性增强，则上述分解过程进行缓慢，且形成大量中间产物（如带酚类、羟基、甲氧基等的芳香族化合物）、有机酸、还原性气体（H_2S、PH_3、HNO_2、N_2O、N_2）等。释放的矿质元素与热量均较少，还形成较多的还原性有毒物质，对植物根系造成毒害。

（3）土壤有机质分解过程的意义

①为植物生长提供养分通过分解过程，存在于有机体中的各种营养元素释放出来，成为植物生长利用的养分物质。

②为微生物代谢提供营养物质与能量 C 被称为微生物的能量来源，N 被称为微生物的细胞组成元素，C、N 元素主要通过分解土壤有机质而获得。

③为腐殖质的合成提供原料进入土壤的有机质经快速分解后残留下的较稳定的有机化合物，以及分解过程中产生的较稳定的微生物代谢产物，成为合成腐殖质的原料。

有机残体进入土壤后即开始分解，一年后仅有不足 1/3 的有机物质残留于土壤中。

5.2.2.2　森林土壤有机质的合成过程

土壤中的有机质在分解转化的同时，土壤中还进行着另一个复杂的过程，即腐殖质的合成过程。这一复杂过程仍以微生物主导的一系列生物化学过程为主，还有一些纯化学过程，其最终产物是对土壤特性有重要影响的腐殖质，但其形成过程至今尚无定论。

（1）土壤有机质的腐殖化过程

土壤有机质在微生物酶的作用下，将分解过程形成的简单有机化合物及其中间产物进一步合成为复杂的、稳定的、含芳香核的、高分子有机化合物——腐殖质的过程。其反应过程如图 5-1 所示。

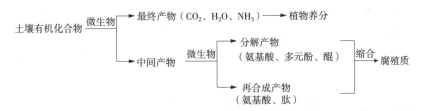

图 5-1　有机质分解与腐殖质合成示意

（资料来源：罗汝英《土壤学》，1992）

（2）腐殖质合成

一般认为，腐殖质的合成由两个阶段构成：

①原材料产生过程　微生物分解有机残体的过程中，一些稳定而复杂的有机化合物在微生物酶的作用下，转化为多元酚类、含氮化合物与糖类等物质。

②腐殖质形成过程　在微生物酶的作用下，将原材料缩合成腐殖质分子的过程。

（3）土壤有机质腐殖化过程的结果

①形成了对土壤肥力与生态功能具有重要作用的稳定高分子有机物质——腐殖质。

②将一部分营养物质通过合成过程而储存起来，表现出储存养分的作用。

③将大量有机碳合成为腐殖质，减少了土壤有机质分解转化过程中 CO_2 的释放，对缓解温室效应具有重要意义。

5.2.2.3　土壤有机质分解与合成的辩证关系

土壤有机质的分解即矿质化过程，土壤有机质的合成即腐殖化过程，两个过程既相互对立，又相互联系，既相对独立，又彼此渗透，是土壤有机质转化过程的两个方面，两个过程处于一个动态平衡状态，此消彼长，并随环境条件的变化而不断变化。

（1）两个过程相互对立，相对独立

两个过程均是在微生物主导下进行的，但环境条件不同，矿质化过程是好气微生物的分解转化，释放营养元素的过程；腐殖化过程是嫌气微生物的再合成，并将营养物质储存的过程。

（2）两个过程彼此联系，彼此渗透

矿质化过程为腐殖化过程提供了原材料，因此矿质化过程是基础，没有矿化分解，腐殖化过程不能进行，但腐殖化过程形成的腐殖质也会在一定条件下逐渐经矿化分解而释放营养元素供植物吸收利用。

（3）两个过程处于一个动态平衡状态，此消彼长

当土壤通气性良好，好气微生物活动旺盛，矿质化过程加强，分解释放的营养元素较多，可为植物生长提供大量营养物质，并有因营养过剩而产生的养分流失与浪费。同时，形成的中间产物较少，抑制了腐殖质的合成，腐殖化过程较弱。由此可能引发腐殖质的矿化分解，从而导致土壤肥力下降，土壤性质恶化等一系列问题。反之，当土壤通气不良，好气微生物活性下降，嫌气微生物活性增强，则矿质化过程不能彻底进行，腐殖化过程相对较强，矿化分解释放的养分减少，植物养分供给不足，但合成了较多的腐殖质，养分得以储存，土壤肥力得到提高。

（4）土壤有机质分解转化的动态平衡是相对的

当进入土壤的有机质与因分解而损失的有机质相等时，土壤有机质达到平衡；若进入土壤有机质大于因分解而损失的有机质质量时，土壤有机质含量提高，土壤肥力得到提高；反之则降低。

5.2.3　影响土壤有机质分解转化的主要因素

土壤有机质的分解转化，是在微生物主导下进行的，微生物对环境变化具有较高的敏感度，不同环境条件下，占据优势的土壤微生物类别不同，从而决定土壤有机质分解或合成的方向、速度及产物。所以，凡影响土壤微生物活动的因素都将影响土壤有机质的分解转化。

5.2.3.1　有机残体的特性

（1）有机残体的物理状态

有机残体的物理状态指有机残体的新鲜程度、细碎程度、化合物组成等。新鲜幼嫩的有机残体易被微生物分解利用；被撕碎的有机残体，包裹于蜡质、木质素等外壳之中的各种有机质更易被微生物分解转化；相比于枯老枝条茎干，花叶等有机物更易被分解。

（2）有机残体的碳氮比值（C/N）

碳/氮比是有机残体的总碳与总氮之比，其大小取决于有机残体的种类与新鲜程度。

通常，植物枝干的 C/N 在 100∶1 以上，豆科植物 C/N 约为 15∶1~20∶1，新鲜幼嫩器官的 C/N 为 25∶1~45∶1，植物残体的 C/N 均值约 40∶1，而微生物细胞的 C/N 为 5∶1~10∶1。

微生物分解有机物质以获取碳、氮来构成其自身细胞组织，同时消耗一定量的有机碳化物作为能量(这部分碳最后以 CO_2 形式释放)，综合起来，微生物每同化 1 份氮构成其机体，需要约 25 份碳。换句话说，微生物的生命活动最适有机质的 C/N 约为 25∶1。

根据以上推论，若进入土壤的有机物质 C/N<25∶1，表现为氮多碳少，有利于微生物对有机质的矿化分解，同时将多余的氮素释放进入土壤成为植物养分。若有机物质 C/N>25∶1，碳多氮少，氮素不足，微生物对有机质的分解减慢，释放养分少，且多余的碳残留下来。

(3)有机残体的磷(P)、硫(S)等元素含量

微生物的生命活动除了 C、N 两个主要元素外，还有一些必需的营养元素，缺乏了这些必需元素，微生物活性同样会受到抑制，并影响到有机物质的分解过程。

5.2.3.2　土壤环境条件

(1)温度

温度适宜微生物生命活动，则有利于有机质的矿化分解释放养分，但形成的腐殖质合成原料不足。

土壤微生物活动最适宜的温度范围约为 25~35 ℃，在 0~35 ℃ 范围内，每升高 10 ℃，土壤有机质最大分解速率提高 2~3 倍。温度过高(>35 ℃)过低(<0 ℃)，抑制微生物活性，土壤有机质的分解速率均较低。当温度>45 ℃ 时，可能引发部分有机质发生纯化学氧化分解。

(2)土壤水气状况

土壤是有固体颗粒与粒间孔隙构成的。土壤水和土壤空气共存于粒间孔隙中，水多则气少，水少则气多。

土壤好气条件：水少气多，氧气充足，好气微生物活动旺盛，有机质矿化为主，分解快且较为彻底，中间产物较少，不利于腐殖化过程。

土壤嫌气条件：水多气少，氧气缺乏，好气微生物活动受到抑制，嫌气微生物活动旺盛，有机质矿化分解缓慢而不彻底，并生成中间产物，腐殖化过程增强。

微生物活动最适湿度：田间持水量的 60 %~80 %。通过土壤水分调节，可以达到水气协调，获得适宜的有机质矿质化分解与腐殖化合成比例，使土壤的养分供给与保存均能协调。

(3)土壤酸碱反应

不同的微生物类群有不同的土壤酸碱性最适宜范围，因此，土壤酸碱性对有机质的分解转化影响较大。

土壤反应为中性条件(pH 6.5~7.5)有利于有机质的矿质化分解。酸性环境适宜真菌活动，易形成酸性较强的腐殖质(富里酸)和其他有机酸；细菌繁殖适宜中性环境，在适量水与钙的参与下易形成弱酸性的腐殖质(胡敏酸)；在通气良好的弱碱性环境中，硝化细菌活动旺盛，有利于硝态氮的积累。pH 值过高(>8.5)或过低(<5.5)对一般的微生物活动都不太适宜。

5.2.3.3　影响土壤有机质含量的因素

土壤有机质的含量取决于年积累量和年矿化量的相对大小。当年积累量>年矿化量，

有机质含量将逐渐增加；反之，则逐渐减少。

（1）土壤有机质的腐殖化系数

单位质量的有机物质（干重）分解转化成腐殖质的数量。或单位数量的有机质碳在土壤中分解一年后的残留碳量。它是衡量有机质年积累量的重要指标。

通常，腐殖化系数变动在 0.2~0.5。同一种有机物质的腐殖化系数因不同的气候条件、土壤环境及管理措施不同而有差别。水分较多、木质化程度较高，腐殖化系数较高。

（2）土壤有机质的矿化率

每年因矿质化过程而消耗的土壤有机质量占有机质总量的百分数。土壤有机质的矿化率受生物、气候、土壤水热条件及管理措施等因素的影响。只有每年加入土壤的有机物质的腐殖化系数与年矿化率相等时，才能保持有机质的平衡。

（3）激发效应

土壤中加入新的有机质会促进原有有机质的降解，称为激发效应。若加入新的有机质后降低了土壤原有有机质的降解，则称负激发效应。准确地说，激发效应是对有机质矿化速率的影响效应。

实际工作中，可通过各种生产管理措施，调节有机物质的 C/N，或改变土壤环境条件，从而控制有机质的分解与合成方向，最终达到土壤养分的供给与储存平衡。

5.3　土壤腐殖质的组成与性质

5.3.1　土壤腐殖质概述

5.3.1.1　土壤腐殖质的概念

土壤腐殖质，是土壤有机质经腐殖化过程而形成的，由芳香族有机化合物和含氮化合物缩合而成的一类复杂而特殊的暗色酸性高分子有机物，腐殖酸类物质的总称。

土壤腐殖质之所以特殊，是因为它不是有机残体或微生物代谢的有机化合物，而是有机残体经由土壤微生物作用后新形成的一类组成和结构都很复杂的土壤特有的天然高分子聚合物（图 5-2），其主体是各种腐殖酸及其与金属离子结合的盐类（也称腐殖酸盐）。

5.3.1.2　土壤腐殖质的存在状态

土壤腐殖质是土壤有机质的主体，但在土壤中常与土壤矿物质颗粒密切结合在一起，形成有机—无机复合体。根据结合的方式与紧密程度，又可分为 3 种不同状态。

（1）游离态腐殖质

以酸性基存在的保持游离状态的腐殖酸，实际测定中包括与 K^+、Na^+ 等结合的易溶性腐殖酸，也可理解为缺乏阳离子结合或与阳离子结合松散的腐殖酸类物质。这部分腐殖质含量较少，但活性较大，易随水迁移或被微生物分解并释放养分。

（2）结合态腐殖质

腐殖质存在的主要形态，是与土壤无机矿物质紧密结合的腐殖质，主要通过范德华力、氢键、静电引力、阳离子键桥等作用力结合而成。

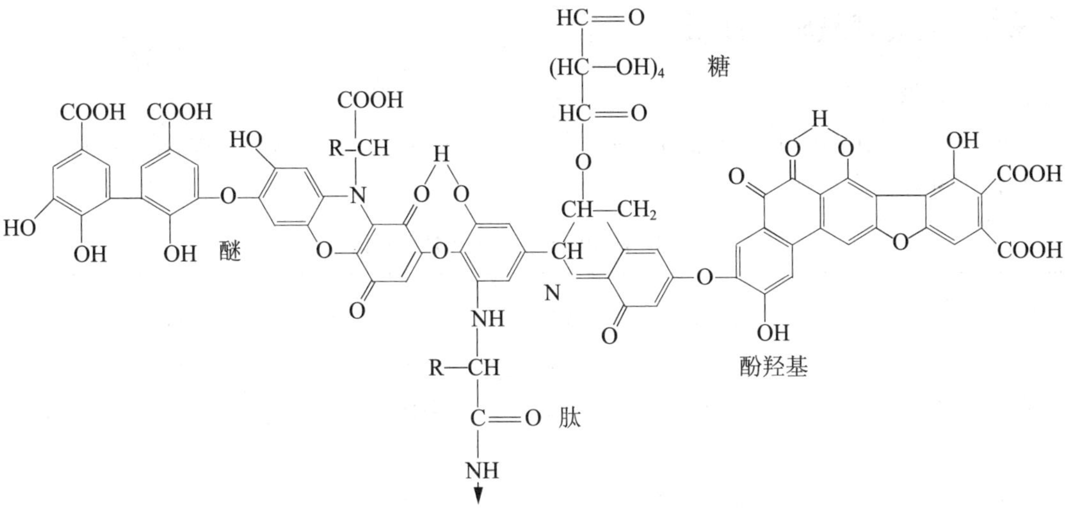

图 5-2　Stevenson 的腐殖酸模型

(资料来源：F. J. Stevenson(著)，夏荣基(译)《腐殖质化学》，1994)

①稳定盐类　与盐基结合的腐殖酸盐——腐殖酸钙、腐殖酸镁。

②复杂凝胶体　与含水的二、三氧化物(含水氧化铁/铝)结合的化合物，紧结态。

③有机—无机复合体　与黏土矿物结合的胶质复合体，是腐殖质的主要存在形态。

有机—无机复合体对土壤团聚体形成及肥力提高有直接影响，对土壤中物质的迁移、污染土壤的生态修复有重要价值。我国南方酸性土壤中以紧结态腐殖质为主，北方中性偏石灰性土壤中以稳结态腐殖质为主。

5.3.2　土壤腐殖质分组

由于土壤腐殖质是各种腐殖酸分子与金属离子相结合的腐殖酸盐类聚合物，并不单独存在于土壤中。因此，对腐殖质的深入研究必须先进行分离提取。如图 5-3 所示，是目前常用的腐殖质分组提取示意图。

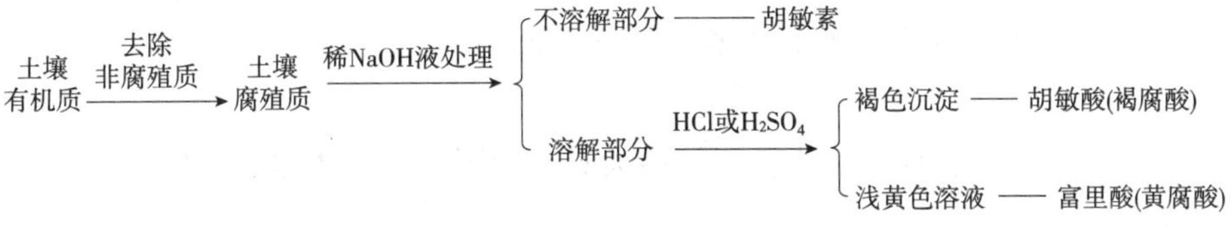

图 5-3　腐殖质分组提取示意

(资料来源：朱祖祥《土壤学》，1983)

由分组示意图可知，根据腐殖酸分子的溶解性将腐殖质分为 3 个部分：胡敏酸(humic acid，HA，又称褐腐酸)、富里酸(fulvic acid，FA，又称黄腐酸)、胡敏素(humin，HM，又称黑腐素)。3 种腐殖酸的相对分子质量、结构等是不同的，因而表现出不同的性质特征。其中，胡敏酸和富里酸的活性较高，研究成果较多，对胡敏素的研究尚在进行中。

5.3.3 土壤腐殖质的性质

5.3.3.1 物理性质

腐殖酸分子在土壤中的性质与功能，与其分子的结构、大小密切相关(表5-4)，但总体上有共同的性质表现。

表 5-4 胡敏酸与富里酸的性质对比

腐殖质	相对分子质量	颜色	水溶性	酸溶性	酸度	结构	功能团	凝聚性	稳定性
胡敏酸	较大	褐色(暗)	一价盐易溶于水	不溶	较低	复杂	羧基少醌基多	大	高
富里酸	较小	黄色(浅)	各价盐都可溶于水	可溶	较高	简单	羧基多醌基少	小	低

(1)颜色较深，密度较小

土壤腐殖质总体上呈暗色，但富里酸呈黄色—棕红色，胡敏酸呈棕黑色—黑色，而胡敏素接近黑色。

土壤中各种有机物质的密度较小，约在 $1.3 \sim 1.6$ g/cm^3，与矿物质颗粒($2 \sim 4$ g/cm^3)相比小很多。因此，可以用重液(相对密度1.8或2.0)将与土壤矿物质机械混存的未分解有机质分离开，而这部分有机质称为"轻组"，另一部分留下的土壤有机质称为"重组"。

(2)结构复杂、相对分子质量大

腐殖酸分子结构因土壤和腐殖质组分的不同而不同，就同一土壤而言，胡敏酸分子的芳香核缩合程度大于富里酸，但胡敏素的相对分子质量最大。我国几种主要土壤腐殖质的胡敏酸与富里酸平均相对分子质量约为 $890 \sim 2550$(HA)与 $675 \sim 1450$(FA)。

(3)表面积巨大

腐殖酸分子因芳香核与烷基结构而具有伸曲性，表现为非晶质胶体状，比表面积高达 2000 m^2/g，远大于黏土矿物的比表面积(<850 m^2/g)。

(4)吸水性强

腐殖酸分子是亲水胶体，吸水性强，最大吸水量可达本身重量的 500 %，是黏土矿物持水量的 $4 \sim 5$ 倍。

5.3.3.2 化学性质

不同的腐殖酸分子，其化学性质存在差异，因而对土壤的理化与生物学性质影响也是不同的。

(1)元素组成

腐殖质的主要组成元素与有机质相同，主要由 C、H、O、N、P、S 组成，C/N 比值在(10~12):1，另有 Ca、Mg、Fe 等灰分元素。各腐殖酸分子的元素含量存在差别，C、N 含量和 C/H 比值为胡敏酸大于富里酸；O、S 含量则胡敏酸小于富里酸(表5-5)。

表 5-5　我国主要土壤中腐殖酸的元素组成　　　单位：无灰干基%

腐殖质	C	H	O+S	N
胡敏酸[平均($n=39$)]	50.4~59.6(55.1)	3.1~7.0(4.9)	31.3~40.7(35.9)	2.8~5.9(4.2)
富里酸[平均($n=12$)]	43.4~52.6(46.5)	4.0~5.8(4.8)	40.1~49.8(45.9)	1.6~4.3(2.8)

资料来源：文启孝，1984。

（2）多种功能基团及酸性

腐殖酸分子主要由酚类、醌类化合物与含氮化合物组成，具有以羧基和酚羟基为主的多种功能基团（表 5-6），可解离出 H^+ 而显酸性。

腐殖质的总酸度：指羧基和酚羟基的总量。富里酸的总酸度大于胡敏酸。

表 5-6　我国主要土壤中腐殖物质的含氧功能团　　　单位：cmol(+)/kg

含氧功能团	羧基	酚羟基	醇羟基	醌基	酮基	甲氧基
胡敏酸	275~481	221~347	224~426	90~181	32~206	32~95
富里酸	639	143~257	515~581	54~58	143~254	39

资料来源：文启孝，1984。

（3）溶解性

胡敏酸不溶于水，但胡敏酸的一价盐类（K^+、Na^+、NH_4^+ 的盐类）溶于水，与二价阳离子形成的盐类弱溶于水，与高价阳离子形成的盐类不溶于水。富里酸在水中的溶解度大于胡敏酸，与不同价位的阳离子结合形成的盐类都能溶于水。

腐殖酸盐类的溶解性，决定了腐殖酸及其所吸附的阳离子随水迁移、流失的可能性大小。

（4）带电性

由于羧基、酚羟基等功能基团的解离，以及氨基的质子化等，腐殖酸分子的表面既有负电荷，也有正电荷，属于两性胶体。腐殖质的带电性随土壤 pH 的变化而变化，属于可变电荷，但通常以带负电为主，但带负电量随 pH 的升高而减少（表 5-6）。

由于腐殖质含有多种功能团，因而具有离子交换性、对金属离子的络合与螯合特性、氧化—还原活性、电化学活性等（图 5-4）。

图 5-4　腐殖酸分子的电荷来源

（资料来源：林大仪《土壤学》，2002）

（5）凝聚性

新形成的腐殖酸分子在水中呈分散的溶胶状，当溶液电解质浓度增加、或与高价离子相遇时，则产生电性中和而成为凝胶，作为亲水胶体的腐殖酸分子也会因干燥或冰冻脱水变性而成为凝胶。

腐殖质的凝聚过程，可使腐殖酸分子与土粒胶结形成有机—无机复合体，即团粒结构。由于腐殖质的凝聚过程是不可逆的，因而形成的团粒结构具有良好的水稳定性，如图5-5所示。

（6）稳定性

由于腐殖质是以芳香族结构为核心的高分子化合物，并与矿物质颗粒紧密结合，因而化学稳定性很高，抗微生物分解的能力(生物学稳定性)较强，在土壤中的分解速率很小，周转很慢。

一般在温带，植物残体半分解周期不足 3 个月，分解转化过程中形成的新的有机物质半分解周期为 4.7~9 a，胡敏酸和富里酸的平均停留时间分别为 780~3000 a 与 200~630 a。

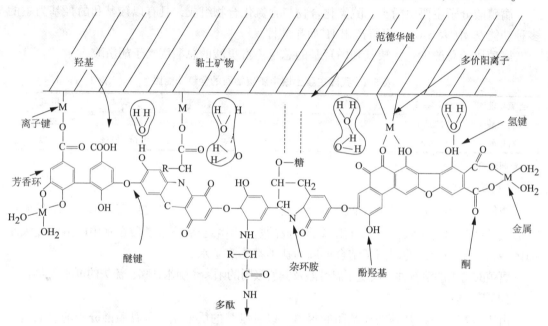

图 5-5　黏土矿物—腐殖质复合体

（资料来源：孙向阳《土壤学》，2005）

5.3.3.3　土壤中腐殖质的组成及其变化

HA/FA 比值：胡敏酸与富里酸的含量比值，是土壤腐殖质的组成与性质特征指标之一，也是衡量土壤熟化程度和肥力高低的标志。

不同土壤的腐殖质组成与性质存在明显差异。我国土壤腐殖质的组成与性质变化具有一定的规律性，北方土壤以胡敏酸为主，HA/FA 比值大于 1.0；由北向南，或由东向西，土壤腐殖质含量均呈现逐渐下降趋势，HA/FA 比值也逐渐减小。在温暖潮湿的南方，土壤呈酸性，腐殖质以富里酸为主，HA/FA 比值一般小于 1.0。在同一地区，熟化度较高的土壤，HA/FA 比值也较高。

5.4　土壤有机质的作用与调节

5.4.1　土壤有机质的作用

有机质对土壤肥力的作用显著，土壤有机质的含量是衡量土壤肥力高低的重要指标之一。

5.4.1.1　土壤有机质对土壤肥力的作用

（1）提供植物所需的营养物质

①供给植物养分　土壤有机质富含 C、N、P、S、Ca 等植物生长所必须的营养元素。随着有机质的不断分解，这些营养元素被逐渐释放出来，从而成为植物养分被吸收利用。

森林植物通过生物小循环，将生长过程中从土壤中吸收的各种营养物质通过凋落物归还到表土，一方面供给植物生长利用；另一方面不断提高土壤肥力，这就是森林土壤的自肥能力。森林土壤中有机态氮占全氮的 90 % 以上，有机态磷占全磷约 20 %～50 %。另外还有其他各种营养元素。对森林植物而言，有机质就是一个养分全、肥效久、功能强大的理想肥源。

②提高土壤养分的有效性　主要表现在以下两个方面：

第一，土壤有机质在分解过程中形成的有机酸，可提高土壤矿物质的溶解性，加速矿物的风化分解，从而使固定在矿物质颗粒中的营养元素得以释放，促进养分的有效化过程。

第二，酸性土壤中，高价金属离子 Fe、Al 等常与磷酸根结合形成不溶物，导致土壤磷的有效性降低（磷的固定），腐殖酸分子可与这些金属离子作用生成络合物，从而减少这些金属离子对磷的固定，提高土壤磷的有效性（磷的活化）。

（2）改善土壤物理性质

①提高土壤温度　腐殖质颜色较深，在表土中含量最高，很明显地加深表土颜色。在同等日照条件下，深色土壤更易于吸收太阳辐射，有效提高土壤温度。

②促进良好结构形成　土壤有机质，尤其是多糖和腐殖质，具有相对分子质量大，胶体特征明显，并有多种功能团，可通过胶结、氢键结合、范德华力等机制，与土壤矿物质颗粒紧密结合（有机—无机复合体），从而使土粒团聚起来形成良好的团粒结构。

③改善土壤质地　土壤有机质具有疏松多孔、胶体絮状的特点，其胶结力强于砂粒而弱于黏粒，当有机质进入土壤中，土粒被有机质包被，可以增加砂粒的团聚性，能降低黏粒的黏结性，避免了土粒呈分散无结构状（砂土）或黏结成坚硬大块状（黏土），使土壤质地向良好的壤质土壤变化，获得良好的通透性与保蓄性。

④提高土壤保水渗水性能　腐殖质是亲水胶体，其高于黏粒 5 倍的吸水能力，可有效提高土壤的保水能力，而疏松多孔的特点，可改善土壤渗水性，减少地表径流。

（3）改善土壤化学性质

①提高土壤保肥供肥性能　腐殖质是两性胶体，对土壤溶液中的阴、阳离子均可吸附。因其所带电荷以负电荷为主，对 NH^+、K^+、Ca^{2+}、Mg^{2+} 等养分离子的吸附保存占优势，从而避免了这些阳离子的随水流失（保肥性）。但这一吸附过程是可逆的，可随时被根系附近的 H^+ 或其他阳离子交换出来，供植物根系吸收利用（供肥性）。

腐殖质对阳离子的吸附能力，比无机矿物质胶体大几倍甚至几十倍，因此富含腐殖质的土壤，其保肥与供肥能力是很高的，提高土壤有机质，可以很好地改良土壤综合肥力。

②提高土壤缓冲性能　腐殖质可提高土壤对酸碱的缓冲能力，这对植物生长发育具有重要意义。可通过以下两个途径表现：

a. 腐殖质是一类弱酸性物质，土壤中的腐殖酸及其盐类可构成一个缓冲体系，缓冲土壤溶液中的 H^+ 浓度变化，从而使土壤 pH 稳定在一定范围。

b. 腐殖质的阳离子吸附与代换能力，当土壤中的 H^+ 或 OH^- 增加时，可通过离子交换而将 H^+ 或 OH^- 保留到腐殖质胶体上，从而缓解了土壤酸碱性的激烈变化。

(4)改善土壤生物学性质

①促进微生物活性　土壤有机质为微生物的生命活动提供必需的营养元素和能量。腐殖质的缓冲性能则为微生物活动提供稳定的酸碱环境，腐殖质所含的各种维生素、激素和抗生素等可促进微生物活动。

②刺激植物生长　有研究证实，腐殖质是一类生理活性物质，能促进植物生长发育。腐殖酸分子含有的醌、酚、羧基等各种功能团，可以对植物的生理过程产生多方面影响。例如，改变植物体内糖代谢，增加植物细胞的渗透性，刺激植物根生长，提高植物的抗旱能力。有机质中含有一些生理活性物质，如核黄素(B_2)、吲哚乙酸、抗菌素等，可增加植物抗逆性，促进植物生长速度。

5.4.1.2　对生态环境的作用

(1)影响全球碳平衡

土壤有机质与全球碳循环密切相关。据 IPCC(联合国政府间气候变化专门委员会)(2000)发表的报告估计，陆地生态系统的碳库储量约为 2477 Gt，其中土壤碳库约为 2011 Gt，约占全球陆地碳库的 81.2 %。因此，土壤被认为是陆地生态系统中最大的碳库，在全球碳循环中发挥着源、汇、库的作用，土壤碳库的轻微变化都可能导致大气 CO_2 浓度的巨大变化。CO_2 是对全球气候变暖贡献率最大的温室气体，对土壤有机碳动态的研究成为了陆地生态系统物质循环的重点和热点。

(2)净化土壤

土壤有机质的净化土壤功能，主要体现在以下两个方面：一是降低或缓解重金属污染；二是缓解土壤中有机污染物的残毒。

①降低或缓解重金属污染　土壤腐殖质的功能基团能与金属离子间发生络合、螯合作用，从而降低金属离子活性。当重金属离子进入土壤中，即与腐殖质作用而被吸附固定，避免了这些重金属离子的随水迁移或被植物根系吸收。但这一过程受土壤溶液 pH 的影响，当 pH 较低时，土壤溶液中大量的 H^+ 与金属离子争夺配位体吸附位，从而减少金属离子的吸附。

土壤有机质属于还原剂，可以将土壤中具有毒性的高价重金属还原为低价态(如 $Cr^{6+} \sim Cr^{3+}$；$As^{5+} \sim As^{3+}$)，从而降低其毒性。土壤有机质同时也是胶体，具有胶体吸附性，也可以对金属离子进行相应的吸附固定。

②缓解土壤中有机污染物的残毒　土壤有机质对有机污染物有强烈的亲和力，可以通过吸附作用等降低有机污染物在土壤中的活性。可溶性腐殖质能加大有机污染物的迁移性，从而减少有机污染物的土壤残留。另外，有机质的还原作用可以改变有机污染物的结构，从而削减有机污染物在土壤中的毒性。

5.4.2　土壤有机质的调节

土壤有机质含量并非可以无限提高，在稳定的生态系统中最终将达到一个稳定值。

5.4.2.1　调节土壤有机质的目的

有机质一旦进入土壤，就受到土壤微生物的作用而开始分解转化。因土壤理化性质与管理措施等的差异，不同土壤中有机质的分解转化方向与强度是不同的。

当有机质的矿化作用过于强烈，一方面分解释放的大量无机养分不能及时被植物吸收利用而导致流失；另一方面原先已形成的腐殖质也可能发生分解，从而引起土壤肥力下降。

当有机质的腐殖化作用过于强烈，则有机质的矿化分解较弱，分解释放的养分少，微生物也因缺乏养分与能源而活动受到抑制，进而影响腐殖化进程，并造成粗有机物大量堆积，土壤有机质含量上升(过高可能导致泥炭化)，但腐殖质品质不佳。长远来看土壤肥力有一定提高，但近期土壤养分供给不足，影响植物生长。

因此，要对土壤有机质的分解与合成过程进行适当的调节，使有机质的分解与合成达到合理的平衡状态，既有适宜的分解释放，满足植物生长对养分的需求，又有一定的腐殖质合成，使土壤肥力可持续增长。

5.4.2.2　有机质的调节途径

森林土壤有机质的分解转化，主要与林内水热状况、林分的树种组成、土壤 pH 等因素有关，因此，可以通过适宜的营林措施进行调整。

(1)通过营林措施调节土壤有机质的分解与积累过程

合理的森林抚育措施，改变林内水热状况与光照条件，协调土壤有机质的分解与合成。林分密度过大，林内潮湿阴冷，有机质分解不完全产生大量有机酸，微生物活性被抑制，影响有机质矿化分解。为此，需要进行适宜的森林抚育间伐，例如，择伐、疏伐、间伐等，并去除枯老枝条，适度降低林分郁闭度，增加林内光照和通风透气性，提高林内温度，改善微生物生活环境。

(2)通过调整林分树种组成调节土壤有机质的 C/N 比值

不同的树种，具有不同的营养遗传特性，其凋落物的成分与性质也不同。调节林分树种组成，可以改变森林凋落物的组成成分，协调土壤有机质的 C/N 比值，促进微生物的矿化分解活动。例如，针叶林是我国广大地区发展速生丰产林的优选树种，常大面积、连续种植，但针叶林灰分元素少，凋落物含树脂多，C/N 比值高，连续种植导致土壤酸化、养分单一等肥力退化表现。因此，进行针阔混交林造林设计，或针对纯林、低效林的林分改造很必要，提倡针阔混交、引进乔灌树种、混种豆科植物等，都是调整凋落物组成成分，降低 C/N 比值的良好营林措施。

(3)注意林下凋落叶的保存，保障土壤有机质的来源和品质

林分每年都有因新陈代谢而归还到地表的大量枯枝落叶，保障了森林土壤有机质的来源。枯枝的组成成分以难分解的木质素为主，但落叶不仅含有较多养分元素，且 C/N 比值较低，易于被微生物分解转化。因此，注重林下凋落叶的归还保存，可以有效增加土壤有机质的补充，尤其对园林绿化林地。

(4)增施有机肥与种植绿肥牧草相结合

对于苗圃土壤、园林绿化土壤、经济林土壤等，存在较多林间空地，且集约经营程度

较高，土壤受生产影响较大，每年从土壤中带走大量营养物质，需要适当的补充，以达到营养的输入与输出平衡，避免土壤肥力退化。在贫瘠土壤上造林，也应结合整地进行相应的有机肥使用。

常用的方法是，林间空地广播豆科绿肥牧草，苗圃地合理轮作与间作，可适当施用氮肥以调整土壤有机质的 C/N 比值，并有增加地表覆盖，调节土壤水、气、热的作用。

(5)合理整地，保持水土与改良土壤

对新造林地实行坡改台地，保持表土及归还的凋落物。对低洼林地修整挖沟排水渠，排除多余水分，有利于提升土温。对过酸过碱的土壤，采用石灰或石膏(硫黄)进行中和改良。以上措施都可有效保存有机质的归还与分解转化。

案例分析

土壤碳库是全球陆地生态系统最大的碳库，其储量的消长与大气 CO_2 浓度的变化密切相关。森林土壤有机碳库是陆地碳库的重要组成部分，其量的变化受土地利用方式、森林经营管理、自然与人为干扰等因素的影响显著。土壤有机质是植物营养的主要来源，是土壤肥力高低的重要指标之一。土壤活性有机质是土壤中能被微生物快速利用和转化的有机质重要组分，其含量和动态变化可以反映土壤有效养分库的大小及其在土壤中的周转。

土地利用方式的变化，改变了地表覆被状况，也改变了地表凋落物的数量与质量，从而影响着土壤有机质的积累与分解。王清奎、汪思龙等(2005)土壤学者，在湖南会同海拔200~500 m 低山丘陵区，亚热带湿润气候下的山地红壤上布置试验地，对地带性常绿阔叶林、杉木人工林、农田、竹林等不同土地利用方式下的表层 0~10 cm 土壤进行采样分析，测定土壤有机质总量、土壤活性有机质及相关组分。结果显示：在不同土地利用方式下，由于凋落物数量、质量以及各种管理措施不同，土壤有机质总量、活性有机质含量均存在显著差异，其含量高低依次为：常绿阔叶林>杉木人工林>竹林>农田。

本章小结

土壤有机质是土壤中所有含碳有机化合物的总称，是土壤的重要组成成分，也是衡量土壤肥力的指标之一。

森林土壤有机质来源于动植物和微生物的残体及其分泌物与排泄物，主要由碳水化合物、木质素、纤维素、单宁、脂肪、含氮化合物、灰分元素等化学成分组成。土壤有机质在微生物酶的作用下，进行着有机质的矿质化过程与腐殖化过程。土壤有机质的矿质化过程是微生物的好气分解释放养分过程，腐殖化过程是微生物的嫌气合成形成腐殖质过程。影响土壤有机质分解转化的因素包括：内因(有机残体的新鲜程度、细碎状态、组成成分、C、N、P、S 等元素比)、外因(影响微生物活动的温度、水分、通气、土壤酸碱度等)。土壤有机质的矿质化过程与腐殖化过程协调，则有机质可以起到供肥改土的功效，保证植物生长的同时提高土壤肥力水平。

土壤腐殖质是有机质经腐殖化过程而形成的，由芳香族有机化合物和含氮化合物缩合而成的一类复杂而特殊的暗色酸性高分子有机物，腐殖酸类物质的总称。酸液或碱液可将不同的腐殖酸分子提取分组，即胡敏素、胡敏酸、富里酸。不同的腐殖酸分子具有不同的性质，腐殖质性质主要表现为丰富的元素组成、含有多种功能基团、带正负电荷、良好的稳定性、吸水性、凝聚性、暗色酸性胶体，因此对土壤肥力具有重要作用。

土壤有机质的肥力作用为提供植物所需的营养物质、提高土壤养分的有效性、改善土壤物理性质、改善土壤化学性质、改善土壤生物学性质、协调生态环境。调节土壤有机质的分解转化，提高土壤有机质含量，维持土壤肥力与保障林木生长良好的重要措施：通过营林措施调节土壤有机质的分解与积累过程；调整林分树种组成、调节土壤有机质的C/N；林下凋落叶的保存；增施有机肥与种植绿肥牧草相结合；合理整地，保持水土与改良土壤。

复习思考题

1. 基本概念

土壤有机质　腐殖质　有机质的矿质化过程　有机质的腐殖化过程　氨化过程　硝化过程　反硝化过程　有机质的腐殖化系数　有机质的矿化率　激发效应

2. 简述森林土壤有机质的来源与组成。

3. 简述土壤有机质的矿质化过程与腐殖化过程及其相互关系。

4. 影响土壤有机质分解转化的因素有哪些？

5. 简述土壤腐殖质的组成及其性质。

6. 试述土壤有机质对土壤肥力与生态环境的作用。

7. 如何调节土壤有机质的含量及其分解转化过程？

本章推荐阅读书目

1. 土壤学（上册）. 北京林学院. 中国林业出版社，1982.

2. 土壤学. 黄昌勇. 中国农业出版社，2000.

3. 土壤学. 孙向阳. 中国林业出版社，2005.

第6章

森林土壤的质地、孔性和结构性

土壤是由固、液、气三相物质构成的分散体系。大小不同的矿物颗粒是土壤固相部分的主体，是土体的骨架。粒间孔隙是土壤水、气的存在空间和土居生物运动、生活的场所。因此，构成土壤固相骨架的大小土粒组成和排列方式对土壤水、肥、气、热状况以及土壤生物具有重要影响。土壤质地是由土壤固体颗粒大小组合而表现出来的特性，土壤结构性和孔性也与土壤固体颗粒有关。

6.1 土壤质地

6.1.1 土壤固体颗粒及其特性

6.1.1.1 土壤固体颗粒

坚硬的岩石及矿物经过一系列风化、成土过程之后形成了固体颗粒物质，由这些大小不等的固体颗粒堆积构成了一个复杂的多孔多相体系——土壤。土壤固相质量的 95 % 以上由这些固体颗粒所占据。土壤固体颗粒表面和粒间孔隙不仅是土壤各种反应过程发生的场所，而且对土壤性质和功能具有重要的影响。

土壤矿物质颗粒的粒径大小不同，并常以单粒或复粒的形式存在。相对稳定的土壤矿物质颗粒称为单粒，由单粒黏合而形成的次生颗粒称为复粒或团聚体。不同大小的土壤矿物质颗粒，其组成和性质具有较大差异。要研究土壤矿物质颗粒的性质，通常先将复粒进行物理和化学方法处理，分散成单粒后，再进行颗粒性质分析。

6.1.1.2 土壤粒级

矿物质颗粒大小不同，其组成和性质也随之变化，据此将土壤单粒划分为若干粒径等级，即为土壤粒级或称粒组。换言之，根据土壤单粒直径大小和性质变化而划分的土粒级别称为粒级(粒组)。土壤粒级大小差别非常大,大的直径可达 1 mm,小的直径可小于 0.001 mm,大小相差可至万倍。同一粒级的土粒,成分和性质较为相似,不同粒级间则有明显差别。

粒级划分的依据是土壤矿物质颗粒直径大小而表现出的不同性质。目前,世界各国划分土壤粒级的标准还有所不同。常见的有卡庆斯基制、国际制、美国制和中国制(表 6-1)。

表 6-1　常见的土壤粒级分级制

当量粒径(mm)	中国制(1987)	卡庆斯基制(1957)		国际制(1930)	美国制(1951)
>10	石块	石块		石砾	石砾
10~3	石砾				
3~2		石砾			
2~1				粗砂粒	极粗砂粒
1~0.5	粗砂粒	物理性砂粒	粗砂粒		粗砂粒
0.5~0.25			中砂粒		中砂粒
0.25~0.2	细砂粒		细砂粒	细砂粒	细砂粒
0.2~0.1					
0.1~0.05	粗粉粒				极细砂粒
0.05~0.02			粗粉粒		粉粒
0.02~0.01					
0.01~0.005	中粉粒	物理性黏粒	中粉粒	粉粒	
0.005~0.002	细粉粒		细粉粒		
0.002~0.001	粗黏粒				
0.001~0.0005	黏粒	黏粒	粗黏粒	黏粒	黏粒
0.0005~0.0001			细黏粒		
<0.0001			胶质黏粒		

资料来源:黄昌勇《土壤学》,2000。

国际制粒级划分标准原为瑞典土壤学家爱特伯于 1905 年拟定,经 1930 年莫斯科第二次国际土壤学会大会采纳而得名。其特点为:分级标准为十进制,简明易记,多为西欧国家采用;该制分为砾、砂、粉、黏,后因分级过少而在此分类制基础上重新增加粒级,使得不少国家形成了各自的粒级制;我国也曾用国际制,直到现在仍有不少土壤学者赞成用此分类制进行粒级划分。美国制由美国农业部于 1951 年提出,其划分标准比国际制更细致,尤其体现在砂粒的划分。前苏联土壤学家卡庆斯基在 1957 年提出的土壤粒级分类标准,既细致又简明,细致方案对粉粒划分较为注重,符合我国许多土壤中粉粒多样化的特点;其简明方案则先以粒径 1 mm 为界分出粗骨和细土两部分,而细土中又以粒径 0.01 mm 为界划分出"物理性砂粒"和"物理性黏粒"两个级别,运用起来易于掌握,我国林业工作中采用较多。中国科学院南京土壤研究所拟订了一套我国的粒级分类制,1987 年公布于《中国土壤》(第二版)，通过生产实践和科学研究中的不断总结，正日趋完善。

目前，制定一个国际统一的土壤粒级划分标准还尚有一定难度，为了加速土壤研究成果的转化和土壤信息的国际交流，国内外广大的土壤学者和科研人员对土壤粒级划分标准应继续进行深入研究和广泛探讨。

6.1.1.3 土粒的基本特性

自然界的土壤并不是由单个土粒所组成，而是由大小不同的各级土粒以各种比例关系自然地混为一体。土壤中各级矿质土粒所占的质量百分数称为土壤机械组成，或称土壤颗粒组成。测定土壤颗粒组成的方法称为颗粒分析或机械分析。

土壤矿物质颗粒的各粒级划分标准虽是人为规定的，但其具有充分的科学依据。大小不同的土壤颗粒表现出不同的特点，这与土粒表面活性有关。一定体积的土壤，组成它的颗粒直径越小，土体总表面积就越大，黏结、吸附及其他理化性质的表现就越为明显，从表 6-1 可知，土壤粒级的基本级别可分为 4 级，即石砾、砂粒、粉粒和黏粒。不同粒级土粒的特性各不相同，对土壤肥力具有较大程度的影响。

(1) 石砾

石砾多为岩石碎块，但直径较小，是最粗的土壤颗粒，在山区和河漫滩土壤中常见。其矿物组成或与母岩基本一致，或为抗风化能力较强的矿物颗粒(如石英)，一般速效养分很少，吸持性能很差，但通透性极强。

(2) 砂粒

砂粒呈不规则颗粒状，多是物理风化的产物，其矿物组成主要是石英等原生矿物，在酸性岩山体的山前平原和冲积平原土壤中常见。其颗粒较粗，比表面较小，吸持性较弱，矿质养分较低，无黏结性和黏着性，表现松散。由于粒间孔隙较大，通透性良好。

(3) 粉粒

粉粒颗粒大小介于砂粒和黏粒之间，在黄土中含量较多。粉粒中次生矿物相对增加，而石英相对减少。比表面比砂粒大，吸持性能增强，养分含量较高，具有一定的黏结性、黏着性、可塑性和胀缩性，但表现微弱。通气透水能力较砂粒差。

(4) 黏粒

黏粒是化学风化的产物，属于土壤胶体范畴。其矿物组成以次生矿物为主，在某些土壤类型的黏化层中含量较多，粒径小，比表面巨大。据资料介绍，细砂粒的比表面仅为 0.1 m^2/g，而黏粒可达 10~1000 m^2/g，因此，黏粒具有很强的黏结性、黏着性、可塑性、胀缩性和吸附能力，养分丰富。但通透性能极差，湿时黏韧，干时坚硬。

总之，随着土壤颗粒由大变小，各粒级土粒的黏结性、黏着性、可塑性、胀缩性以及吸附能力由弱到强。原因是随着土粒粒径变小，其比表面和表面能不断加大。需要指出的是，土粒比表面和表面能的增加，并不是简单的量变，当土粒小到一定程度时，其性质则会发生飞跃式的变化(表 6-2)。对养分的吸附保持与供应状况也是如此，如汪景宽等试验结果表明：<0.01 mm 土粒对磷的吸附保持性强，而>0.01 mm 土粒对磷的解吸供应能力强。

表 6-2　各粒级土粒的部分理化性质

粒级名称	颗粒直径（mm）	吸湿系数（%）	最大分子持水量（%）	毛管水上升高度（cm）	渗透系数（cm/s）	膨胀性占最初体积（%）	可塑性（%）下限至上限	CEC[cmol(+)/kg]
石砾	3.0~2.0	—	0.2	0	0.5	—	不可塑	
	2.0~1.5	—	0.7	1.5~3.0	0.2	—	不可塑	
	1.5~1.0	—	0.8	4.5	0.12	—	不可塑	
粗砂粒	1.0~0.5	—	0.9	8.7	0.072	—	不可塑	
中砂粒	0.5~0.25	—	1.0	20~27	0.056	0	不可塑	
细砂粒	0.25~0.10	—	1.1	50	0.030	5	不可塑	
	0.10~0.05	—	2.2	91	0.005	6	不可塑	
粗粉粒	0.05~0.01	<0.5	3.1	200	0.0004	16	不可塑	约为1
中粉粒	0.01~0.005	1.0~3.0	15.9	—		105	28~40	3~8
细粉粒	0.005~0.001		31.0	—		160	30~48	10~20
黏粒	<0.001	15~20	—			405	34~87	35~65

资料来源：王荫槐《土壤肥料学》，1992。

6.1.2　土壤质地

6.1.2.1　土壤质地的概念

土壤质地是土壤本身较为稳定的自然属性，已被广泛地用来表征土壤的物理性质。自然界中各种土壤类型具有大小不同的颗粒组成，为了区分由于土壤机械组成不同所表现出来的性质差别，人们按照土壤中不同粒级矿质土粒的相对比例把土壤分为若干组合，依据土壤机械组成相近与否而划分的土壤组合称为土壤质地。

土壤质地是在土壤机械组成基础上的进一步归类，它概括反映土壤内在的肥力特征，因此，在说明和鉴别土壤肥力状况时，土壤质地往往是首先考虑的因素之一。

6.1.2.2　土壤质地分类制

土壤质地分类标准各国不同。国内外常用的质地分类标准如下。

（1）国际制

国际制土壤质地分类称为 3 级分类法，按砂粒、粉砂粒、黏粒的质量百分数组合将土壤质地划分为 4 类 12 级，其具体分类标准见表 6-3 和如图 6-1 所示。

表 6-3　国际制土壤质地分类表

质地类别	质地名称	各级土粒质量百分数（%）		
		黏粒（<0.002 mm）	粉砂粒（0.02~0.002 mm）	砂粒（2~0.02 mm）
砂土类	砂土及壤质砂土	0~15	0~15	85~100
壤土类	砂质壤土	0~15	0~45	55~85
	壤土	0~15	30~45	40~55
	粉砂质壤土	0~15	45~100	0~55
黏壤土类	砂质黏壤土	15~25	30~0	55~85
	黏壤土	15~25	20~45	30~55
	粉砂质黏壤土	15~25	15~85	0~40

（续）

质地类别	质地名称	各级土粒质量百分数（%）		
		黏粒（<0.002 mm）	粉砂粒（0.02～0.002 mm）	砂粒（2～0.02 mm）
黏土类	砂质黏土	25～45	0～20	55～75
	壤质黏土	25～45	0～45	10～55
	粉砂质黏土	25～45	45～75	0～30
	黏土	45～65	0～35	0～55
	重黏土	65～100	0～35	0～35

资料来源：林成谷《土壤学》（北方本，第 2 版），1996。

国际制土壤质地分类的主要标准是以黏粒含量 15 %、25 %作为砂土和壤土与黏壤土、黏土类的划分界限；以粉砂粒含量达到 45 %作为"粉砂质"土壤定名；以砂粒含量在 55 %～85 %时，作为"砂质"土壤定名，达到>85 %则作为划分"砂土类"的界限。应用时根据土壤各粒级的质量百分数可查出任意土壤质地名称。例如，某土壤含砂粒 50 %，粉砂粒 30 %，黏粒 20 %，则可以从表 6-3 和图 6-1 中查得该土壤质地属于"黏壤土"。

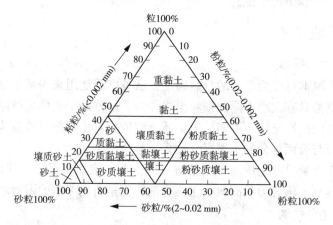

图 6-1　国际制土壤质地分类三角坐标

（资料来源：仲跻秀《土壤学》，1992）

（2）美国制

美国制土壤质地分类也是 3 级分类法，按照砂粒、粉粒和黏粒的质量百分数划分土壤质地，具体分类标准也常用三角坐标图表示，如图 6-2 所示。其应用方法同国际制三角坐标图。例如，某土壤中砂粒、粉粒和黏粒含量分别为 65 %、20 %和 15 %，查图 6-2 则三线交汇于图中的砂质壤土处，因此，得知该土壤质地名称为"砂质壤土"。

（3）卡庆斯基制

由前苏联土壤学家卡庆斯基提出的质地分类标准有简明制和详细制两种。其中简明方案应用较广泛，其特点是考虑到土壤类型的差别对土壤物理性质的影响。划分质地类型时，不同类型土壤，同一质地的物理性黏粒和物理性砂粒含量水平不等。仅以土壤中物理性砂粒（粒径>0.01 mm）或物理性黏粒（粒径<0.01 mm）的质量百分数为标准，就将土壤划分为砂土、壤土和黏土 3 类 9 级，是一种两级分类法（表 6-4）。

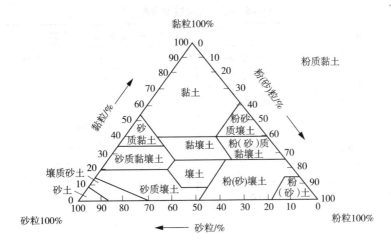

图 6-2　美国制土壤质地分类三角坐标

(资料来源：聂俊华《土壤学》，1994)

表 6-4　卡庆斯基土壤质地分类(简明方案)　　　　　　　　单位：%

质地名称		物理性黏粒(<0.01 mm)			物理性砂粒(>0.01 mm)		
		灰化土类	草原土及红黄壤类	碱土及碱化土类	灰化土类	草原土及红黄壤类	碱土及碱化土类
砂土	松砂土	0~5	0~5	0~5	100~95	100~95	100~95
	紧砂土	5~10	5~10	5~10	95~90	95~90	95~90
壤土	砂壤土	10~20	10~20	10~15	90~80	90~80	90~85
	轻壤土	20~30	20~30	15~20	80~70	80~70	85~80
	中壤上	30~40	30~45	20~30	70~60	70~55	80~70
	重壤土	40~50	45~60	30~40	60~50	55~40	70~60
黏土	轻黏土	50~65	60~75	40~50	50~35	40~25	60~50
	中黏土	65~80	75~85	50~65	35~20	25~15	50~35
	重黏土	>80	>85	>65	<20	<15	<35

注：表中数据仅包括粒径<1 mm 的土粒，粒径>1 mm 的石砾另行计算，按粒径>1 mm 的石砾百分含量确定石质程度(0.5 %~5 %为轻石质，5 %~10 %为中石质，>10 %为重石质)，冠以质地名称之前。

资料来源：林成谷《土壤学》(北方本，第 2 版)，1996。

(4)中国质地分类制

中国科学院南京土壤研究所等综合国内土壤情况及其研究成果，将土壤质地分为 3 类 12 级(表 6-5)。

表 6-5　我国土壤质地分类方案　　　　　　　　　　　单位:%

质地类别	质地名称	不同粒级的颗粒组成(质量百分数)		
		砂粒(1~0.05 mm)	粗粉粒(0.05~0.01 mm)	细黏粒(<0.01 mm)
砂土	粗砂土	>70	—	≥30
	细砂土	60~70	—	
	面砂土	50~60	—	
壤土	砂粉土	≥20	≥40	
	粉土	<20		
	砂壤土	≥20	<40	
	壤土	<20		
	砂黏土	≥50		<30
黏土	粉黏土		—	30~35
	壤黏土		—	35~40
	黏土		—	40~60
	重黏土		—	>60

资料来源:林大仪《土壤学》,2002。

　　中国土壤质地分类标准兼顾了我国南北土壤的特点。如北方土中含 1~0.05 mm 砂粒较多,因此砂土组将 1~0.05 mm 砂粒含量作为划分依据;黏土组主要考虑南方土壤情况,以<0.001 mm 细黏粒含量划分;壤土组的主要划分依据为 0.05~0.01 mm 粗粉粒含量。分类依据比较符合我国国情,但分类标准还需进一步补充与完善。

　　我国地域辽阔,山地和丘陵较多,石质性土壤分布也很广泛。中国科学院南京土壤研究所提出按土壤中石砾(粒径 1~10 mm)含量的多少,将土壤分为无砾质(<1 %)、少砾质(1 %~10 %)和多砾质(>10 %)3 级,在农业土壤(包括苗圃地土壤)确定质地时冠于相应质地名称之前。由此看出,对于农业土壤和苗圃土壤而言,如果石砾含量达到>1 %,就会影响苗木或植物生长以至磨损耕作机具。但对于山地丘陵区林业土壤来说,要求会有所不同。为此,原林业部综合调查队拟定了关于砾石性土壤分类标准(表 6-6),可供林业工作者在山地丘陵区进行林业土壤调查时参考。

表 6-6　土壤的石质性程度分级

砾、石含量(%)	砾、石质性程度	
	砾径 3~30 mm	石径>30 mm
10~30	少砾质××土	少石质××土
30~50	中砾质××土	中石质××土
>50	多砾质××土	多石质××土

资料来源:孙向阳《土壤学》,2005。

6.1.2.3　不同质地土壤的肥力特点

　　土壤质地与土壤肥力关系非常密切,土壤质地类型决定着土壤蓄水、导水性,保肥、供肥性，保温、导温性，土壤呼吸、通气性和土壤耕性等。不同质地的土壤具有不同的肥力特点。

（1）砂质土

砂质土是指含砂粒较多、与砂土性状相近的一类土壤，其物理性黏粒含量<15%，主要分布于中国北方地区，如新疆、青海、甘肃、宁夏、内蒙古、北京、天津、河北等省（自治区、直辖市）的山前平原以及各地沿江、沿河或沿海地带。砂质土粒间孔隙大，总孔隙度低，毛管作用弱，保水性差，通透性强。矿物成分以石英为主，养分贫乏；由于颗粒大，比表面积小，吸附、保持养分能力低；好气性微生物活动旺盛，土中有机养分分解迅速，供肥性强但持续时间短，易发生植物苗木生长后期脱肥现象。砂质土热容量小，土温不稳定，昼夜温差大，这对植物生长不利。但早春时节，砂质土易于转暖，有利于植物苗木早生快发。植物种子在砂质土上容易出苗和扎根。

总之，砂质土通透性强，保蓄性弱，养分含量低，气多水少、温度高而不稳。对此，应加强抗旱保墒措施，注意灌水技术；应少量多次及时施肥，注意基肥与追肥并重，防止发生植物苗木早衰现象。晚秋时节，植物苗木容易遭受冻害，因此，对植物应注意加强防寒措施。

（2）黏质土

黏质土是指含黏粒较多，包括黏土以及类似黏土性质的一类土壤，其物理性黏粒含量>45%，主要分布于中国地势相对较低的冲积平原、山间盆地、湖洼地区。黏质土颗粒细小，总孔隙度高，但粒间孔隙很小，通透性差，土壤内部排水困难，容易积水而涝。土壤中胶体数量多，比表面积大，吸附能力强，保水保肥性好；矿质养分丰富，特别是钾、钙、镁等含量较高；供肥比较平稳，但表现前期弱而后期较强。黏质土蓄水多，热容量大，温度稳定。因通气性能低，容易产生还原性气体，对植物生长不利。黏质土受干湿影响，容易板结，常形成龟裂，影响苗木根系伸展。

总之，黏质土保水保肥性强，养分含量丰富，土温比较稳定，但通透性差，易滞水受涝，有毒物质常危害植物。由于土质黏重，植物根系伸展范围小，农作物和林木易风倒。在生产上应该注意改良，同时注意植物苗期的施肥和整个生长期的中耕、松土。

（3）壤质土

壤质土同时含有适量的砂粒、粉粒和黏粒，广泛分布于中国的黄土高原、华北平原、松辽平原、长江中下游、珠江三角洲等冲积平原上。壤质土是介于砂质土和黏质土之间的一种质地类型，也被称为二合土。其中砂粒、粉粒和黏粒含量比较适宜，因而兼有砂质土和黏质土的优点：砂黏适中，大小孔隙比例适当，通气透水性好，土温稳定；养分丰富，有机质分解速度适当，既有保水保肥能力，又供水供肥性强，耕性表现良好。壤质土中水、肥、气、热以及植物扎根条件协调，适种范围较广，是农林业生产较为理想的质地类型。

（4）砾质土

砾质土在山地林区比较常见。一般说来，砾质土土层较薄，保水肥能力较低。但土壤中的石砾可以提高土温，增加大孔隙，有利于通气透水。同时，表层石砾还可减少水分蒸发，防止土壤侵蚀。这对于黏质土壤或山区土壤非常重要。但当土壤中石砾或石块达到一定数量时将阻碍种子萌发和植物生长，不便于土壤管理。一般情况下，石砾含量超过土壤总体积的 20 %时，就会使土壤温度剧烈变化，持水能力降低，产生诸多不良影响。因此，应根据砾质程度不同进行性质分析和处理：如少砾石土，对机具虽有一定磨损，但不影响对土壤的管理，林木可以正常生长；中砾石土，就应将土壤中粗石块除去；多砾石土壤需要进行调剂和改良。

中国土壤的颗粒大小和质地类型在地球陆地表面具有一定的地理分布特点，水平方向上自西向东、从北向南有由粗变细的趋势；垂直方向上从高到低也有相同的变化规律，但山地土壤中颗粒大小及其质地类型与母岩母质类型密切相关。

6.1.2.4 不同质地土壤的合理利用和改良

（1）土壤质地与植物生长

不同质地的土壤，肥力特性不同，不同种类的植物，生物学特性各异，因此，土壤肥力具有生态相对性。所谓"适地适种"，充分体现出土壤质地与植物生长的密切关系。

不同质地土壤和石砾含量与林木生长关系密切，如小青杨（清西陵地区称唐柳）在 0~50 cm 砂质和砂砾质土壤上生长不良，而在同样条件下，毛白杨、油松、木麻黄等在砂土上生长较好，而冷杉、枫树、白蜡、椴树、榆树以及南方的槠树、栲树、油茶、桑等均可在黏重土壤上生长。杉木对土壤质地要求较高，对土壤含石量也较敏感，据中国林业科学研究院林业科学研究所和南京林业大学在广东、福建、江西和江苏等地的研究，细黏粒（<0.001 mm）含量大于 35 %的壤黏土或黏土，杉木生长都很差；石砾含量超过 50 %的石质土，杉木生长也不良，通常认为杉木在壤土或二合土上生长最好。麻栎、杨树等阔叶树种在黏重土壤上的生长状况不如壤土，据南京林业大学调查，江苏南部的麻栎林在黏土上的生长情况就不如在黏壤土上；江苏北部引种的杂交杨 I-214 在黏土上就不如在砂壤土至中壤土上生长得好。

有些林木对土壤质地的适应范围相当广泛，如马尾松、黑松、侧柏等，在砂土或者黏重的土壤上、甚至石质土壤上都能正常生长，并能耐瘠薄，因此成为山区绿化造林的先锋树种；黄檀等慢生树种也比较适应多石质土，只要地形稍凹，有适当水源就能正常生长。但茶树栽植在含砾石的壤土、黏壤土中产量高，茶叶品质较好。

就果树而言，苹果、白梨、桃、杏、核桃、枣等多适于砂质土，而板栗、柿子在黏质土上可以正常生长。

（2）土壤质地的改良

土壤质地相对稳定，短期内不易发生变化，故在农林业用地方面，通常把土壤质地作为适地适种的重要因素之一。但当土壤质地与欲栽种的植物生物学特性不一致时，就应该根据土壤性质和当地的具体条件，采取各种措施对不良质地的土壤进行改良。

①掺砂掺黏，客土调剂　搬运别处（层）质地不同的土壤，掺和到当地（层）过砂或过黏的土壤里，以改良土壤质地。实施客土法工作量大，一般要就地取材，因地制宜。在砂土地附近有黏土或河泥，可搬黏压砂；黏土地附近有砂土或河沙，可搬砂压黏。有的土壤剖面中上下层质地有明显差别，则可翻淤压砂或翻砂压淤，如河流冲积母质上发育的土壤，可利用深耕犁进行翻耕，或用人工办法先将表土翻到一边，再将底土翻起来作客土用，然后耕地平土，使上下层土壤掺和，以达到改良耕层质地的目的。单株栽植植物时，常将客土施于植物的栽植穴内，以改善植物根系伸展范围内的土壤质地状况。

②引洪放淤，引洪漫砂　在有引洪条件的地区，放淤或漫砂是改良土壤质地行之有效的办法。砂质土需放淤，黏质土需漫砂。在引洪之前需开好渠道，地块周围打好围埂，并划分畦块，按块放淤或漫砂；在引洪淤漫过程中，注意边引边排，做到留砂留泥不留水。在西北地区，用此法改良土壤质地效果明显。如山西省河曲县曲峪村，引洪改河滩，淤土造出4000亩好地；陕西省榆林地区群众"引水拉砂""引水放淤"，造出了大面积良田；新疆南部引洪漫淤，使戈壁滩变为良田。

③施有机肥，改良土性　有机肥的种类很多，粪肥、堆肥、沤肥、厩肥和秸秆等都是主要的有机肥源。有机肥料中含有大量有机质，在微生物作用下，经转化形成腐殖质，其黏结性和黏着性介于砂土和黏土之间，克服砂土过砂，黏土过黏的缺点；有机质在提供养分的同时，还可以改善土壤结构状况，使土壤松紧程度、孔隙状况、吸收性能等方面得到改善，从而提高土壤肥力。在无客土条件的地区施用有机肥，或人为地向土壤中增加有机质是一种后效较长的土壤质地改良措施。

④植树种草，培肥改土　在过砂或过黏的土壤上，种植适生的乔灌木树种或耐瘠薄的草本植物能达到改良质地、培肥土壤的目的，特别是豆科绿肥植物，根系庞大，在土壤中穿伸力强。连同腐殖质的作用，能够改善黏质土或砂质土的结构状况和保水肥能力。

6.2　土壤孔性

6.2.1　土壤孔性的概念

土粒与土粒或团聚体之间以及团聚体内部的孔洞，称为土壤孔隙。土壤孔隙示意如图6-3所示。土壤孔隙是容纳水分和空气的空间，也是植物根系伸展和土壤动物及微生物活动的地方。土壤中孔隙的数量及质量，影响土壤的水、气、热等诸因素，所以为了满足植物对水分和空气等的需要，有利于根系的伸展和活动，要求土壤尤其是表层土壤不仅应有适量的孔隙，而且大小孔隙的比例也要适宜。土壤孔性是指土壤孔隙的性质，土壤孔性通常包括孔隙的数量(总量)、类型(孔隙的大小)及分配(大小孔隙的比例)三个方面，孔隙的数量决定着液、气两相的总量，孔隙的类型及分配关系到液、气两相的比例。

6.2.2　土粒密度与土壤密度

土壤孔隙的数量用孔隙度表示，它是指土壤中孔隙的体积占土壤总体积的百分数。土壤孔隙度一般不直接测定，而是通过土粒密度和土壤密度(土壤容重)计算得出。

6.2.2.1　土粒密度

单位体积固体干土粒(不包括粒间孔隙)的质量，称为土粒密度，单位为g/cm³。土粒密度与水(4 ℃)的密度之比，也就是单位体积的固体土粒的质量与

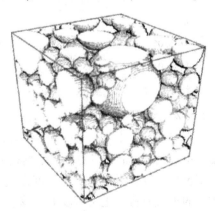

图6-3　土壤孔隙示意

（资料来源：关连珠《土壤学》(第二版)，2016)

同体积水的质量之比，是土粒相对密度。水的密度(4 ℃时)为 1 g/cm³，所以土粒密度与土粒相对密度在数值上是相等的，只是土粒密度有单位，土粒相对密度无单位。土粒密度的计算公式如下：

$$土粒密度 = \frac{土粒质量}{土粒体积}$$

土粒密度数值的大小，主要取决于土壤中的矿物组成和有机质的含量，一般土壤矿物质的密度在 2.6~2.7 g/cm³，一般土壤有机质的密度在 1.25~1.40 g/cm³，见表6-7。砂质土壤的密度接近于石英的密度，黏质土壤含铁镁矿物多，密度一般较大。而有机质的含量对土粒密度也有一定的影响，特别是表土层，含有机质多者，密度较小。多数土壤矿物的密度在 2.6~2.7 g/cm³，因此，土粒密度一般以多数土壤密度取平均值 2.65 g/cm³ 作为通用值。

表6-7　土壤中主要矿物和腐殖质的密度　　　　单位：g/cm³

矿物名称	密度	矿物名称	密度
石英	2.65	褐铁矿	3.50~4.00
正长石	2.55	黑云母	2.79~3.16
斜长石	2.60~2.76	方解石	2.71~2.72
白云母	2.70~3.00	高岭石	2.60~2.65
角闪石	3.00~3.40	蒙脱石	2.00~2.20
辉石	3.00~3.40	腐殖质	1.40~1.80

资料来源：黄昌勇《土壤学》，2000。

在同一土壤中，不同大小土粒(复粒)的腐殖质含量和矿物组成不同，因而其密度也不相同(表6-8)。同一种母质发育形成的各种土壤由于成土条件不同而造成质地差异，导致其土粒密度也有所不同。

表6-8　森林土壤表层各级土粒的密度

粒级(mm)	腐殖质(g/kg)	密度(g/cm³)	粒级(mm)	腐殖质(g/kg)	密度(g/cm³)
全土样	29.5	2.62	0.01~0.005	14.8	2.62
0.10~0.05	0	2.66	0.005~0.001	53.7	2.59
0.05~0.01	4.3	2.66	<0.001	64.2	2.59

资料来源：黄昌勇《土壤学》，2000。

6.2.2.2　土壤密度

在自然状况下，单位体积内(包括土壤孔隙和土粒体积)干土壤的质量，称为土壤密度，单位为 g/cm³。因为包括土壤孔隙在内，土粒只占其中一部分，所以同体积土壤密度小于土粒密度，无论是土粒密度还是土壤密度，其中土壤质量均指在 105 ℃±5 ℃条件下烘干的土壤质量。土壤密度的计算公式如下：

$$土壤密度 = \frac{土壤质量}{土壤体积}$$

土壤密度大小除受土壤内部性状如土粒排列、质地、结构、松紧的影响外，还受外界因素如降水和人为生产活动等农业技术措施的影响。降水、灌水及重力的影响使土壤紧实，土粒密集，密度增大(表6-9)；施有机肥等管理措施使密度减小。一般土壤密度随土层深度增加逐渐增大。土壤密度是一个十分重要的土壤物理指标，在生产实践活动中有着十分广泛的应用。实际应用过程中常用环刀法测定土壤密度。

土壤密度是衡量土壤物理性质的一个基本参数，在涉及土壤的工作中用途非常广泛。

表 6-9　土壤密度、松紧程度和孔隙度的关系

松紧程度	土壤密度(g/cm^3)	孔隙度(%)	松紧程度	土壤密度(g/cm^3)	孔隙度(%)
最紧	<1.00	>60	适合	1.14~1.26	56~52
松	1.00~1.14	60~56	稍紧	1.26~1.30	52~50
紧	>1.30	<50			

资料来源：耿增超《土壤学》，2011。

6.2.2.3　土壤密度反映土壤松紧状况与有机质含量

在土壤质地相近的条件下，土壤密度小则表明土壤疏松多孔，土壤通气性好，有利于植物生长发育和土壤养分转化；土壤密度大，表明土壤孔隙少，土壤水分和空气的含量相应地减少，土壤没有充足的水分和空气供给作物正常生长，造成养分不能被有效利用，植物容易表现营养缺乏症状。一般来说，旱地土壤密度在 1.1~1.3 g/cm^3 较为适宜，在这个范围内，能满足多种植物生长发育的要求。

土壤密度与土体的紧密程度和有机质含量的多少有很密切的关系，一般肥沃的表层土壤密度为 1.0 g/cm^3 左右，而未熟化的生土，密度在 1.3~1.5 g/cm^3，紧密的底土可达 1.8 g/cm^3。

6.2.2.4　计算土壤质量

在生产和科研工作中，常常需要知道一定面积一定厚度土壤层的质量，在计算土壤质量的过程中就需要利用土壤的密度值。

【例6-1】　1/15 hm² 地(约 667 m²)表层土壤厚度 20 cm，密度为 1.2 g/cm^3，该层土壤总质量为：

$$667\ m^2(面积)\times0.2\ m(土层厚度)\times1.2\ g/cm^3(土壤密度)\times10^3=160\ 080(kg)$$

其中：10^3 是将 g/cm^3 换算成 kg/m^3。

6.2.2.5　计算土壤各成分的含量

在土壤分析中，测定出土壤中某一成分的含量值，如土壤含水量、有机质含量、全盐含量、全氮含量等，要换算成 1/15 hm² 地这些物质的具体数量作为施肥、灌水的依据，也需要根据土壤密度来计算。

【例6-2】　已知某地表层土壤密度为 1.2 g/cm^3，土层厚度为 20 cm，土壤有机质含量为 20 g/kg，求 1/15 hm² 表层土壤有机质质量为多少千克？

根据例6-1可算出 1/15 hm² 表层土壤质量为 160 080 kg，其中有机质只占 20 g/kg，1/15 hm² 表层土壤中有机质数量是：

160 080 kg(该层土壤质量)×20 g/kg(该层土壤有机质含量)×10⁻³ = 3201.6 kg。

【例 6-3】 已知某地 0~20 cm 土层的土壤密度为 1.15 g/cm³。

求：(1)1 hm²(10 000 m²)林地 0~20 cm 土层的土壤质量为多少千克?

(2)土壤全氮含量为 0.05 %,1 hm² 土层(0~20 cm)有全氮多少千克?

(3)如果把 0~20 cm 土层的土壤含水量由 10 %(质量分数)提高到 25 %(质量分数),1 hm² 地需灌多少吨水?

解：(1)10 000 m²×0.2 m×1.15 g/cm³× 10³ = 2 300 000(kg)

(2)10 000 m²×0.2 m×1.15 g/cm³×10³×0.05 % = 1150(kg)

(3)10 000 m²×0.2 m×1.15 g/cm³× 10³× (25 %−10 %) = 345(t)

6.2.3 土壤孔隙度

(1)土壤孔隙度

土壤孔隙度(Soil porosity)指单位体积土壤中孔隙体积所占的百分率。土壤孔隙度一般不直接测定,而是通过土壤密度、土粒密度换算而来,即

$$土壤孔隙度 = \left(1 - \frac{土壤密度}{土粒密度}\right) \times 100\%$$

此公式来源推导如下：

$$土壤孔隙度 = \frac{土壤体积 - 土粒体积}{土壤体积} \times 100\%$$

$$= \left(1 - \frac{土粒体积}{土壤体积}\right) \times 100\%$$

$$= \left(1 - \frac{土壤质量/土粒密度}{土壤质量/土壤密度}\right) \times 100\%$$

$$= \left(1 - \frac{土壤密度}{土粒密度}\right) \times 100\%$$

土壤孔隙度的大小说明了土壤的疏松程度及水分和空气容量的大小,土壤孔隙度与土壤质地有关。一般情况下砂土、壤土和黏土的孔隙度分别为 30 %~45 %、40 %~50 % 和 45 %~60 %,结构良好的土壤孔隙度为 55 %~70 %,紧实底土为 25 %~30 %。土壤孔隙度也随着土壤中各种机械过程而变化,在较黏的土壤中,随着土壤的交替性的膨胀、收缩、团聚、粉碎、压实和龟裂,土壤孔隙度变化很大。

(2)孔隙比

土壤孔隙的数量,也可以用孔隙比表示,它是指土壤中孔隙体积和固相土粒体积的比值。

$$土壤孔隙比 = \frac{孔隙体积}{土粒体积} = \frac{孔隙度}{1-孔隙度}$$

6.2.4 土壤孔隙类型及状况

6.2.4.1 当量孔径

土壤孔隙度和孔隙比只能说明土壤孔隙的数量,并不能说明土壤透水、保水、通气等

性质。即使两种土壤的孔隙度相同，如果大小孔隙的数量分配不同，则二者的保水、通气及其他性质也会有显著的差异，所以应把土壤孔隙按其直径大小和作用分成若干级。实际上，土壤孔隙的大小、形状无法按其真实孔隙直径来研究，因此，土壤学中采用当量孔径来表示不同孔隙的直径大小，根据当量孔径划分的土壤孔隙又称为当量孔隙。土壤学中所说的土壤孔隙直径是指对一定土壤水吸力相当的孔径，即当量孔径。当量孔径与土壤水吸力呈反比，当量孔径越小则土壤水吸力越大。

当量孔径与土壤水吸力的关系按下式计算：

$$d = \frac{3}{T}$$

式中　d——孔隙的当量孔径(mm)；

　　　T——土壤水吸力(Pa 或 cmH_2O)。

6.2.4.2　土壤孔隙分级

根据土壤孔隙的当量孔径，一般把土壤孔隙分为 3 级：非活性孔隙、毛管孔隙和通气孔隙。

(1)非活性孔隙

非活性孔隙是土壤中最微细的孔隙，当量孔径小于 0.002 mm，土壤水吸力在 15×10^5 Pa 以上。在这种孔隙中，几乎总是被土粒表面的吸附水所充满。土粒对这些水有极强的分子引力，水分常常被土粒紧紧束缚着，这种孔隙也称束缚水孔隙。植物细根和根毛不能伸入，就是微生物也很难侵入，其所持有的水分不能被植物根系和微生物利用，故称为无效孔隙。

(2)毛管孔隙

毛管孔隙是土壤中具有毛管作用的那部分孔隙。当量孔径在 0.002~0.02 mm，毛管孔隙中所保持的水受到的吸持力为 $15 \times 10^5 \sim 1.5 \times 10^5$ Pa。植物根毛和微生物可以伸入这种孔隙中活动，其中保存的水分可被植物吸收利用。在壤质土和黏质土中均有相当多的毛管孔隙。

(3)通气孔隙

通气孔隙比较粗大，当量孔径大于 0.02 mm，土壤水吸力小于 1.5×10^5 Pa，这种孔隙中的水可在重力作用下较快速地排出，因而成为水和空气的通道，所以称通气孔隙。土壤中一定量的通气孔隙是植物生长所必需的，砂质土中通气孔隙较多，黏质土中较少。

土壤各级孔隙度的计算公式如下：

$$非活性孔隙度 = \frac{非活性孔隙体积}{土壤体积} \times 100\%$$

$$毛管孔隙度 = \frac{毛管孔隙体积}{土壤体积} \times 100\%$$

$$通气孔隙度 = \frac{通气孔隙体积}{土壤体积} \times 100\%$$

如果以凋萎含水量(质量含水量)代表土壤中无效水近似量，则非活性孔隙度、毛管孔隙度可按下式计算：

$$非活性孔隙度=凋萎含水量×土壤密度$$

$$毛管孔隙度=(田间持水量-凋萎含水量)×土壤密度$$

通气孔隙度可按下式计算：

$$通气孔隙度=总孔隙度-田间持水量×土壤密度$$

从农林业生产需要来看，旱作土壤表层的土壤总孔隙度为 50%~56%；通气孔隙度不低于 10%；大小孔隙之比在 1∶(2~4)较为合适，在此范围内，才能更好地保证植物的正常生长发育。

6.2.5 土壤三相比及其计算

土壤基质三相比的相对比例是不断变化的，它取决于土壤质地、气象条件、地表植被状况和土壤管理等因素。

土壤基质的三相比常用质量或体积为基础表示。图 6-4 为土壤三相物质构成的示意图，图的右侧表示固、液、气三相物质的质量，分别用 m_s、m_w、m_a 表示，三相物质的总质量用 m_t 表示。图的左侧为各相物质的体积，分别以 V_s、V_w、V_a 表示，土壤总体积为 V_t，土壤基质的孔隙体积为 $V_f = V_w + V_a$。

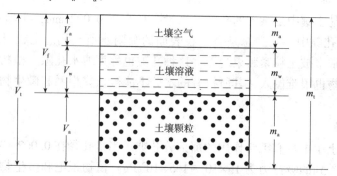

图 6-4 土壤三相物质构成示意

(资料来源：邵明安《土壤物理学》，2006)

土壤固、液、气三相的体积分别占土壤体积的百分率，称为固相率、液相率(即体积含水量)、气相率。三者之比即是土壤三相组成(或者三相比)。

它们的计算如下：

$$固相率=\frac{固相体积}{土壤体积}×100\% = \frac{V_s}{V_t}×100\%$$

$$液相率=\frac{液相体积}{土壤体积}×100\% = \frac{V_w}{V_t}×100\%$$

$$气相率=\frac{气相体积}{土壤体积}×100\% = \frac{V_a}{V_t}×100\%$$

$$固相率∶液相率∶气相率 = V_s∶V_w∶V_a$$

土壤中固、液、气三相的体积比可粗略地反映土壤持水、透水和通气的情况。三相组成与密度、孔隙度等土壤参数一起，可评价土壤的松紧程度和宜耕状况。

土壤三相组成对多数旱地植物来说，适宜范围为：固相率 50%，体积含水量 25%~

30 %，气相率 15 %~25 %。如气相率低于 8 %~15 %，会妨碍土壤通气而抑制植物根系和好氧微生物的活动。土壤的三相组成比率是不断变化的，它随天气、植被、生产管理等条件的变化而改变。

土壤孔性作为土壤的基本物理性质之一，在实际生产过程中有广泛的应用，它影响着土壤的通气性、蓄水性、力学性质等。

6.3　土壤结构性

6.3.1　土壤结构性的概念

自然界中的土壤颗粒很少以单粒存在，常常由于种种原因相互团聚成形状、大小、数量和稳定程度都不同的土团、土块或土片，土壤学上称这些团聚体为土壤结构体。土壤结构性是指土壤中结构体的大小、形状、数量、性质及其相互排列方式和相应的孔隙状况等的综合特性。通常所说的"土壤结构"一词，实际上包含两方面的意义：一是作为土壤物理性质之一的"土壤结构性"；二是指"土壤结构体"。各种土壤及其同一土壤剖面的不同层次，往往具有不同的结构体和结构性。土壤的结构性影响着土壤中水、肥、气、热状况，从而在很大程度上反映了土壤肥力水平，所以它是土壤的一项重要物理性质。

6.3.2　土壤结构体的类型

土壤结构体的类型，通常根据结构体的大小、外形以及与生产的关系划分。有些结构体对植物生长不利，生产上称为不良的结构体，如柱状结构；有些则有利，称为良好的结构，如团粒结构和微团粒结构。常见的土壤结构体有下列几种(图 6-5)。

图 6-5　土壤结构体类型示意

(资料来源：关连珠《普通土壤学》(第二版)，2016)

6.3.2.1　块状结构

块状结构属于立方体型。长、宽、高三轴大体相等，边面一般不明显，外形也不十分规则。直径在 5 cm 以上的就称为大块状结构，北方群众称为"坷垃"，直径在 3~5 cm 称为块状，直径在 0.5~3 cm 称为碎块状。块状结构一般出现在土质黏重、缺乏有机质的表土中，底土和心土层也可见到。如果表层土壤坷垃多，由于它们相互支架，往往形成大的空洞，助长水汽蒸发，加速土壤水分丢失，同时还会压苗，使幼苗不能顺利出土。据中国农业大学土壤教研室调查，直径大于 4 cm 的坷垃危害程度明显，直径大于 10 cm 的坷垃危害严重，2~4 cm 的坷垃危害不大。

6.3.2.2 核状结构

核状结构近似立方体型，边面棱角明显，轴长 0.5~1.5 cm，常出现在黏土而缺乏有机质的心土和底土层中。

6.3.2.3 柱状结构和棱柱状结构

柱状结构和棱柱状结构的结构体纵轴远大于横轴，在土体中呈直立状态。按棱角明显程度分为两种：棱角明显的叫棱柱状结构，棱角不明显的为柱状结构。这种结构往往出现在碱土和质地黏重而水分又经常变化的底土中，是干湿交替作用形成的。如在褐土的心土和蜀黄土母质发育的黄泥土的心土、底土中常有柱状结构，碱土和碱化土壤的心土常有柱状和棱柱状结构。柱状结构坚硬紧实，干旱时常出现大裂缝，漏水漏肥，过湿时土粒膨胀黏闭，容易导致土壤通气不良。

6.3.2.4 片状结构

片状结构横轴远大于纵轴，沿水平面排列，呈薄片状的，称为片状结构；厚度稍薄，团聚体稍弯曲的，称为鳞片状结构。片状结构是由于水的沉积作用或某些机械压力作用所形成的，在冲积物中常见。此外，粉质土壤在雨后或灌水后所形成的地表结壳和板结层，也属于片状结构。这种结构土粒排列紧密，通透性差，不利于通气透水，会阻碍种子发芽和幼苗出土，还加大土壤水分蒸发。

6.3.2.5 团粒结构

团粒结构是指近似球形的疏松多孔的小土团结构（图 6-6），其直径在 0.25~10 mm。直径<0.25 mm 的称为微团粒。团粒和微团粒是土壤中良好的结构体。近些年我国学者陈恩凤等（1994，2001）提出将微团粒划分为>0.01 mm 和<0.01 mm 两类"特征微团聚体"。此外，也有人将<0.005 mm 的复粒称为"黏团"。

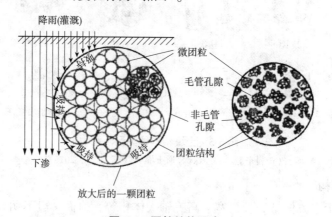

图 6-6 团粒结构示意

（资料来源：关连珠《土壤学》（第二版），2016）

6.3.3　土壤团粒结构的作用与创造

6.3.3.1　土壤团粒结构的作用

近年来，在原有整体评价(结构体类型、数量、总孔度)的基础上，又较为注重个体评价(团粒与微团粒的数量、品质——水稳性、力稳性、孔性及"特征微团聚体"等)。团粒结构是良好的土壤结构体，其特点是多孔性与水稳性，具体表现在土壤孔隙度大小适中，持水孔隙与充气孔隙的并存，并有适当的数量和比例。因而使土壤中的固相、液相和气相相互处于协调状态，所以一般都认为，团粒结构多是土壤肥沃的标志之一。现从以下 4 个方面说明团粒结构在林业生产中的作用及对土壤肥力的贡献。

(1)具有良好的土壤孔性

团粒结构内部以持水孔隙占绝对优势，而团粒结构之间是通气孔隙，这种孔隙状况为土壤水、肥、气、热的协调创造了良好的条件。

(2)水气协调，土温稳定

团粒结构间的通气孔隙，可以通气透水，在降水或灌水时，水分通过通气孔隙，进入土层，减少了地表径流。团聚体内的持水孔隙具有保存水分的能力。因此，渗入土层中的水分受毛管力的作用，被吸持并保存在持水孔隙中，团聚体起到了小水库的作用。多余的水分在重力作用下，沿团聚体间的孔隙渗入到下部土层。雨后天晴或干旱季节，表层团聚体因失水而收缩，隔断了上下相连的毛管联系，形成了隔离层，减弱了土壤水分的蒸发消耗。平时通气孔隙经常充满空气，持水孔隙经常充满水分，协调了水分和空气间的矛盾。由于水和气协调了，由水、气产生的土壤热容量等热学性质适中，因此土温能够稳定。

(3)保肥供肥性能良好

团聚体内部的持水孔隙水多空气少，既可以保存随水进入团聚体的水溶性养分，又适宜于嫌气性微生物的活动，有机质分解缓慢，有利于腐殖质的合成，所以有利于养分的积累，起到保肥的作用。团聚体间的通气孔隙中空气多，适宜于好气性微生物的活动，有机质分解快，产生的速效养分多，供肥性能良好。所以，团聚体有利于土壤保肥供肥矛盾的协调，团聚体内的养分状况良好。

(4)土质疏松，孔性良好

团聚体的土壤土质疏松，种子易发芽出土，根系易伸展，出苗整齐。在团粒结构较多的土壤中，总孔隙度大，具有多级孔隙，团粒之间排列疏松多为通气孔隙，而团粒内部微团粒之间以及微团粒内部则为毛管孔隙，团粒越多，总孔隙度及通气孔就越多。当土壤中 1~3 mm 水稳性团粒结构体较多时，其大小孔隙比最适合旱地种植要求，而冷湿地区则以 10 mm 团粒较多时更适合植物生长。同时，因团粒结构具有一定的稳定性，使其保持良好的土壤孔隙状况。

此外，团粒间疏松多孔，利于根系伸展，而团粒内部，孔隙小有利于根系的固着和支撑。总之，团粒结构发达的土壤，首先是土壤通气、持水孔隙比例适当，从而协调了土壤水、气、热和养分的矛盾，肥力状况良好，孔性及扎根条件也好。故又常将水稳性的团粒结构称为土壤肥力的"调节器"。

许多经验和试验表明，随着土壤肥力的提高，土壤团粒结构也随之增加，土壤肥力和团粒结构之间有着密切的关系。

6.3.3.2 微团粒结构与土壤肥力

微团粒结构体在调节土壤肥力的作用中也有着重要的意义，首先它是形成团粒结构的基础。在自然状态下，起初是土粒与土粒相互联结成黏团，黏团再次团聚成微团粒，微团粒进一步团聚成团粒，只有具有较多的微团粒，才有可能形成较多的团粒结构。微团粒结构本身也具有一定保持和自动调节水、肥、气、热和影响土壤生物活性的功能，对土壤养分和水分也具有较大的吸贮、释供、转化和缓冲能力。据对红壤研究，在旱地条件下，可依据 0.05~0.25 mm 的微团粒的累积为肥地特征；<0.005 mm 的微团粒对氮的贡献较大；而 0.01~0.05 mm 的微团粒则是土壤速效磷的重要来源。因此，对微团粒结构的作用应予以充分重视。

6.3.3.3 其他结构与土壤肥力

块状、核状、柱状和片状结构内部致密，总孔隙度小，且孔隙细小，主要是小的非活性孔隙，导致有效水少，空气难以流通，林木根系难以穿插，影响根系发育及生长；而结构体之间是较大的孔隙，虽然可以通气，但又会成为漏水漏肥的通道。所以，这些结构体既缺乏保水供水、保肥供肥能力强的毛管孔隙，也没有适当的孔隙比例，不是林木生长的理想结构体。若表层土壤出现块状、柱状和片状结构体，其互相支撑、跑风跑墒，影响林木播种和扦插质量，致使幼苗不能顺利发芽出土及成活；或有时也会因孔隙过大，使得林木根不着土，造成对养分和水分的吸收困难，干裂时常会扯断根系，造成根系机械损伤，甚至发生断根"吊死"现象；此外，还会造成营林管理等措施的不便开展。据中国农业大学调查结果，块状结构直径在 4~10 cm 危害较明显，大于 10 cm 危害严重。

6.3.3.4 团粒结构的形成过程

土壤团粒结构的形成大体上可分为两个阶段，第一阶段是单粒经过凝聚、胶结等作用形成复粒(微团粒)；第二阶段是复粒进一步黏结，在成型动力作用下进一步相互逐级黏合、胶结、团聚，依次形成二级、三级……微团聚体，再经多次团聚，使若干微团聚体胶结起来，形成各种大小、形状不同的团粒结构体。因此，团粒结构不仅孔隙度大，而且具有大小不同的多级孔隙。土壤团粒结构的形成是在多种作用参与下进行的，但归纳起来不外乎两个方面，即土粒的黏聚和成型动力的作用。

(1) 土粒的黏聚

下面几种作用都可使单粒聚合成复粒并进一步胶结成大的结构体。

①胶体的凝聚作用　这是分散在土壤悬液中的胶粒相互凝聚而析出的过程。带负电荷的黏粒与阳离子(如 Ca^{2+})相遇，因电性中和而凝聚(图 6-7)。

水膜的黏结作用　在湿润土壤中的黏粒所带负电荷，可吸附极性水分子并使之做定向排列，形成薄的水膜，当黏粒相互靠近时水膜为邻近的黏粒共有，黏粒就通过水膜而联结在一起。

②胶结作用　土壤中的土粒、复粒通过各种物质的胶结作用进一步形成较大的团聚体，土壤的胶结物质大体上有以下 3 类。

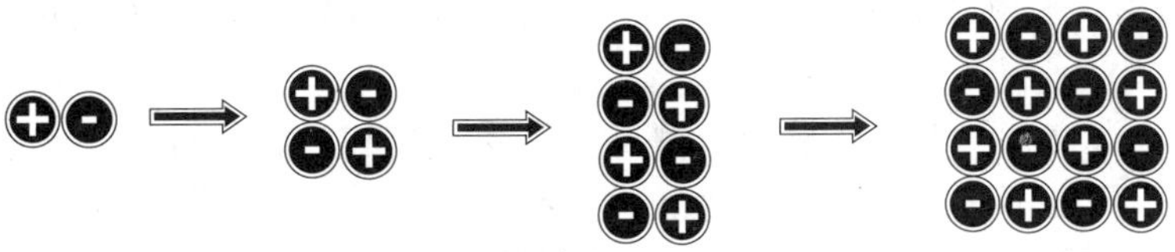

图 6-7　等电凝聚示意

(资料来源：关连珠《土壤学》(第二版)，2016)

a. 简单的无机胶体：如含水氧化铁铝($Fe_2O_3 \cdot 2H_2O$，$Al_2O_3 \cdot 2H_2O$)、硅酸凝胶($SiO_2 \cdot H_2O$)和氧化锰的水化物($MnO_2 \cdot nH_2O$ 等，它们以胶膜的形式包被在土粒表面。当它们由溶胶转为凝胶时，就会把土粒胶结在一起。由于凝胶的不可逆性，由此所形成的结构体具有很强的水稳性。中国南方红壤中的结构体主要是由含水的铁、铝氧化物胶结而成的。这些结构体由于相当致密，其内部孔隙度小，孔径也小，对土壤的调节作用小于有机胶体胶结的结构体。

b. 黏粒：是无机胶体的主要部分，它具有很大的表面积，一般带有负电荷，它们通过吸收阳离子，在具有偶极距的水分子协助下，把土粒连接起来。水分减少后，原来被水分子联结的土体断裂成小土团。这种联结形成的团粒往往不稳定，遇水易散碎。另外，不同种类的黏粒矿物胶结能力不同，蒙脱石的胶结能力比高岭石强。

c. 有机物质：具有胶结作用的有机物质有腐殖质、多糖类、木质素、蛋白质，以及微生物的菌丝体及其分泌物等，其中以多糖类和腐殖质较为重要。腐殖质占土壤有机质的50%~90%，同时抗微生物的分解能力强，形成的团粒结构更稳定。腐殖质中的胡敏酸的缩合程度高、相对分子质量大，具有较强的胶结能力。腐殖质是最理想的胶结剂，主要是胡敏酸，与钙结合形成不可逆凝聚状态，其团聚体疏松多孔，水稳性强；多糖类是微生物分解有机物质的产物，占土壤有机质的 5%~10%，其分子中含有大量的—OH，—OH 可与黏土矿物上的氢键连接起来，由它胶结的结构稳定性差，为时短暂，但对进一步形成团粒结构有着重要的作用；真菌的菌丝体能缠结土粒，细菌分泌的黏液也能胶结土粒，但这些有机物很容易被微生物分解，胶结的质量较差。因此，土壤有机质胶结形成的团粒，一般都具有水稳性和多孔性，大小孔隙分配较为理想。

(2)成型的动力

在土壤黏聚的基础上，还需要一定的作用力才能形成稳定的独立结构体。主要成型的作用力有以下几方面。

①生物作用　植物根系在生长过程中对土壤的分割和挤压作用。根系越强大，分割挤压作用越强，使根系间的土壤变紧，根系死亡被分解后，造成土壤中不均匀的紧实度，在外力作用下，就分散成团粒，同时，根系在生长过程中不断吸水，造成根系土壤局部干燥收缩，也可形成团粒。土壤中的掘土动物对土粒的穿插、切割、挤压而促使土块破裂，土壤中的蚯蚓、昆虫、蚁类等对土壤结构形成也起一定的作用。特别是蚯蚓对土壤上下翻动，吞食大量的泥土，经肠液胶结后排出体外，其排泄物是良好的团粒结构。土壤中微生物、菌丝体对土粒的缠绕起到成型动力的作用。

②土壤管理的作用　适时合理的一系列管理等措施具有切碎、挤压和改变不良土

壤结构体的作用，有利于促进团聚体的形成。当然不合理的管理措施反而会破坏土壤结构。

③土壤的干湿交替　干湿交替指土壤反复经受干缩和湿胀的过程。土壤由湿变干时，土壤各部分脱水程度不同，干缩的程度也不一致，就会沿黏结力薄弱的地方裂成小块；当土壤由干变湿时，各部分吸水程度和吸水速度不同，所受的挤压力也不均匀，会使土块破碎；当水分迅速进入土壤时，被封闭在土壤中的空气受到压缩，而发生爆破，使土块破碎。土块越干，破碎效果越明显。

④冻融交替作用　冻融交替指土壤反复经受冷冻和热融的过程。土壤孔隙中的水分结冰时，体积增大，对周围的土体产生压力而使土块崩解。同时水结冰后引起胶体脱水，也能使胶体凝聚，有利于形成团粒。在冻融交替中，土壤内部产生裂缝，一旦融化，土块就会酥碎。

6.3.3.5　团粒结构的破坏

团聚体在外力作用下的破坏过程，称团聚体的崩解。因为土壤结构只能是相对稳定存在，它一方面在不断地形成，另一方面又在不断地破坏。其破坏的原因有以下几个方面。

(1)机械破坏

在人为营林管理措施、暴雨的冲击，以及过度干湿交替和冻融交替等导致的粉碎作用，均会使团聚体崩解。

(2)物理化学破坏

如果土壤长期单纯施用化学肥料(硫酸铵、硫酸钾等)，土壤溶液中的 NH_4^+、K^+ 等一价阳离子浓度增加，会将腐殖质上面的二价钙离子交换下来，变成腐殖酸盐，遇水分散。这种由一价阳离子引起的胶体分散作用，会破坏土壤的良好的结构。另外，由于土壤发生还原作用，使氧化铁胶结剂溶解，也会使团聚体散碎。

(3)生物破坏

好气性微生物分解腐殖质，会导致团聚体破坏。在嫌气条件下，多糖也会被微生物分解而丧失胶结能力，使团聚体散碎。团聚体和微团聚体的破坏过程，在无林地，特别是苗圃甚为显著，所以要注意团聚体的培育。

通过了解土壤团聚体破坏的原因和形成需要的条件，因此可以根据具体客观条件，因地制宜地采取各种相应措施，以培育土壤团聚体。

6.3.3.6　创造团粒结构的措施

(1)土壤管理结合施用有机肥料

在山地造林过程中，由于土体结构致密紧实，造成开挖困难，林木不易成活。会采用土内爆破方式松土，利用炸药爆炸产生的冲击波，使原致密紧实的土体破碎，变成小土团，使土壤密度降低，总孔隙度和毛管孔隙度分别增大，为林木生长创造一个良好的土壤环境。再结合施用有机肥使"土肥相融"，有机胶体与矿质胶体紧密结合，并根据不同土壤特性适当施用石灰、石膏、过磷酸钙、钙镁磷肥等，以补充钙离子，增加高价离子的数量，调节土壤中阳离子的组成，以促使团聚体的形成。

(2)种植绿肥

种植绿肥是增加土壤有机质，改良土壤结构的有效措施。豆科绿肥根系发达，扎入土层深处，对下层土壤具有强大的切割、挤压作用，绿肥压青作肥料，既能增加植物需要的养分物质，又可以形成大量腐殖质，有利于团聚体的形成。

(3)施用土壤结构改良剂

早期施用的土壤结构改良剂，是从植物遗体、泥炭、褐煤或腐殖质中提取的腐殖酸，制成天然的土壤结构改良剂，其缺点是成本高，用量大，难以在生产上广泛应用。20 世纪 60 年代后人工合成的土壤结构改良剂的研究逐渐开展起来，由工厂合成的土壤结构改良剂制造成功。常用的为水解聚丙烯腈钠盐和乙酸乙烯酯等。它们具有很强的黏结力，能使分散的土粒胶结成稳定的团聚体，形成的团聚体具有较高的水稳性和抗生物分解的生物降解性，同时能创造适当的土壤孔隙。土壤结构改良剂的施用是一项新技术，因成本较高，目前大多用在经济价值高的植物上。另外，在改良盐碱土和防止水土流失方面也有一定作用，随着科学技术的发展，土壤结构改良剂将会得到广泛的应用。

土壤结构是土壤中各种过程进行的物理框架，土壤结构的定量化对土壤水、气、热和土壤生物化学过程定量化研究具有重要意义。对土壤结构的定量化是土壤物理学家、土壤化学家和土壤生物学家共同关注的问题，土壤结构的定量化也必将促进各个土壤分支学科的发展。在研究方法上，土壤切片和 CT 技术仍将是研究原状土壤结构最主要的方法，并且随着数字图像处理和计算机技术的发展，其在土壤结构研究中的应用将日趋成熟和广泛。

案例分析

1. 土壤机械组成不仅决定着土壤物理、化学性质和生物学特性，而且深刻影响土壤结构、孔隙状况等因素，还直接反映了森林土壤肥力状况。王全波等研究哈尔滨市森林绿地土壤机械组成特征发现不同林地功能区生产绿地、公共绿地、防护绿地土壤的机械组成在 $d<0.05$ mm 的粒级水平上明显高于道路绿化绿地、附属绿地；在 $d>0.05$ mm 的粒级水平上明显低于道路绿化绿地、附属绿地。生产绿地、公共绿地、防护绿地土壤机械组成优于道路绿化绿地、附属绿地，说明由纯林、混交林不同乔木根系对土壤物理性状的改善作用要优于灌木林及无林地。

2. 土壤质地会影响林木的生长。闫付荣等研究了黏土、壤土、砂土 3 种质地土壤毛白杨的生长状况表明，5 年生毛白杨单株材积生长量黏土比砂土、壤土均有显著性增加；同等肥水条件下，黏土地单株材积、每公顷蓄积均高于壤土、砂土。缪松林对砂土、砂黏土、黏砂土和黏土上种植 27 年的杨梅树生长和结果的研究表明，砂土、砂黏土上的杨梅比黏砂土和黏土上的根系发达，特别是吸收根数量明显增加，而且树冠矮化、适宜密植、早结果早丰产；砂土、砂黏土和黏砂土分别比黏土增产 105 %、111 % 和 52 %，砂土和砂黏土的果实品质及大小均优于黏砂土和黏土；果实也以砂黏土和砂土的较大，黏土和黏砂土的较小。

3. 土壤团聚体是土壤结构的基本组成单元，影响着土壤的理化性质和生物特性，其数量在一定程度上反映了土壤供储养分的能力，其组成比例也可作为衡量土壤肥力水平的综合指标。黄天颖等研究了上海黄浦江上游水源涵养林土壤团聚体组成发现土壤团聚体含量随其粒径的减小而增加，<0.053 mm 粒径土壤团聚体在分布中占主导地位，同时大团聚体含量与土层深度呈负相关。

4. 土壤团粒结构粒径分布的分维反映了土壤团聚体含量对土壤结构与稳定性的影响趋势，即团粒结构粒径分布的分维越小，则土壤越具有良好的结构与稳定性。龚伟等研究川南天然常绿阔叶林人工更新后土壤团粒结构的分形特征发现土壤团粒结构的分形维数和结构体破坏率增大、土壤物理性质变差、养分含量和微生物数量降低，3 种人工林中，檫木林较好、水杉林次之、柳杉林最差；土壤团聚体、水稳性团聚体和水稳性大团聚体含量越高分形维数越小；在湿筛条件下，土壤结构体破坏率随分形维数的降低而减小；土壤团粒结构的分形维数与土壤物理性质、养分含量和微生物数量之间存在显著的回归关系。赵洋毅等研究滇中水源区典型林地土壤结构分形特征发现，林地土壤结构分形特征均优于坡耕地，混交林对改良土壤结构作用优于纯林；林地土壤抗蚀、抗冲性优于坡耕地，且随着坡度的增大，混交林对提升土壤抗蚀、抗冲性效果更佳。王玉杰等研究重庆缙云山典型林分土壤结构分形特征表明从微团聚体组成和孔隙组成来看，常绿阔叶灌丛土壤结构要明显优于其他林地土壤，而楠竹林最差；不同林分土壤的微团聚体组成、机械颗粒组成和孔隙组成分维与土壤性质存在较明显相关关系。

5. 土壤容重和孔隙度是土壤重要的物理性质，其在水分入渗和保持、养分供应、物质迁移等方面起到重要作用，对水土保持、植被恢复、生态重建等具有重要意义。王改玲等研究晋北黄土丘陵区不同人工植被发现，以荒地为基准，柠条、油松和沙棘植被均能降低土壤容重；与土壤容重的变化趋势相反，不同植被均不同程度地提高了土壤孔隙度和毛管孔隙度。佘济云等研究长沙市城乡交错带杉木、樟树、湿地松和枫香 4 种人工林 0~60 cm 土层发现同一林分内土壤容重基本上随土层深度增加而增大，毛管孔隙度和总孔隙度则相反；不同林分容重大小顺序为杉木林>枫香林>樟树林>湿地松林，土壤毛管孔隙度的大小顺序为湿地松林>枫香林>樟树林>杉木林；土壤容重与毛管孔隙度、总孔隙度呈极显著的负相关；毛管孔隙度与总孔隙度呈极显著的正相关。土壤容重受植被、地形和母质等因素影响较大，上层土体的容重并不一定小于下层土体容重。曹鹤等研究华南地区 8 种人工林 0~60 cm 土层容重时发现，马占相思林地、黎蒴—加勒比松林地、火力楠—木荷林地、木荷林地和湿地松林地上层的土壤容重小于中层和下层；柚木林地土壤容重较大，且 3 层土壤的容重相近；落羽杉林地上层和中层的土壤容重中等，下层的土壤容重小；尾叶桉林地上层的土壤容重大于中层和下层。

6. 土壤孔隙度与土壤母质具有密切关系，曾思齐等研究表明不同母岩母质土壤的毛管孔隙度相对差异较小，相对稳定；而非毛管孔隙度在不同母岩间差异较明显，说明非毛管孔隙度除受母岩的影响外，还受植被因素的显著影响。大小孔隙分配关系着土壤水、气运动和植物生长。土壤非毛管孔隙度是一个影响土壤物理性质的重要因子，非毛管孔隙为土壤水分的暂时贮存提供了空间，这种贮存水不仅对土壤的通透性和渗透性具有重要的影响，而且对森林阻延洪水，防治山洪的作用都极为重要。因此，在森林土壤涵养水源能力的研究上，非毛管孔隙度是一个重要的评价因子。吴长文等研究土壤非毛管孔隙占土壤体积的比例，即非毛管孔隙度在 20%~40% 时，对植被生长较有利；当非毛管孔隙度小于10%时，土壤便不能保证通气良好，若非毛管孔隙度小于6%，则许多植物不能正常生长。彭达等对广东省林地土壤非毛管孔隙度研究发现：在不同林地类型中的分布具有一定规律，其中不同的纬度、母岩、海拔、树种、坡度等，对土壤非毛管孔隙度的分布有明显规律性；而不同的坡向、坡位和土层厚度，其土壤非毛管孔隙度的分布没有明显规律性。

本章小结

土壤质地、土壤结构性和土壤孔性作为土壤重要的物理特性，主要由土壤固体颗粒的大小、组合、排列方式决定，并对土壤水、肥、气、热状况以及土壤生物产生重要影响。

本章重点介绍了土壤粒级、土壤机械组成和土壤质地的概念及分类标准，并详细论述了不同质地土壤的肥力特征与适种林木；土粒密度、土壤密度作为重要的物理指标，可用于土壤松紧性判断，以及土壤孔隙度、土壤质量等的相关计算；土壤孔性主要受土壤孔隙度大小及其分配状况的影响，并对土壤水、气平衡以及植物生长造成直接影响；土壤结构性是指土壤中单粒、复粒和结构体的数量、大小、性质及其相应的孔隙状况等的综合特性，土壤结构性的好坏，往往反映在土壤孔性方面，同时，土壤结构性也是孔性好坏的基础之一；土壤团粒结构作为最理想的结构类型，其土质疏松，孔性良好，能较好地协调土壤的水、气平衡以及供肥、保肥能力，生产中应通过增施有机肥、种植绿肥等措施促使团粒结构的形成。

复习思考题

1. 基本概念

土壤粒级　土壤机械组成　土壤质地　土粒密度　土壤密度（土壤容重）　土壤孔隙度　毛管孔隙　团粒结构

2. 不同质地的土壤其肥力特征有何差异？

3. 土壤质地的改良措施有哪些？

4. 调节土壤孔性的措施有哪些？

5. 土壤结构有哪几种？如何识别？

6. 为什么说团粒结构是土壤肥力因素的调节器？

7. 生产中常采用哪些措施培育土壤团粒结构？

8. 某土壤 $0\sim20$ cm 土层的土粒密度为 2.65 g/cm^3，土壤密度为 1.2 g/cm^3。

求：（1）该层土壤的总孔隙度。

（2）1 hm^2 土地 $0\sim20$ cm 土层土壤质量。

（3）若使 $0\sim20$ cm 土层的水分由 12 % 增加到 20 %，1 hm^2 地需灌水多少吨（理论值）？

（4）该层土壤通气孔隙度为多大？

本章推荐阅读书目

1. 土壤学. 孙向阳. 中国林业出版社，2005.
2. 土壤学. 罗汝英. 中国林业出版社，1992.
3. 土壤物理学. 邵明安，王全九，等. 高等教育出版社，2006.

第7章

土壤水分、空气和热量

土壤水分、空气和热量是土壤三大肥力因素，三者常处于互相联系、互相影响又互相制约的发展变化之中。其中，水分和空气是土壤中易变的组成部分，它们之间的不断变化，不仅影响到土壤的热量状况，也随之影响了土壤中所有的物理、化学、生物学等各个过程以及林木的生长发育。

7.1 土壤水分

土壤水分是指在一个大气压，105 ℃条件下能从土壤中分离出来的水分，主要来源于大气降水，融雪水、凝结水、地下水和人工灌溉水也有重要的补给作用。进入土壤的水分一部分通过渗漏、径流、蒸发等方式散失，一部分被植物吸收保存或蒸散。因此，土壤水总是处于动态变化中。

7.1.1 土壤水分类型

土壤是一个多孔体系，其孔隙是水分与空气的存在场所。土壤中液态水数量最多，与植物生长发育的关系最为密切。按土壤水分研究的形态学观点，水分进入土壤中会受到重力、水分子间引力、土粒表面分子引力、毛管力等各种力的作用，因受力的不同而呈现不同的物理状态和对植物的有效性差异，可以对其进行分类研究，这一观点在农业、林业、水利、气象等学科和生产中广泛应用。

7.1.1.1 吸湿水

从野外取回的新鲜土样，放在室内通风处晾晒若干时间后，土壤因失水看似干燥，但把土壤放回到105 ℃烘箱中烘烤后重新称重，土壤质量会减轻；若再将经过烘烤后的干土样放置到常温常压下的大气环境中，土壤质量又会增加。当空气湿度改变时，土壤质量增加的幅度也会随之变化，导致这一变化的原因是，土壤具有吸收空气中的水汽分子的能力。

土壤通过分子引力将空气中的汽态水分子吸收到固体土粒表面，这种特性称为土壤的吸湿性，以这种方式存在的水分称为土壤吸湿水。由于分子引力的作用距离仅几个水分子大小，因此土壤所保存的吸湿水很少。吸湿水所受的作用力非常大，最大可达 1 万个大气压，水分不具有溶解能力，也不能运动，植物不能利用此部分水，故吸湿水又称为紧束缚水，对植物来说是无效水。

一般来说，土壤中吸湿水的多少，取决于土壤颗粒表面积大小和空气相对湿度。质地黏重、有机质含量高的土壤，吸湿水含量高；空气相对湿度大，土壤吸湿水含量高。

7.1.1.2　膜状水

土粒吸足了吸湿水后，还有一定的剩余吸引力，可吸引一部分液态水，以水膜状附着在土粒表面，这种水分称为膜状水。这类水分处于吸湿水外围，所受吸力较弱，可以从水膜厚处向水膜薄处移动，故又称其为松束缚水。膜状水的移动速度非常缓慢（0.2~0.4 mm/h），不能及时供给植物生长需要，且部分膜状水所受吸力大于植物根系对水的吸力，植物只能部分利用，属部分有效水。通常，当植物发生永久萎蔫时，往往还有较多的膜状水。

土壤膜状水含量受土壤颗粒表面积大小和土壤盐浓度的影响，表面积越大、盐浓度越高的土壤，膜状水含量越高。

7.1.1.3　毛管水

当把一个很细的管子（毛细管）插入水中后，水分可以上升至高于水平面位置，并保持在毛细管中。由于毛管力的作用而保持在土壤中的液态水称为毛管水，毛管水可以由毛管力小的方向移向毛管力大的方向，移动速度快（10~30 mm/h），可被植物完全利用，是有效水分。同时，毛管水能溶解和运送养分，因而是土壤中最宝贵的水分。

毛管力的大小可用 Laplace 公式计算：

$$P = \frac{2T}{r} \tag{7-1}$$

式中　P——毛管力（Pa）；

　　　T——水的表面张力（N/m）；

　　　r——毛管半径（m）。

土壤孔隙的毛管作用因毛管直径大小而不同，当土壤孔隙直径在 0.5 mm 时，毛管水达到最大量，土壤孔隙在 0.1~0.001 mm 范围内毛管作用最为明显，孔隙小于 0.001 mm，则为膜状水所充满，不起毛管作用。

根据毛管水是否与地下水相连，可分为毛管悬着水和毛管上升水（毛管支持水）。

（1）毛管悬着水

土体中与地下水位无联系的毛管水称毛管悬着水，是大气降水或灌溉后土壤中保持在土壤中的水。在毛管系统发达的壤质土壤中，悬着水主要存在于持水孔隙中，但毛管系统不发达的砂质土壤，悬着水主要围绕着砂粒相互接触的地方，称为触点水。

（2）毛管支持水（毛管上升水）

土体中与地下水位有联系的毛管水称毛管支持水，是地下水受毛细管作用（毛管现象）上升而形成的。毛管上升水主要受地下水水位和毛管孔隙状况的影响，常随地下水位的变化而变化，毛细管半径与其运动速度密切相关。一般，毛管水的上升高度不超过 3~4 m。当毛管水上升达到植物根系附近时，可被植物吸收利用；若地下水含盐较高，而毛管上升水可到达地表时，往往会造成土壤盐渍化。

土壤质地、结构、有机质、毛管孔隙比例等对土壤毛管水含量具有影响。质地黏重、有机质含量高的土壤，毛管水含量较高。

7.1.1.4　重力水

当降水或灌溉水较大，土壤对水的吸持能力已经饱和，不能再吸持水分时，进入土壤中的水就会在重力作用下，通过大孔隙(无毛管力孔隙)向下移动流失的水，称为重力水。这部分水移动速度快，能迅速到达植物根系，对植物来说是速效水，植物可以直接利用。

但由于重力水很快就流失(一般 2d 就会从土壤中移走)，因此利用率很低。同时，重力水通过大孔隙移动，若一时不能排除，较多的重力水滞留在土壤大孔隙中，将影响土壤通气状况，因而重力水又称多余水。

7.1.1.5　地下水

在土壤下层或很深的母质层中，具有不透水层时，重力水就会在此层之上的土壤孔隙中聚积起来，形成水层，这就是地下水。地下水能通过毛管支持水的方式供应高等植物的需要。

在干旱条件下，土壤水分蒸发快，如地下水位过高，就会使水溶性盐类向上集中，使含盐量增加到有害程度，即所谓的盐渍化；在湿润地区，如地下水位过高，就会使土壤过湿，植物生长受阻，有机残体不能分解，这就是沼泽化。

7.1.2　土壤水分含量的表示方法

土壤含水量又称土壤湿度，是研究土壤水分运动变化及其在土壤过程中各种作用的基础。土壤含水量的表示方法很多，常用的有以下几种。

7.1.2.1　土壤绝对含水量

(1)质量百分数

又称土壤质量含水量。土壤中水分质量占烘干土质量的百分率(%)。

$$土壤质量含水量(\%)=\frac{土壤水质量}{烘干土质量}\times100\ (\%) \tag{7-2}$$

(2)体积百分数

又称土壤容积含水量。单位容积土壤中水分所占容积的百分率(%)。

$$土壤容积含水量(\%)=\frac{土壤水容积}{土壤总容积}\times100\ (\%) \tag{7-3}$$

可反映土壤孔隙的充水程度，可计算土壤的固、液、气相的三相比。土壤质量含水量与容积含水量之间，可以通过土壤密度进行换算：

$$土壤容积含水量(\%)=土壤质量含水量(\%)\times土壤密度(g/cm^3) \tag{7-4}$$

(3)土壤蓄水量

单位面积一定深度土壤层中所蓄存的水量。

土壤蓄水量(m^3/hm^2)=每公顷面积$(m^2)\times$土层深度$\times$土壤容重$\times$土壤质量含水量

$$\tag{7-5}$$

(4)水层厚度

单位面积上一定土层厚度内含有的水层厚度，可与降水量相比。

$$水层厚度(mm)=土层厚度(mm)×土壤容积百分数(\%) \tag{7-6}$$

(5)水体积

一定面积、一定厚度土壤中所含水的体积。通常没有标明土层厚度的情况下，土层厚度为 1 m。

$$水体积(L^3)=水层厚度(mm)×土壤面积(hm^2) \tag{7-7}$$

7.1.2.2　土壤相对含水量

土壤水分含量占饱和含水量的百分比或占田间持水量的百分比，实际生产中常用的一个概念。

$$土壤相对含水量(\%)=\frac{土壤含水量}{田间持水量}×100\% \tag{7-8}$$

7.1.2.3　土壤水分常数

土壤含水量根据受土壤各种力的作用达到某种程度的水量，对于同一土壤来说，此时的含水量基本不变，称为土壤水分常数，又叫水分特征值。它是一些与植物吸收水分有关系的数值。

(1)吸湿系数(最大吸湿水量)

吸湿系数是在相对湿度接近饱和空气时，土壤吸收水汽分子的最大量与烘干土重的百分率。

$$吸湿系数=\frac{土壤吸收水汽分子的最大量}{烘干土重}×100\% \tag{7-9}$$

(2)凋萎系数

当植物产生永久凋萎时的土壤含水量。此时土壤水主要是全部的吸湿水和部分膜状水，是植物可利用土壤水的下限，土壤含水量低于此值，植物将枯萎死亡。

$$凋萎系数=吸湿系数×(1.34～1.5) \tag{7-10}$$

在林业上，大多数树木在 $1.5×10^5$ Pa 水吸力下正常生长，一些树种的渗透压多为 $2.5×10^5～3×10^5$ Pa，有的甚至更高。此外，针叶树的针叶在土壤供水不足时没有明显的凋萎症状，当有外观症状(如针叶干黄而枯萎时)可能早已死亡，有些阔叶树如刺槐当遇到干旱胁迫时，叶子凋萎脱落后，在水分条件好时重新出芽生长。目前，各种苗木的凋萎湿度还处在初步研究阶段，各种林木在成林后的凋萎湿度由于研究困难还没有进行。

(3)田间持水量

当土壤被充分饱和后，多余的重力水已经渗漏，渗透水流已降至很低甚至停止时土壤所持的含水量。此时水分类型包括吸湿水、膜状水和全部毛管悬着水，是大多数植物可利用的土壤水上限，大多数土壤只在降水后达到田间持水量。

$$田间持水量=吸湿系数×2.5 \tag{7-11}$$

野外测定方法：在野外林地里灌水后，铺上枯枝落叶防止蒸发，2d 后，重力水下渗，这时所测得的土壤含水量就是田间持水量。

(4)全容水量

土壤完全为水所饱和时的含水量，此时土壤水包括吸湿水、膜状水、毛管水和重力水。水分基本充满了土壤孔隙，在自然条件下，土壤只是在降雨或灌溉量较大的情况下可达到全容水量，或当土壤被水淹没时才发生，除此以外，仅见于地下水层。重力水原则上可以被植物吸收，但是在土壤达到全容水量时妨碍通气，因此对一般植物扎根和生长也不利，只有在水淹条件下能生长的植物，如落羽杉、池杉以及海滩红树林等例外。若地下水流动快，含氧量高的情况下，有些树木也能正常生长。

（5）土壤有效水含量

土壤水的有效性是指土壤水被植物吸收利用的状况，也是说明土壤水分物理特性的一个常数，可用下式表示：

$$最大有效含水量(\%) = 田间含水量(\%) - 凋萎系数(\%) \tag{7-12}$$

$$有效水分含量(\%) = 自然含水量(\%) - 凋萎系数(\%) \tag{7-13}$$

土壤中的水分，并不是全部能被植物的根系吸收利用，能被植物利用的有效水的数量比较复杂，受土壤质地、结构、土壤层位及有机质含量的影响较大。一般情况下，壤土的有效水范围大，而黏土和砂土的有效水范围则较小（表 7-1）。具有团粒状结构的土壤，由于田间持水量增大，从而扩大了土壤的有效含水范围。有机质在一定程度上通过改善土壤结构和增大渗透性的作用，使土壤有效含水范围扩大。

表 7-1　土壤质地对土壤有效含水范围的影响　　　　　　　　单位：%

质地名称	田间持水量	凋萎系数	有效含水范围
松砂土	4.5	1.8	2.7
砂壤土	12.0	6.6	5.4
中壤土	20.7	7.8	12.9
重壤土	22.0	11.5	10.5
轻黏土	23.8	17.4	6.4

资料来源：孙向阳《土壤学》，2005。

7.1.3　土壤水分的能量分析

7.1.3.1　土壤水势

土壤水和自然界其他物体一样，含有不同数量和形式的能，处于一定的能量状态，可自发地从能量较高的地方向能量较低的地方移动。土壤水势是表示土壤水能量状态常用的名称。土壤水的"能"包括动能和势能，但由于土壤水在土壤中的移动速度缓慢，所以只考虑它的势能。势能是由力场中的位置决定的。土壤水分由于受各种力的影响，其势能必然会发生变化，表现为水分的自由能降低。如果要把水从土壤中抽出，必然要施以相应的力作相应的功，以克服土壤中对水作用的各种力量。土壤水势就是土壤水在各种力的作用下势能的变化，其单位为压力单位。

土水势的表示方法通常有：Pa（帕）、kPa（千帕）、cmH_2O（厘米水柱高）、bar（巴）、atm（大气压）等。1 kPa = 0.01 bar；1 bar = 0.9896 atm = 1013 cmH_2O = 10^5 Pa。

由于作用力不同，土壤水势可以分为几个分势：

（1）重力势（ψ_g）

重力势是由于土壤水一直是处在地球重力场的影响之下的，可得出重力势相当于使一定数量的水，由一个相应的水位抬高到一定高度所做的功。若以重量作为单位，则重力势就表现为位置的高度。重力势的符号一直规定为正。

（2）基质势（ψ_m）

基质势旧称为毛管势，是土壤固相物质影响的量度，它包括全部土壤水通过固相物质时对水所产生的作用力，如毛管力、表面分子吸引力等对水所产生的一切作用。土壤含水越少，其固相物质所产生的力将土壤水分吸持的越强烈，于是水分越难从土壤中抽吸出来。在一个具有地下水的土壤中，假若土壤水分在土壤中达到能量平衡而处于静止状态时，则不会产生土壤水分运动，此时，距地下水表面相应点的高度越大，基质势的负值也越大。基质势的符号与重力势相反，为负号。

（3）渗透势（ψ_s）

渗透势是由土壤中可溶性盐所引起的势，它在盐渍土中常具有较大的意义。盐土中的盐浓度，可以导致含盐土层从其临近的土层中聚集水分。这个势相当于从土壤溶液中，透过半透膜抽吸单位数量的水所做的功。渗透势仅在盐渍土中以及干旱的含盐土壤中具有意义，而在一般土壤中可以忽略不计。

（4）压力势（ψ_p）

压力势是指在土壤水饱和的情况下，由于受压力而产生的土壤水势的变化。在不饱和土壤中的土壤水压力势一般与参比标准相同，等于零，但在饱和的土壤中孔隙都充满水，并连续成水柱。在土表的土壤水与大气接触，仅受大气压力，压力势为零，而在土体内部的土壤水除承受大气压外，还要承受其上部水柱的静压力，其压力势大于参比标准为正值。在饱和土壤越深层的土壤水，所受压力越高，正值越大。此外，有时被土壤水包围的孤立气泡，它周围的水可产生一定的压力，称为气压势，这在目前的研究中还较少考虑。

土壤总水势（ψ_t）是以上各分势的代数和，又称为总水势，用数学表达为：

$$\psi_t = \psi_m + \psi_p + \psi_s + \psi_g$$

在不同的土壤含水状态下，决定土壤水势大小的分势不同：在土壤水饱和状态下，若不考虑半透膜的存在，则 ψ_t 等于 ψ_p 与 ψ_g 之和；若在不饱和情况下，则 ψ_t 等于 ψ_m 与 ψ_g 之和；在考察根系吸水时，一般可忽略 ψ_g，因而根吸水表皮细胞存在半透膜性质，ψ_t 等于 ψ_m 与 ψ_s 之和，若土壤含水量达饱和状态，则 ψ_t 等于 ψ_s。

7.1.3.2　土壤水吸力

（1）概念

土壤水承受一定吸力的情况下所处的能态。

在概念上并不是土壤对水的吸力，但在实际应用中仍用土壤对水的吸力来表示。在数值上相当于土壤基质势，但符号与基质势相反，为正值。

土壤水总是由土水势高处流向低处；换句话说，土壤水总是从土壤水吸力低处流向水吸力高处。

（2）表示单位

用压力作单位，即大气压或厘米水柱高。由于厘米水柱高数据太大，用起来不方便，一般采用了 pF 值，即用厘米水柱高的对数值来表示。

（3）测定方法

测定方法主要应用张力计法。主要原理是将充满水的带有素烧瓷杯（陶土滤杯）的金属管理入土中，素烧瓷杯有孔径在 $1.0 \sim 1.5\ \mu m$ 之间的细孔，瓷杯和管内充满水，水可通过细孔与土壤水接触，当土壤水势小于瓷杯内水势时，水分由细孔进入土壤。金属管上端连接金属表，水分由瓷杯细孔进入土壤后，管内形成负压，当内外水势相等时，真空压力计上的负压读数即代表管外土壤水吸力。

7.1.3.3　土壤水分特征曲线

（1）概念

土壤水分含量和土壤水吸力是一个连续函数，土壤水分特征曲线就是以土壤含水量为横坐标，以土壤水吸力为纵坐标绘制的相关曲线，如图 7-1 所示。

土壤的水吸力或 pF 值越大，土壤水所受的吸力也越大，对植物的有效性就越小，当土壤对水的吸力超过了植物根系对土壤水的吸力，即 pF 值>4.5 时，土壤水分就处于无效状态。土壤水分含量高，土壤水的吸力越低，土壤水本身的势能就高，土壤水的可移动性和对植物的有效性就强。

（2）土壤水分特征曲线可说明的问题

①不同质地土壤达到萎蔫系数和田间持水量时，实际的含水量相差很大，但土壤水吸力相似。一般情况下，达到萎蔫系数时，土壤水吸力为 15 atm* 或 15 bar，pF 为 4.2；达到田间持水量时，土壤水吸力为 0.3 atm 或 0.3 bar；pF 为 2.8。

②不同质地土壤含水量相同时，其吸水力相差很大。

③对于同一土壤，即使在恒温条件下，由土壤脱湿（由湿变干）过程和土壤吸湿（由干变湿）过程测得的水分特征曲线也是不同的，这就是所谓的滞后现象，如图 7-2 所示。

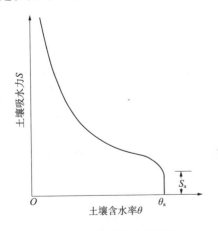

图 7-1　土壤水分特征曲线

θ_a：饱和含水量；S_a：进气吸力（进气值）

（资料来源：黄昌勇《土壤学》，2000）

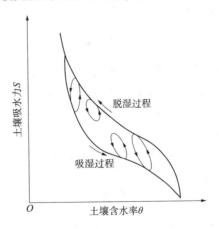

图 7-2　土壤水分特征曲线的滞后现象

（资料来源：黄昌勇《土壤学》，2000）

---

*　1 atm = 101 325 Pa。

7.1.4 土壤水分的运动

在土壤中存在 3 种类型的水分运动——饱和水流、非饱和水流和水汽移动。饱和水流、非饱和水流指土壤中的液态水流动，水汽移动指土壤中气态水的运动。

7.1.4.1 饱和土壤中的水流

饱和流的推动力主要是重力势梯度和压力势梯度，基本上服从饱和状态下多孔介质的达西定律：即单位时间内通过单位面积土壤的水量，土壤水通量与土水势梯度成正比。

达西定律可如式所示：

$$q = -K_s \frac{\Delta H}{L} \tag{7-13}$$

式中　　q——土壤水流通量；

　　　　ΔH——总水势差；

　　　　L——水流路径的直线长度；

　　　　K_s——土壤饱和导水率。

土壤饱和导水率代表了土壤水达到饱和后，土壤渗透水分的能力，其数值大小受土壤质地、结构、孔隙性、有机质含量等因素的影响。通常，砂质、结构良好、通气孔隙多、有机质含量高的土壤，饱和导水率数值较高，土壤传导水分的能力强。

7.1.4.2 非饱和土壤中的水流

土壤非饱和流的推动力主要是基质势梯度和重力势梯度。它也可用达西定律来描述，对一维垂向非饱和流，其表达式为：

$$q = -K(\psi_m) \frac{d\psi}{dx} \tag{7-14}$$

式中　　$K(\psi_m)$——非饱和导水率；

　　　　$\dfrac{d\psi}{dx}$——总水势梯度。

非饱和条件下土壤水流的数学表达式与饱和条件下的类似，两者的区别在于：饱和条件下的总水势梯度可用差分形式，而非饱和条件下则用微分形式；饱和条件下的土壤导水率 K_s 对特定土壤为一常数，而非饱和导水率是土壤含水量或基质势的函数，且数值低于饱和导水率。

通常，土壤非饱和导水率 $K(\psi_m)$ 在质地较细、小孔隙多的土壤中数值较高，土壤的导水性更好。

7.1.4.3 土壤中的水汽运动

土壤中保持的液态水可以化为气态水，气态水也可以凝结为液态水。在一定条件下，两者处于互相平衡之中。土壤气态水的运动表现为水汽扩散和水汽凝结两种现象。

（1）水汽扩散

水汽扩散运动的推动力是水汽压梯度，这是由土壤水势梯度和温度梯度所引起的。其中温度梯度的作用远远大于土壤水吸力梯度，水汽运动总是由水汽高处向水汽低处，由温度高处向温度低处扩散。

（2）水汽凝结

当水汽由暖处向冷处扩散遇冷时便可凝结成液态水，这就是水汽凝结。水汽凝结有两种现象值得注意，一是"夜潮"现象；二是"冻后聚墒"现象。

"夜潮"现象多出现于地下水埋深度较浅的"夜潮地"。白天土壤表层被晒干，夜间降温，底土土温度高于表土，所以水汽由底土向表土移动，遇冷便凝结，使白天晒干的表土又恢复潮湿。

"冻后聚墒"现象，是我国北方冬季土壤冻结后的聚水作用。由于冬季表土冻结，水汽压降低，而冻层以下土层的水汽压较高，于是下层水汽不断向冻层集聚、冻结，使冻层不断加厚，其含水量有所增加，这就是"冻后聚墒"现象。

7.1.4.4　林地土壤水分平衡

林地土壤水的来源是大气降水、凝结水、地下水和人工灌溉，其中大气降水是主要的来源，凝结水在干旱地区以及粗质土壤上也有一定意义。而地下水和人工灌溉水，实际上主要也是从大气降水和部分地从凝结水转变而来。大气降水除了植被（特别是林冠）截留和地面径流外，其余部分便进入土壤中成为土壤水。林地土壤水的消耗途径主要包括向下渗漏、侧向径流和地下径流、地面蒸发和植物蒸腾。因此，土壤的水分含量就是土壤水分收入和支出的差额。林地土壤水分平衡，即指对于一定面积和厚度的林地土体，在一段时间内，其土壤含水量的变化应等于其来水项与去水项之差，正值表示土壤贮水增加，负值表示减少。据此可列出其林地土壤水分平衡的数学表达式：

土壤水分平衡表达式：

$$DW = P + I + U - E - T - R - In - D \tag{7-15}$$

式中　DW——计算时段末与时段初林地土体储水量之差（mm）；

　　　P——计算时段内降水量（mm）；

　　　I——计算时段内灌水量（mm）；

　　　U——计算时段内上行水总量（mm）；

　　　E——计算时段内土面蒸发量（mm）；

　　　T——计算时段内植物叶面蒸腾量（mm）；

　　　R——计算时段内地面径流损失量（mm）；

　　　In——计算时段内植物冠层截留量（mm）；

　　　D——计算时段内下渗水量（mm）。

7.1.5　SPAC（土壤—植物—大气连续体）系统水分传输

SPAC（soil-plant-atmosphere continuum）即土壤—植物—大气连续体。水分经由土壤到达植物根系，被根系吸收，通过细胞传输，进入植物茎，由植物木质部分到达叶片，再由叶片气孔扩散到静空气层，最后参与大气的湍流变换，形成一个统一的、动态的、互相反馈的连续系统，即 SAPC 系统。

SPAC 是 1966 年澳大利亚水文与土壤物理学家 Philip 提出，认为尽管介质不同，介面不一，但在物理上都是一个统一的连续体，水在该系统中的各种流动过程就像连环一样，互相衔接，而且完全可以应用统一的能量指标——"水势"来定量研究整个系统中各个环节能量水平的变化，并可计算出流通量。可应用于水利、土壤物理、自然地理、植物生理、气象、生态、水文等领域。

SPAC系统水分传输的路径：土壤→根毛→根的皮层和内皮层→根的中柱鞘→根的导管和管胞→茎的导管和管胞→叶柄的导管和管胞→叶脉的导管和管胞→叶肉细胞→叶细胞间隙→气孔下腔→气孔→大气中。当大气水势很低时，产生蒸腾拉力，造成叶片水分蒸腾，叶水势下降，叶—茎间水势差和水势梯度加大，水从树木的茎流向叶，进一步引起茎—根之间的连锁反应，形成SPAC系统水流的连续流动。

7.1.6 土壤水分的管理与调节

7.1.6.1 土壤水分的定量测定方法

（1）常用方法

烘干法（标准法）是测量土壤水分的最普遍方法，它用来测定土壤质量含水量。通常从野外取来的原状土柱中称出已知质量的潮湿土壤样品，放在温度105℃的烘箱中烘干至恒重后再称重。加热而失去的水分代表潮湿样品中的土壤水分。

（2）其他方法

其他方法包括中子仪法、时域反射仪法（time domain reflectometry，TDR）、电阻法、压力膜法等。

7.1.6.2 影响土壤水分状况的因素

（1）气候

降水量和蒸发量是2个相互矛盾的重要因素，在一定条件下，难以人为控制。

（2）植被

植被蒸腾一方面消耗土壤的水分，另一方面植被又可以通过降低地表径流来增加土壤水分。

（3）地形和水文条件

地形地势的高低，影响土壤的水分分布。在造林绿化生产中，要注意平整土地，对易遭水蚀的地方，要注意修成水平梯田。

（4）土壤的物理性质

土壤质地、土壤结构、土壤松紧度、有机质含量等都对土壤水分的入渗、流动、保持、排除以及蒸发等，产生重要的影响，在一定程度上，它们决定着土壤的水分状况。与气候因素相比，土壤物理性质是比较容易改变的，而且是行之有效的。

（5）人为影响

主要是可通过灌溉、排水、耕作等措施，调节土壤的水分含量。

7.1.6.3 土壤水分的调节

（1）灌溉和排水

在有条件地区，可以根据实际情况进行林木灌溉，缓解干旱胁迫，确保林木正常生长。但有时也因为水太多，而影响林木的生长，尤其是根系的正常生长发育，就要进行明沟排水和暗沟排水。

（2）耕作

这种土壤水分调节措施主要应用在苗木培育上，可以减少土壤表面的无效蒸发，也可形成疏松表层，扩大土壤水库容量，从而增加可利用土壤水分含量。

（3）施有机肥

可在苗木培育上重点应用，以便形成良好的土壤结构和增加苗木的生长力，达到土壤蓄水和植物吸水的双赢。

（4）地面覆盖

地面覆盖有很高的保墒、增温效果，对裸露的地方用小石块、粗砂或草炭、枯枝落叶、作物秸秆覆盖，还可种植地被植物。

（5）土壤增温保墒剂

土壤增温保墒剂是一类高分子脂肪类经皂化后的产物，黑色，可防止地表蒸发，增加地表温度，稀释后可直接喷洒在土壤表面。如国外的"TAB"是一种高效的土壤保湿剂，遇水时，微粒体积可膨胀 30 多倍，能吸收超过自身重 300~1000 倍的水分，其中绝大部分可供植物吸收。

7.2　土壤空气

土壤空气是土壤的重要组成之一，对植物生长发育、土壤微生物活动、养分释放，以及土壤化学和生物化学过程都有重要影响。

7.2.1　土壤空气的组成与交换

从容积百分率来看，近地大气组成包括：氧气 20.94 %、二氧化碳 0.03 %、氮气 78.05 %、其他气体 0.98 %。而土壤空气组成包括：氧气 18.0 %~20.03 %、二氧化碳 0.15 %~0.65 %、氮气 78.8 %~80.2 %、其他气体 0.98 %。所以，土壤空气与近地表大气的组成差别主要有以下几点：

（1）土壤空气中的 CO_2 含量高于大气

其主要原因在于土壤中生物的活动，有机质的分解和根的呼吸作用能释放出大量的 CO_2。

（2）土壤空气中的 O_2 含量低于大气

主要是由于微生物和根系的呼吸作用必须消耗 O_2，土壤微生物活动越旺盛，则 O_2 被消耗的越多，O_2 含量越低，相应的 CO_2 含量越高。

（3）土壤空气中水汽含量一般高于大气

除了表层干燥土壤外，土壤空气的湿度一般均在 99 %以上，处于水汽近饱和状态，而大气中只有下雨天才能达到如此状态。

（4）土壤空气中含有较多的还原性气体

一般地说，大气中还原性气体是极少的，而土壤在通气不良时，土壤中 O_2 含量下降，微生物对有机质进行分解，会产生一定数量的还原性气体，如 CH_4、H_2、H_2S 等。

　　土壤空气的组成不是绝对不变的，它会受土壤孔隙、土壤水分、土壤生物活动、土壤深度、土壤温度、土壤酸碱度、气候变化及栽培措施等因素的影响。

7.2.2　土壤空气的运动与更新

　　土壤空气与大气进行交换以及土体内部气体运动的性能，通常称为土壤的通气性。土壤空气运动与更新的方式有两种：对流和扩散。影响土壤空气运动与更新的因素有气象因素、土壤性质及营林耕作措施等，其中，气象因素主要有气温、气压、风力和降水等。

7.2.2.1　土壤空气的对流

　　土壤空气的对流是指土壤与大气间由总压力梯度推动的气体整体流动，也称为质流，流向则是由高压区流向低压区。其影响因素包括气压、温度、降水与灌溉、地表风力、营林栽培措施等。

　　通常情况下，大气压力上升，一部分大气进入土壤孔隙；大气压力下降，土壤空气膨胀，使得一部分土壤空气进入大气；当土壤温度高于大气温度时，土壤中空气受热膨胀上升，扩散到近地表大气中，而大气下沉，则通过土壤孔隙渗入土中，形成冷热气体的对流，使土壤空气获得更新；当降水或灌溉时，土壤的孔隙被水充塞，而把土壤孔隙中空气排出，反之，当土壤水减少时，大气的新鲜空气又会透进土体的孔隙中，在水分缓缓渗入时，土壤排出的空气数量多，而在下暴雨时，会有部分土壤空气来不及排出而封闭在土壤之中，这种被封闭的空气往往影响水分的运动。

7.2.2.2　土壤空气的扩散

　　土壤空气的组成与大气比较，CO_2的浓度高于大气，而O_2的浓度低于大气，湿润的土壤空气中的水蒸汽，一般是近饱和的，而大气的水蒸气，一般是不饱和的，这样就分别产生了土壤和大气之间气体的分压差。在分压梯度的作用下，驱使CO_2气体分子不断从土壤中向大气扩散，同时使O_2分子不断从大气向土壤空气扩散。土壤的这种从大气中吸收O_2，同时排出CO_2的气体扩散作用，被称为土壤呼吸。土壤呼吸强度是土壤代谢能力的标志，也是衡量土壤肥力的指标之一。

　　一般情况下，这种扩散运动作用是土壤空气与近地空气交换更新的主要机制。O_2和CO_2在土壤中的扩散运动过程，部分发生在气相，部分发生在液相。通过充气孔隙扩散保持着大气和土壤间的气体交流作用，为气相扩散运动；而通过不同厚度水膜的扩散，则为液相扩散运动。

7.2.3　土壤通气性的生态意义

　　(1)对森林植物的直接影响

　　森林土壤通气性可以为植物的呼吸作用提供必需的氧气。在通气良好的条件下，土壤中的植物根系长、颜色浅、根毛多，根的生理活动旺盛；缺氧时，植物根系短而粗、色暗、根毛大量减少，生理代谢受阻。当土壤空气中，氧的浓度低于9%~10%时，根系发育就受到影响，低于5%时，大部分的植物根系就会停止发育。

　　(2)对土壤微生物生命活动和养分转化的影响

　　当森林土壤通气性良好时，好气微生物活动旺盛，有机质分解迅速、彻底，植物可吸收利用较多的速效养分。通气不良时，有机质分解和养分释放慢，还会产生有毒的还原物质(如硫化氢、磷化氢等)，对植物的生长造成不利的影响。

7.2.4　土壤空气的调节

通常，动物践踏、机械压实以及有机质缺乏、结构不良等引起的土壤紧实、通气性差的现象在森林土壤中异常突出。可以通过人工松土、营林耕作、施用抗紧实的物料、采用通气透水的填料等方式调节森林土壤的通气性。

7.3　土壤热量

7.3.1　土壤热量的来源

土壤热量主要来源于太阳辐射能、生物热和地球内热。其中，太阳辐射能是土壤热量的最基本来源。当太阳辐射通过大气层时，其热量一部分被大气吸收散射，一部分被云层和地面反射，土壤吸收其中的一少部分；微生物分解有机质释放的生物热，一部分被微生物自身利用，而大部分可用来调节土温。由于地壳的传热能力较差，地面全年从地球内部获得热量不高于 226 J/cm^2，除在地热异常丰富的地区(如温泉、火山口附近)外，一般地热对土壤温度的影响较小。

7.3.2　土壤热量平衡

热量平衡对土壤热量状况的影响是很显著的。当土壤表面所获得的太阳辐射能转换为热能时，这些热能大部分消耗于土壤水分蒸发与大气之间的热交换上，小部分被生物活动所消耗，极少部分通过热交换传送到土壤下层。单位面积上每单位时间内垂直通过的热量叫热通量，以 R 表示之，单位为 $J/(cm^2 \cdot min)$，它是热交换量的总指标。

土壤热量收支平衡可用下式表示：

$$S = Q \pm P \pm L_E + R \tag{7-16}$$

式中　S——土壤在单位时间内实际获得或失掉的热量；

　　　Q——辐射平衡(radiation balance)；

　　　L_E——水分蒸发、蒸腾或水汽凝结而造成的热量损失或增加的量；

　　　P——土壤与大气层之间的湍流交换量；

　　　R——土面与土壤下层之间的热交换量。

地面辐射平衡如图 7-3 所示。太阳辐射透过大气层时，大部分被大气中的水汽、云雾、CO_2、O_2、O_3 和尘埃等吸收、散射和反射，只有少部分直接到达土壤表面。直接到达地表的太阳能称为太阳直接辐射(I)。被大气散射和云层反射的太阳辐射能，通过多次的散射和反射又将其中的一部分辐射到地球上，这部分辐射能是太阳的间接辐射能，一般称为天空辐射能或大气辐射(H)。太阳辐射到达地面后，一部分被地面反射，地面性质不同，其对辐射能的反射率也不一样。以 a 表示反射率，则：

$$a = \frac{\text{从地表反射出的辐射能}}{\text{投入地表的总辐射能}} \tag{7-17}$$

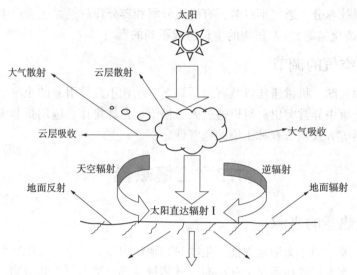

图 7-3　地面辐射平衡示意

（资料来源：孙向阳《土壤学》，2005）

$I+H$ 之和为投入地面的太阳总短波辐射，又称为环球辐射。被地面反射出的短波辐射则应等于 $(I+H)\times a$ 。

土壤表面接受太阳的短波辐射后，使土壤温度升高，土壤向大气进行长波辐射，其强度用 E 表示。与此同时，当大气因吸收热量而变热时，它便向地面产生长波逆辐射，其强度用 G 表示。这两种长波辐射的差值，即地面向四周的有效长波辐射，其强度用 r 表示：$r=E-G$。地面辐射能的总收入，减去总支出，所得的差数为吸收的地面辐射平衡差额，用 $\sum R$ 表示：

$$\sum R = [\text{收入的短波辐射}-\text{支出的短波辐射}]+[\text{收入的长波辐射}-\text{支出的长波辐射}] \tag{7-18}$$
$$= [(I+H)-(I+H)\times a]+(G-E)$$
$$= (I+H)(1-a)-r$$

式中，$\sum R$ 可以是某一段时间（瞬时、日、月、年）的总值。当 $\sum R$ 为正（或负）值时，表明地面辐射收入大于支出（或支出大于收入），决定地面增温（或降温），所以 $\sum R$ 值的大小表示增热与冷却程度的强弱。一般是白天 $\sum R$ 为正值，地面增温；夜间 $\sum R$ 为负值，地面冷却。

7.3.3　土壤的热学性质

辐射平衡所得热量和热量平衡所获得或损失的热量，能否以热通量形式传至下层土壤以升高土温，以及用来增加土温的热量能使土温增加多少，主要受土壤热性质的影响。

7.3.3.1　土壤热容量

单位质量（重量）或容积的土壤每升高（或降低）1 ℃所需要（或放出的）的热量，被称为土壤热容量。一般以 C 代表质量（重量）热容量，单位是 J/（g·℃），C_V 代表容积热容量，单位是 J/（cm³·℃）。C 与 C_V 的关系是 $C=C_V·\rho$，ρ 是土壤密度。不同土壤，其组成分各不相同，其 C 和 C_V 也有很大差异，见表 7-2。

表 7-2　土壤不同组分的热容量

土壤组成物质	重量热容量 $[J/(g \cdot ℃)]$	容积热容量 $[J/(cm^3 \cdot ℃)]$	土壤组成物质	重量热容量 $[J/(g \cdot ℃)]$	容积热容量 $[J/(cm^3 \cdot ℃)]$
粗石英砂	0.745	2.163	腐殖质	1.996	2.515
高岭石	0.975	2.410	土壤空气	1.004	$1.255×10^{-3}$
石灰	0.895	2.435	土壤水分	4.184	4.184

资料来源：黄昌勇《土壤学》(第一版)，2000。

不同土壤的固、液、气三相物质组成比例是不同的，所以 C_V 可以表示为：

$$C_V = mC_V \cdot V_m + oC_V \cdot V_o + wC_V \cdot V_w + aC_V \cdot V_a \tag{7-19}$$

式中　mC_V，oC_V，wC_V，aC_V——土壤矿物质、有机质、水和空气的容积热容量；

V_m，V_o，V_w，V_a——土壤矿物质、有机质、水和空气在单位体积土壤中所占的体积比。

因空气的热容量很小，可忽略不计，故土壤热容量可简化为：

$$C_V[J/(cm^3 \cdot ℃)] = 1.9V_m + 2.5V_o + 4.2V_w \tag{7-20}$$

在土壤的固、液、气三相物质组成中，水的热容量最大，气体热容量最小，矿物质和有机质热容量介于两者之间。在固相组成物质中，腐殖质热容量大于矿物质，而矿物质热容量彼此差异较小。所以，土壤热容量的大小主要取决于土壤水分多少和腐殖质含量。当土壤富含腐殖质而又含较多的水分时，热容量增大，但是土壤腐殖质是相对较稳定的组分，短期内难以发生重大变化，因而它对土壤热容量的影响也是相对稳定的。但是土壤水分却是经常变动的组分，而且在短时间内可能出现较大的变化，如降水后会使土壤含水量增大，因而在影响土壤热容量的组分中，土壤水起了决定性作用。

7.3.3.2　土壤导热率

土壤具有将所吸收热量传导到邻近土层的性能，称为导热性。其大小用导热率(λ)表示，即在单位厚度(1 cm)土层，温差为 1 ℃时，每秒钟经单位断面(1 cm²)通过的热量焦耳数，其单位是 $J/(cm^2 \cdot s \cdot ℃)$。土壤导热率的大小，取决于土壤固、液、气三相组成及其比例。其中，固体部分导热率最大，空气导热率最小，水的导热率介于两者之间。土壤不同组成的导热率见表 7-3。

表 7-3　土壤不同组成分的导热率　　　单位：$J/(cm^2 \cdot s \cdot ℃)$

土壤组成	导热率	土壤组成	导热率
石英	$4.427×10^{-2}$	腐殖质	$1.255×10^{-2}$
湿砂粒	$1.674×10^{-2}$	土壤水	$5.021×10^{-3}$
干砂粒	$1.674×10^{-3}$	土壤空气	$2.092×10^{-4}$
泥炭	$6.276×10^{-4}$		

资料来源：黄昌勇《土壤学》，2000。

土壤导热率的大小主要取决于土壤孔隙的多少和含水量的多少。导热率在低湿度时与土壤容重成正比关系。当土壤干燥缺水时，土粒间的土壤孔隙被空气占领，导热率就小；当土壤湿润时，土粒间的孔隙被水分占领，导热率增大。因而，湿土比干土导热快。

7.3.3.3　土壤温度

土壤温度是土壤热量状况的具体指标之一，土壤温度的变化取决于土壤的导热性和热容量。在一定的热量供给下，能使土壤温度升高的快慢和难易则取决于其热扩散率。

（1）土壤温度的时间变化

由于太阳辐射的强度是周期性变化的，包括昼夜周期和年周期（季节周期），所以，土温的变化也出现这两种周期性，但出现的时间较滞后。

由于土壤热量主要来自太阳辐射，在温带地区太阳辐射使气温从早晨开始上升，到 14：00 左右达到最高温，表土温度也随之上升，但由于土温的滞后现象，通常要在14：00后或更迟的时间才达到最高温度。就土壤的不同深度而言，由于土壤的导热性较小，因此，日间表土的温度高于下层，夜间则相反；夏季表土温度高于下层，冬季则相反。另外，在自然条件，白天干燥的表土层温度比湿润表土的温度高，湿润的表土层因导热性强，白天吸收的热量易于传导到下层，使表层温度不易升高，夜晚下层温度又向上层传递以补充上层热量的散失，使表层温度下降也不致过低，因而，湿润土壤昼夜温差较小。

土温的年变化是指土温随一年四季发生的周期变化。一般来说，土温的四季变化与气温的变化类似，通常全年表土最低温度出现在 1~2 月，最高温度出现在 7~9 月。随着土层深度的增加，土温的年变幅范围逐渐缩小，最高最低温度出现的时间也逐渐推迟。当达到相当深度以后，土温便终年不变。

土壤表层温度随气温的变化而起伏波动。一般来说，一年的月平均温度，除表土层温度在短时间内的变化可能很大外，心土的温度变化是相对平缓的，土温的全年变化是在晚秋—冬天—早春，表土层温度低于心土层；而在晚春—夏天—早秋，则表土层温度高于心土层。土温季节变化的变幅随深度的增加而减小在高纬度消失于 25 m 深处，在中纬度消失于 15~20 m 深处，在低纬度则消失于 5~10 m 深处。

（2）土壤温度的空间变化

土壤温度的空间变化主要受纬度、海拔及地形等因子的影响。

一般情况下，纬度增高，地面所接受的辐射能减少，所以高纬度地区的土壤温度一般低于低纬度地区；海拔增高，大气层的密度逐渐稀薄，土壤从太阳辐射吸收的热量增多，所以高山上的土温比气温高，但由于高山气温低，当地面裸露时，地面辐射增强，所以在山区随着海拔高度的增加，土温还是比平地的土温低；地形对土壤温度的影响主要表现在坡向与坡度方面，大体表现为北半球的南坡（即阳坡），太阳光的入射角大，接受的太阳辐射和热量较多，蒸发也较强，土壤较干燥，土温比平地要高，北坡（即阴坡）的情况与南坡则相反，坡度越陡，南、北坡向的温差就越大。

7.3.4　影响土壤热量平衡的因素

影响土壤热量平衡的主要因素有太阳的辐射强度、地面的反射率和地面有效辐射。

（1）太阳的辐射强度

太阳的总辐射强度主要取决于太阳光在地面的投射角，即日照角。在一定纬度和高度下，由于地表的坡度和坡向不同，来自太阳的入射角也不同，因而使不同坡度上的辐射强度不同。在低纬度的热带地区，由于太阳光垂直照射地表，坡度和坡向对辐射的影响不大。在北半球，太阳的入射角南坡的比平地、北坡大，因而太阳辐射强度一般也是比平地、北坡高。不同坡向的这种热量分布差异对物种的分布及其生长发育具有巨大的生态意义和农林生产意义。

（2）地面的反射率

地面对太阳辐射的反射率与太阳的入射角、日照高度、地面的状况有关。太阳的入射角越大，反射率越低。土体的颜色、粗糙程度、湿润状况、地被物等都影响反射率。

（3）地面有效辐射

影响地面有效辐射的因子有：云雾、水汽、风、海拔、地表特征和地面覆盖等。云雾、水汽和风能强烈吸收和反射地面发出的长波辐射，使大气逆辐射增大，因而使地面有效辐射减少；空气密度、水汽、尘埃随海拔高度增加而减少，大气逆辐射相应减少，有效辐射增大；起伏、粗糙的地表比平滑表面辐射面大，有效辐射也大；导热性差的物体如森林枯枝落叶等覆盖地面时，可减少地表土壤的有效辐射。

7.4　土壤水、气、热的相互关系及其调节

7.4.1　土壤水、气、热的相互关系

土壤水、气、热是组成土壤肥力的重要因素，三者是互为矛盾，又互相制约的统一体。

（1）土壤水和空气

土壤含水量达到全容水量时，其大小孔隙往往充满水，造成土壤的通气状况不良，产生植物的涝害。当土壤含水量达到田间持水量时，其大多数大孔隙充满了空气。当土壤含水量进一步降低，有许多毛管孔隙也为空气充满，这时容易造成土壤水的供应不良，形成植物的旱害。

（2）土壤水和土壤温度

湿土温度上升慢，下降也慢，不同土层深度的温度梯度也比较小；干土温度上升快，下降也快，而且不同土层深度的温度梯度也比较大。

（3）土壤热量对土壤水、气的影响

当土温较高时，土壤的蒸发量也较大，土壤易于失水干燥，易于通气。土壤不同层次中的温度梯度还可引起土壤水分的运动，即从热处向冷处的运动；特别是土壤冻结时可导致上层滞水，促使土壤过湿和通气不良。

7.4.2　土壤水、气、热的调节

土壤水、气、热是组成土壤肥力的重要因素，三者是互为矛盾，又相互制约的统一体。在生产实践中，结合植物的生物特性和生态特性等实际，注意利用土壤的水、气、热之间的相互关系，可制定合理的调节措施。

（1）通过耕作和施肥，改善土壤的物理性质

耕翻和施用有机肥料、种植绿肥植物等措施可以增加土壤有机质含量和改善土壤结构

性质，使土壤变得疏松，提高了土壤的田间持水量，同时改善透水性、通气性，并且增加深层土壤的贮水量。疏松土壤还有利于减轻冻拔危害。在冬季严寒、土壤冻结的地方，翻耕可以增加土壤冻结深度，借助冻融交替作用使土壤疏松。早春施用有机肥料特别是马粪等，也起一定保温作用。此外，耕过的地表对太阳辐射的反射率低于不耕的平坦地面，春季地面吸热性能较好，有利于提高土壤温度。

在苗木或幼树的生长期间，在行间进行中耕可以清除杂草，防止它们与苗木或幼树根系争夺水分、空气和养料；中耕可以破除有些表面的结壳或板结层，疏松表层土壤，有利于土壤通气和渗水，对于质地黏重而又结构不良的土壤，中耕可以切断毛管水上行的通道，减少水分蒸发。特别是对地下水位较高，毛管支持水可以到达地表的土壤，中耕还可以减轻含盐地下水在地面蒸发所导致的盐分积聚作用。对于砂土或疏松的壤土，在含水量较低时，对表土进行压实，可减少土壤水的汽态扩散和蒸发，同时压实表土还能使深层水分上行以供种子发芽或幼苗生长之需。

（2）灌溉和排水措施

在有条件的地方可进行灌溉和排水。灌溉就是用人工的方法及时地补充土壤的有效水，以充分满足苗木各生长发育阶段对水分的需要，使土壤含水量保持在田间持水量至凋萎系数之间，在这种水分状况下，土壤微生物生命活动旺盛，植物根系能顺利吸收土壤中的水分。当夏季土壤温度很高时，灌水可以使根系活动层的土温下降至适宜温度，有利于苗木根系生长。在严寒来临前灌水可以使地面空气湿度增加，减少地面热量辐射散失，水汽凝结又可放出潜热；同时，由于水的热容量大，土温不易急剧下降，可以保持土温，减轻冻害。但是，春季灌水不利于土温回升；例如，杉木、悬铃木扦插育苗时，若早期灌水过多，土温偏低以致产生不能发根的现象。此外，黏重土壤不宜灌水过多、过快，以免上层土壤滞水，通气不良。灌溉方式一般有地面灌溉、地下灌溉、喷灌和滴灌等。

土壤水分过多时应设法排水，排水的方式有明沟排水、暗沟排水、生物排水。我国苗圃地多采用明沟排水，即在苗圃地开挖排水沟，以排除地面积水和降低地下水位，排水沟深度应超过要求的地下水位。排水可以改善土壤的通气状况，降低土壤热容量，使土温容易提高，促进苗木生长。

（3）混交、间种措施

混交林与纯林相比，光、温、湿均有差异。混交林小气候变化比较平缓，变幅不大，纯林则变化较大。就土壤温度的变化而言，两者一般呈现近地面层变幅大、较深层变幅小的规律。但混交林的变幅更小，随土层深度的增加两者差异有所下降，逐渐变得不明显。但在一些特殊的情况下，如伏旱期，混交林比纯林土层温度低，且具有较高的蓄水效能。

林下间种植物，也是改善土壤物理性质的良好措施之一。与纯林相比，林下间种植物后，林下土壤密度下降，空隙状况得到改善，浅层比深层改善明显；土壤毛管持水量增加，自然含水量增加，增幅随土层深度增大而减少；地表的最高、最低温度以及土层温度都有不同程度的降低，最高与最低温差减小，且夏季比冬季明显，表层比深层明显。

（4）其他条件措施

利用人工覆盖物遮蔽地表，能够显著地减少地面蒸发，保护已有土壤水分，改善土壤水分供给条件。在设施林业中，常使用塑料薄膜直接覆盖于土床面上，而在播种处留下小孔供种子出苗用，这样既能防止水分蒸发，又能提高土壤温度，非常有利于出苗。苗圃在高温季节需遮阴，以减少蒸发和降低土温，便于苗木生长。经济林果园在冬季清园时，以刈青灌草等地被物作绿肥覆盖地面，以防止土壤热量散失和水分蒸发，起到保温和保水作用。在林木苗圃的苗床中，也可在表面覆盖一层炉渣、草木灰或土杂肥等深色物质以提高土温。使用土面增温剂等化学覆盖物，可以起到抑制水分蒸发和防止热量散失的作用，如合成酸渣制剂、天然酸渣制剂、棉籽油脚制剂、沥青制剂等。土壤保水剂在农林业中也逐步开始使用，使用方式有拌土、拌种、包衣和蘸根等。在林业苗圃作业中，利用南向斜坡筑床或作畦，使苗床或畦呈东西走向，或者在苗床两侧筑起南低北高的矮墙，以利于接受太阳辐射热和减轻北风的影响，达到提高和保持土壤温度的效果。在造林绿化实践中，在山区斜坡上造林实行等高线带状整地，改变地形，有利于截留径流水，并使之渗入土壤中成为地下水，是减少地表径流和增加土壤蓄水能力的重要措施。在干旱多风的地区，营造防护林带或林网可以改变小气候、提高空气湿度、增加土壤水分，是一项防风固沙、保持水土、蓄水保墒的有效措施。

案例分析

森林土壤水分运动包括水分的入渗、再分布、深层渗漏形成壤中流等。任何一场降雨，至少有一部分甚至全部水分将沿着土壤孔隙入渗到土壤内部形成土壤水。土壤水分是森林植被赖以生存的主要条件，同时也是造林工程建设中应该考虑的重要因素之一。森林对环境的影响首先是通过水分循环来实现的，作为能量流动和养分传输的主要载体，森林土壤水分是生态系统研究的基本组成部分（王力，2005）。土壤是森林生态系统水分的主要蓄库，系统中的水文过程大多是通过土壤作为媒介发生的，林地土壤水分对植物—大气、大气—土壤和土壤—植物3个界面物质和能量的交换过程有着重要的控制作用，直接影响到土壤水分入渗、林地蒸散和流域产流。同时，土壤水分动态可揭示森林生态系统的水分过程与格局以及系统水分运动的物理本质。

由于森林土壤水分存在的介质具有横向、纵向的连通性，其运动受重力、土壤基质吸力和地上植被的影响，其来源——降雨通常是随机的，土壤水分的运动研究一直进展很慢（杨弘，2005）。森林土壤水分动态是一个复杂的问题，它受诸多因素的影响，因此，很难得出一致的结论。森林土壤中水分的运动方式主要有入渗、毛管水上升、潜水补给与蒸发以及壤中流等，而水分的入渗、再分配，以及浅层地下水的补给与蒸发过程都包含饱和土壤水与非饱和土壤水的运动。目前，森林非饱和土壤水与饱和土壤水分运动的研究主要是根据能量的概念，利用力学和热力学的原理，确定饱和与非饱和条件下土壤水分运动参数。迄今，有关森林土壤非饱和水与饱和水之间相互转化研究的文献极其有限，而绝大多数也只是考虑了非饱和水向饱和水转化、饱和水向非饱和水转化，从入渗、潜水蒸发与补给、壤中流等几个水分运动过程中的非饱和土壤水与饱和土壤水的转化等，以此作为案例，为我们认识和理解森林土壤水分的运动转化提供了很好的参考。

本章小结

土壤水、空气、热量作为土壤重要的肥力因子，直接影响着植物的生长。土壤水分按形态进行分类有吸湿水、膜状水、毛管水、重力水、地下水等类型，各水分类型特点不同，对植物的有效性分析十分关键。土壤含水量根据研究目的不同而有不同的表示方法。土壤水势、土壤水吸力是从土壤水的能量状态来研究土壤水的问题引入的概念，土壤水总是从土水势高的地方流向土水势低的地方。土水势的大小及其变化能较好地表征土壤水分的运动趋势和方向，土壤水吸力在数值上等于土壤基质势，但符号相反。土壤液态水的运动存在饱和水运动与非饱和水运动两种形式，土壤水势梯度是土壤水分运动的推动力，可以用达西定律来表述。土壤气态水与液态水处于动态平衡中。

本章还同时介绍了土壤空气与近地面大气的区别以及土壤呼吸的概念，并对土壤热量来源、平衡及土壤热性质，土壤温度的时空变化特征等进行了论述，系统阐述了土壤水、气、热作为土壤肥力的重要因素及三者的相互关系，土壤水、气、热的调节措施。

复习思考题

1. 基本概念

土壤水　吸湿水　毛管水　吸湿系数　凋萎系数　田间持水量　土壤有效含水量　土水势　土壤水吸力　土壤水分特征曲线　土壤通气性

2. 土壤水分有哪几种表示方法？各种表示方法的含义是什么？

3. 土壤水分特征曲线可说明哪些问题？

4. 什么是蒸发？蒸发过程的特点是什么？林业生产上如何控制蒸发？

5. 从能量的观点说明土壤水分运动的意义。

6. 土壤空气与大气在组成上有什么不同？

7. 土壤空气的交换方式及其影响因素有哪些？

8. 土壤的热特性有哪些？各自如何影响土壤温度状况？

9. 土壤水、气、热对植物生长有何影响？如何进行调控？

本章推荐阅读书目

1. 土壤学. 孙向阳. 中国林业出版社，2004.

2. 土壤学. 林大仪，谢英荷. 中国林业出版社，2005.

3. 土壤学. 耿增超，戴伟. 科学出版社，2011.

第三篇
土壤的化学性质及养分

第8章
森林土壤的化学性质

土壤的胶体特性、酸碱性、缓冲性以及氧化还原性是土壤重要的化学性质，它不仅影响着土壤保肥、供肥等肥力特征，还直接影响着林木生长与森林的生态环境效应。

8.1 森林土壤胶体及性质

8.1.1 土壤胶体的概念与种类

土壤胶体通常是指直径小于 $2\mu m$（或 $1\mu m$）的土粒，按照其成分和来源一般可分为无机胶体、有机胶体和有机—无机复合胶体。无机胶体主要是各种类型的黏土矿物，有机胶体主要是腐殖质，然而这两种胶体常紧密结合在一起形成有机—无机复合胶体。

8.1.1.1 土壤无机胶体

土壤无机胶体又称矿质胶体，主要是岩石风化和成土过程中产生的极细的土壤矿物颗粒，主要包括成分较为复杂的层状硅酸盐黏土矿物和成分较简单的铁、铝、硅等的氧化物及其水合物。在数量上，土壤无机胶体的数量比有机胶体多几倍到几十倍。通常，以土壤黏粒含量的多少来反应土壤无机胶体的数量。因此，不同质地的土壤，无机胶体的含量差异很大，且土壤中无机胶体的数量和组成对土壤的理化性质的影响较大。

（1）层状硅酸盐黏土矿物

黏土矿物是矿质土壤胶体的主要组成部分，其类型和数量对土壤理化性质起着决定性影响。根据来源，可将黏土矿物分为硅酸盐类黏土矿物，主要包括伊利石、高岭石和蛭石等；氧化物类黏土矿物，主要包括铁和铝的氧化物。这些次生黏土矿物是由原有矿物分化或结晶而形成的，它们的来源与土壤中能够转变的矿物种类有关，同时与能够再化合的物质的种类和数量有关。

①黏土矿物的基本结构 黏土矿物的组成中同时含有硅和铝，主要由硅氧四面体和铝氧八面体两个基本单元构成。

硅氧四面体是由 4 个氧原子和 1 个硅原子构成，具有 4 个面。其中硅原子在四面体中心，氧原子在四面体的顶点，硅原子与各氧原子之间的距离相等，且与 2 个或 2 个以上的硅氧四面体通过共用底部的氧原子相连接形成一个片状四面体层，形成硅氧片(图 8-1)。四面体片顶部的氧原子(O^{2-})，其中一个价位被硅原子(Si^{4+})中和，而另一个价位则未中和，这样硅氧四面体片的化学式可以写为$(Si_4O_{10})^{4-}$。

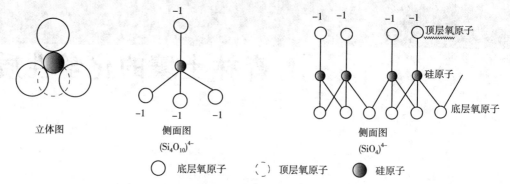

图 8-1 硅氧四面体构造图及硅氧片连接方式

(资料来源：朱祖祥《土壤学》，1983)

在层状硅酸盐的晶体结构中，硅氧四面体之间可以通过共用 0、1、2、3、4 个顶点(O^{2-})的不同方式和在一维、二维、三维方向相连的不同形式，互相连接。每一个四面体如有多余的负电价，再与其他阳离子相连。根据硅氧四面体之间共用氧的个数和方式可以分为岛状、组群状、链状、层状和架状的结构。其中，需要注意的是硅氧四面体之间无共用的顶点(O^{2-})，$[SiO_4]^{4-}$中每个 O^{2-} 除了和 Si^{4+} 相连外，剩下的负一价将与其他重金属离子相连，形成一个孤立的硅氧四面体结构，这种结构的硅酸盐晶体堆积较为紧密，因此称为重硅酸盐(图 8-2)。通常将这种结构称为硅酸盐岛状结构，其代表为橄榄石类硅酸盐：如镁橄榄石($Mg_2[SiO_4]$)、铁橄榄石($Fe_2[SiO_4]$)、钙镁橄榄石($CaMg[SiO_4]$)等。此外，每 2 个硅氧四面体只能共用 1 个 O^{2-}，即硅氧四面体之间只能以共顶方式连接，通常这种结构的稳定性较差(图 8-3)。

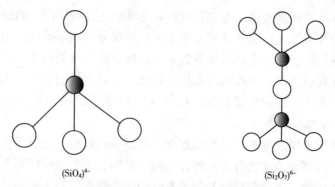

$(SiO_4)^{4-}$ $(Si_2O_7)^{6-}$

图 8-2 硅氧四面体岛状结构   图 8-3 硅氧四面体组群状对顶链接方式

(资料来源：朱祖祥《土壤学》，1983)

铝氧八面体基本的结构是由 6 个氧原子或者氢氧根围绕 1 个铝原子构成，具有 8 个面。其中铝原子在八面体的中心，周围等距离地配位着 6 个氧原子(氢氧根)排列成上下两层，且相互错开作紧密堆积(图 8-4)。一系列的铝氧八面体在形成六边形网络时总有一些通过共用氧原子相互连接成八面体片，称为铝氧片(图 8-4)。

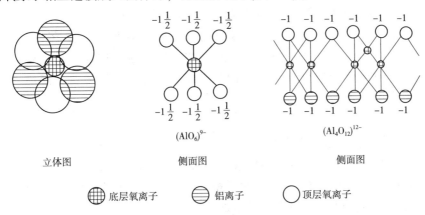

$(AlO_6)^{9-}$　　　　　　　　　$(Al_4O_{12})^{12-}$

立体图　　　　　　　侧面图　　　　　　　侧面图

⊞ 底层氧离子　　　⊟ 铝离子　　　○ 顶层氧离子

图 8-4　铝氧八面体构造图及铝氧片连接方式

(资料来源：朱祖祥《土壤学》，1983)

从稳定性上来看，硅氧四面体片$(Si_4O_{10})^{4-}$和铝氧八面体片$(Al_4O_{12})^{12-}$都带有负电荷，不稳定，必须通过重叠化合才能形成稳定的化合物。硅片和铝片以不同的比例组合，其间通过共用氧原子的联结，形成层状硅酸盐的单位晶层。自然界中，组成铝硅酸盐矿物晶层的中心离子被电性相同、大小相近的离子所取代，而晶格构造保持不变，这种现象被称为同晶替代。

②黏土矿物的种类和性质　土壤中层状硅酸盐黏土矿物的种类很多，根据其内部结构中硅氧片和铝氧片的数目和排列方式不同，可以分为 3 大类：

a. 高岭石组(1∶1 型矿物)：由 1 个硅氧片和 1 个铝氧片构成。硅片顶端的活性氧与铝片底层的活性氧通过共用的方式形成单位晶层，再由若干个这样的晶层叠合而形成的层状晶体构成 1∶1 型层状硅酸盐黏土矿物。土壤中，这类矿物主要包括高岭石、埃洛石、珍珠陶土、迪恺石等，其中高岭石最为典型。

高岭石组(1∶1 型)黏土矿物的共同特点：晶层由 1 个硅氧片和 1 个铝氧片重叠组成；晶层通过氢键紧密相连，层间距固定而不易膨胀，水和其他阳离子都不能进入；晶片中没有或者极少出现同晶替代，因此，阳离子交换量较小，一般在 3~15 cmol(+)/kg；比表面积小，黏结性、黏着性和可塑性比较低。

b. 蒙脱石组(膨胀型 2∶1 型矿物)：由 2 个硅氧片中间夹 1 个铝氧片构成。2 个硅片顶端的氧都向着铝片，铝片上下两层分别与硅片通过共用顶端氧的方式形成单位晶层，同样由若干个这样的晶层叠合而成的层状晶体构成 2∶1 型层状硅酸盐黏土矿物。土壤中，具有这种晶格构造的黏土矿物主要有蒙脱石、蛭石和水云母等。

蒙脱石组黏土矿物的共同特点：晶层通过"氧桥"联结，结合力弱，水分和其他阳离子容易进入，使晶层间距增大，易膨胀。不仅有很大的外表面积，更有巨大的内表面积。阳离子交换量大，保肥力强，黏结性、黏着性和可塑性也较强。

c. 水云母组（非膨胀型 2 : 1 型矿物）：晶层与蒙脱石组相近，由 2 个硅氧片中间夹 1 个铝氧片构成。不同的是水云母晶层中，硅氧片中的硅约有 15% 为铝所取代，产生正电荷不足，由层间的钾离子补偿。钾键联结晶层的引力远比"氧桥"大，因而晶层联系紧密，不易扩展，属非膨胀型矿物。这类矿物的胀缩性、黏结性、可塑性以及阳离子吸附能力等特性远不及蒙脱石，但比高岭石强。伊利石为这一组的主要代表。

另外，土壤中还存在着 2 : 1 : 1 型层状硅酸盐黏土矿物，它是在 2 : 1 型矿物晶层构造的基础上，再加上与之重叠的铝氧八面体片所构成。这类矿物主要以绿泥石为代表，在我国土壤中含量较少，主要存在于温带、暖温带的漠境、半漠境地带的某些黄土母质上发育的土壤中。

（2）含水氧化物

含水氧化物主要包括水化程度不等的铁、铝、硅的氧化物，以及水铝石英类矿物。

①含水氧化硅　含水氧化硅是一种非晶质的凝胶，多为游离态的无定形氧化硅的水合物，其化学式为 $SiO_2 \cdot nH_2O$（或者写成偏硅酸 H_2SiO_3）。其凝胶在未老化前带有较多的负电荷，随着 pH 值升高，其所带的负电荷增加。

②含水氧化铁、铝　含水氧化铁、氧化铝胶体多为结晶态矿物，属两性胶体，其带电性取决于环境条件酸碱性的变化，在酸性条件下可带正电（pH<5），而在碱性条件下可带负电。土壤中最常见的含水铁氧化物主要由针铁矿（α-FeOOH）、赤铁矿（α-Fe_2O_3）和磁铁矿（Fe_3O_4）等。各种铁氧化物在不同土壤中的种类和含水量不同，因此形成土壤的颜色不同。土壤中的含水氧化铝既有晶质的，如氧化铝、氢氧化铝和软水铝石等；也有非晶质的，如羟基铝及其化合物等。土壤中常见的铝氧化物主要是三水铝石[$Al(OH)_3$]，主要分布在热带、亚热带高度风化的酸性土壤中，对这些地区土壤胶体性质影响很大。

8.1.1.2　土壤有机胶体

土壤中的有机胶体主要是各种腐殖质（胡敏酸、富里酸、胡敏素等），还有少量的木质素、蛋白质和纤维素等相对分子质量大、结构复杂的高分子化合物。腐殖质所含的官能团多，解离后所带电量大，一般带负电荷，保肥能力较强。因此，森林土壤腐殖质层的负电量，主要是由腐殖质提供的。在森林土壤中，通过植物残体增加土壤腐殖质，提高土壤肥力的过程，被称为森林植物对土壤生物的自肥作用。此外，土壤中还有大量的微生物，它们本身也具有胶体性质，被称为生物胶体。森林土壤中大量的微生物对增加土壤的表面积和吸附性，促进土壤团粒结构的形成具有很大的作用。

8.1.1.3　有机无机复合胶体

土壤中的有机胶体和无机胶体一般很少单独存在，土壤中有机胶体和无机胶体常通过表面分子缩合、阳离子桥接及氢键的作用结合在一起形成复合体，称为有机无机复合胶体。其中，主要通过土壤无机阳离子（Ca^{2+}、Mg^{2+}、Fe^{3+}、Al^{3+}）或功能团（如羧基、醇基等）将带负电荷的黏土矿物和腐殖质连接起来。在很多情况下，有机胶体主要以薄膜状紧密覆盖于黏土矿物表面，还可进入黏土矿物的晶层之间。通过这样的结合，使得有机无机复合体具有高度的吸收性能，形成良好的团粒结构，改善土壤保肥供肥性能及水、气、热状况等多种理化性质。

8.1.2　土壤胶体的结构

土壤胶体在分散溶液中构成胶体分散体系，主要包括胶体微粒(分散相)和微粒间溶液(分散介质)2 个部分(图 8-5)。土壤胶体微粒主要由以下几部分构成。

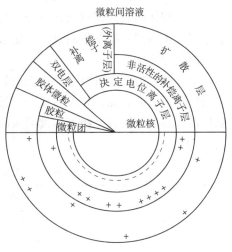

图 8-5　土壤胶体的结构示意

8.1.2.1　微粒核(胶核)

胶核是土壤胶体微粒的核心物质，主要由黏粒、腐殖质、蛋白质分子以及有机—无机复合胶体的分子群组成，如黏土矿物、腐殖质等。在森林土壤的表层中，由于含有丰富的有机质，因此，以有机—无机复合胶体的形式为主。而随着土壤深度的增加，土壤有机质含量降低，则主要以土壤无机矿物为主。

8.1.2.2　扩散双电层

扩散双电层是胶体表面电荷吸引反号电荷离子，在固相界面正负电荷分别排成两层，在电解质溶液中部分反号离子呈反扩散状态分布。扩散双电层可以分为以下两层：

(1)决定电位离子层

决定电位离子层是吸附在胶核表面，决定胶粒电荷正负及大小的离子层，又称双电层内层或内离子层。所带电荷的组成主要受土壤胶体的组合和土壤介质的 pH 值的影响，如土壤碱性胶体一般带正电荷，土壤酸性胶体则带负电荷。决定电位离子层决定着吸附电性相反离子的种类和数量，它是土壤胶体吸附离子态养分的决定因素。

(2)补偿离子层

由于决定电位离子层的存在，必然吸附土壤溶液中相反电荷的离子，从而形成补偿离子层，又称双电层外层。该层离子或受决定电位离子层的吸引而靠近胶粒；也或因本身热运动而远离双电层，因此，又分为非活性层和扩散层。非活性离子层，由于靠近决定电位离子层，受静电吸引力强而极少解离，不能自由活动，基本上不发生交换作用，所吸附的养分较难被植物吸收利用。扩散层，分布在非活性层以外，离胶核较远，受静电吸引力弱，活性大，呈扩散分布状态，可与土壤溶液中的其他离子进行交换，故具有交换吸附能力，即通常所说的土壤离子交换作用。

由于胶粒与扩散层离子具有吸引力，因而扩散层离子与溶液中的自由离子不同，始终只能随土壤胶粒移动，这也是土壤中交换性阳离子可以不随水移动，土壤可以保存它们的原因所在。

(3)微粒间溶液

微粒间溶液指胶体体系中的分散介质，即微粒间的土壤溶液。

8.1.3　土壤胶体的性质

土壤胶体的性质很多，最能体现胶体性质并对土壤性质产生巨大影响的主要有以下 4 个方面：

8.1.3.1　土壤胶体的表面性质

土壤胶体的表面性质通常是指土壤胶体的表面积和表面能的大小。土壤胶体的表面积通常用比表面积，即单位质量或土壤胶体的表面积来表示（m^2/g），是评价土壤表面化学性质的指标之一。

土壤胶体的表面可以分为内表面和外表面。内表面是指膨胀性黏土矿物的层间表面和腐殖质分子内的表面，其表面反应为缓慢的渗入过程；外表面是指黏土矿物的外表面以及腐殖质、游离铁铝氧化物等包被的表面，表面反应迅速。不同土壤胶体的比表面积差异较大（表8-1）。

表 8-1　土壤中常见黏土矿物的比表面积　　　　　　　　　　单位：m^2/g

土壤胶体	内表面积	外表面积	总表面积
蒙脱石	700~750	15~150	700~850
蛭石	400~750	1~50	400~850
水云母	0~5	90~150	90~150
高岭石	0	5~40	5~40
埃洛石	0	10~45	10~45
水化埃洛石	400	25~30	430
水铝英石	130~400	130~400	260~800

资料来源：黄昌勇《土壤学》，2000。

表面能是指界面上的物质分子所具有的多余的不饱和能量。由于土壤胶体具有较大的比表面，因而产生了巨大的表面能。土壤胶体的表面积的大小随着胶体颗粒的不断破裂变小而逐渐增加。土壤胶体颗粒越细小，比表面积越大，表面能越大，对养分离子的吸附能力越强。

8.1.3.2　土壤胶体的带电性

土壤胶体的内表面和外表面都带有大量的正电荷或负电荷，这是土壤胶体化学性质的重要原因。带电性是胶体的最重要性质，由于土壤胶体的种类和性质不同，产生电荷的机制也不同。根据土壤胶体表面电荷的来源和性质分为永久电荷和可变电荷。

（1）永久电荷

永久电荷是由矿物晶格内部离子的同晶置换作用引起的。所谓的同晶置换是指黏土矿物形成过程中，硅氧四面体中的 Si^{4+} 被其他大小与其相近且电性相同的离子（如 Al^{3+}）所置换，或者铝氧八面体中的 Al^{3+} 被 Mg^{2+}、Fe^{2+} 等置换，从而导致正电荷亏缺，使得黏土矿物晶层内产生多余的负电荷，使得土壤胶体带电的现象。同晶置换过程中所产生的电荷是由晶体结构本身的变化所引起的，同晶置换一旦发生，它所具有的电荷就不受外界环境（如 pH、电解质浓度等）的影响，因此称为永久电荷。同晶置换是 2：1 型层状硅酸盐黏土矿物负电荷的主要来源。

（2）可变电荷

可变电荷是胶体表面从介质中吸附离子或向介质中释放离子所产生的电荷，它的数量和电荷的性质随介质 pH 值、电解质浓度等因素的变化而变化，所以称为可变电荷。产生可变电荷的主要原因如下：

①表面分子解离　表面分子解离是大多数胶体产生可变电荷的主要原因。当土壤溶液 pH 发生变化时，如含水氧化铁、铝表面分子中—OH 的解离、腐殖质胶体上的羧基、酚羟基等基团发生解离而产生的电荷。一般来说，它们的表面分子的解离主要受 pH 变化的影响。当土壤 pH 较高时，基团解离 H^+ 的能力较高，产生的负电荷较多；土壤 pH 较低时，解离 H^+ 的能力受到抑制，因此，产生的负电荷较少。通常，把土壤不产生可变电荷时的土壤 pH 称为可变电荷零点(等电点)。当土壤 pH 低于胶体的等电点时，土壤胶体上的电荷符号发生改变。以腐殖质胶体为例，不同 pH 条件下，腐殖质上的不同的基团发生解离或者吸附离子，使得腐殖质胶体的带电性不同。

$$R—COOH \longrightarrow R—COO^- + H^+$$

土壤腐殖质是两性胶体，一般情况下，羧基上的 H^+ 发生解离而使其带负电荷。但是在土壤酸性较强或是溶液 pH 值低于等电点时，腐殖质分子上的氨基($—NH_2$)则可吸收 H^+ 而带正电荷。

土壤中除了腐殖质为两性胶体外，含水氧化铁、铝也属于两性胶体，即在酸性条件下(pH<5)解离出 OH^-，使土壤胶粒带正电荷；在碱性条件下解离出 H^+，使土壤胶粒带负电荷。

②断键　硅酸盐黏土矿物在风化过程中，晶格上发生断键，硅氧片和水铝片的断裂(如 $Si—O^-$、$Al—O^-$)形成可变电荷。一般认为，1:1 型的层状硅酸盐类黏土矿物高岭石类的可变电荷主要是断键引起的。

我国北方土壤中，2:1 型层状硅酸盐黏土矿物含量比较多，永久电荷量大，且因其 pH 值较高，可变电荷以负电荷为主，腐殖质的负电荷量也较大，因而土壤胶体主要带负电荷。而在南方土壤中，黏土矿物主要包括 1:1 型的高岭石和含水铁、铝氧化物，且向南逐渐增多以至占优势，在 pH 值较低的条件下，可变电荷以正电荷为主，可变负电荷量较少，且腐殖质胶体的负电量也降低，因此这些土壤胶体的净负电荷量较低。

8.1.3.3　土壤胶体的分散性与凝聚性

土壤胶粒分散在土壤溶液中，由于土壤胶粒之间带有相同的电荷而产生同性相斥的现象，且使之能均匀地分散在土壤溶液中呈溶胶状态，形成土壤胶体的分散性。而当溶胶状态的土壤溶液中加入电解质后，电解质中解离出带正电荷的阳离子，从而降低土壤胶粒的电动电位，甚至趋近于零时，土壤胶粒的扩散层被压缩进而消失，使胶粒凝聚成较大的颗粒而下沉，此时由溶液转变为凝胶，这就是胶体的凝聚性。胶体的分散和凝聚速度及强度主要与加入的电解质种类和浓度有关。

(1)电解质的种类

电解质对胶体的凝聚作用有很大的影响，不同的电解质对胶体的凝聚能力的影响不同，主要与阳离子的价数有关，价数越高，凝聚能力越强。一般是三价离子 > 二价离子 > 一价离子。

土壤中常见的阳离子的凝聚能力的大小顺序如下：

$$Fe^{3+} > Al^{3+} > Ca^{2+} > Mg^{2+} > H^+ > K^+ \geqslant NH_4^+ > Na^+$$

（2）电解质浓度

除了溶液中电解质的种类外，电解质浓度对胶体的分散和凝聚也有很大的影响。电解质浓度越大，土壤胶体越容易成为凝胶状态；反之，浓度越小，则凝胶过程越慢。

除电解质外，当土壤干燥和冻结时，土壤溶液中所含的电解质的浓度相对增加，同样会引起胶体的凝聚。或者当土壤中带有相反电荷的胶体相互接触时，也会有凝聚现象的发生。

8.1.3.4 土壤胶体对离子的吸附和交换性

土壤胶粒都是带电的，不论电荷的数量和种类，当带电胶体分散在电解质溶液中时，电中性原理使得等量的反号电荷离子在带电胶体表面临近的液相中积累。此时，被土壤胶体吸附的溶液中带相反电荷的离子不是静止的，而是运动的。

一方面受胶体表面上电荷的吸引，趋向于排列在紧靠胶粒表面（土壤胶体主要带负电荷，则在它表面吸附着许多阳离子），形成反离子层；另一方面，由于热运动，这些离子又会向远离胶体表面的方向扩散，形成扩散层（图8-5）。

扩散层由于受土壤胶体电荷的吸引力较低，离子活度较高，一般都可以被溶液中另一种带相同电荷的离子从土壤胶体表面交换下来，这种作用被称为离子交换。例如，施用含 Ca^{2+} 的肥料时，Ca^{2+} 就会与土壤胶体扩散层原来所吸附的阳离子（H^+、K^+、NH_4^+ 等）发生交换，这种离子交换作用对土壤保肥供肥有重要意义。

8.2 森林土壤胶体的吸收性能

土壤是森林的主要生态因子，是林木生长发育的基地。土壤胶体是土壤中最活跃的物质，黏土和腐殖质都是土壤胶体重要的组成部分，其具有较大的比表面和表面能、带电性、分散性和凝聚性，以及对离子吸附和交换的特性等。因此，土壤胶体特有的吸附性能和凝聚作用使得在风化过程中释放到土壤溶液中的营养元素趋向于吸附在腐殖质和黏粒的表面上，从而使土壤保蓄和供应林木所需的养分离子，形成良好的土壤结构，提高土壤保肥能力。

8.2.1 土壤吸附性能的概念和类型

8.2.1.1 土壤吸附的概念

土壤吸附是发生在土壤固相和液相之间的界面化学行为，即土壤中固、液相界面上离子（或分子）浓度高于该离子（或分子）在土壤溶液中的浓度时出现的界面化学行为。它对于土壤形成、土壤水分状态、土壤养分的保持、土壤酸碱性、缓冲性以及其他物理性等，均起着极为重要的作用。

8.2.1.2 土壤吸附性能的类型

根据吸附机理可以把土壤吸附类型分为机械吸附、物理吸附（或分子吸附）、化学吸附、物理化学吸附（或离子吸附）和生物吸附 5 种。

（1）机械吸附

机械吸附指土壤对进入其中的固体物质的机械阻留作用。

（2）物理吸附

物理吸附借助土壤表面张力而吸附在土壤颗粒表面的物质分子。

（3）化学吸附

化学吸附是指进入土壤溶液中的某些成分经过化学作用，生成难溶性化合物或沉淀，而保存于土壤中的现象。主要是土壤溶液中的阴离子发生此种吸附。

（4）物理化学吸附

发生在土壤溶液和土壤胶体界面上的物理化学反应称为物理化学吸附。土壤胶体通过极大的表面积和电性，把土壤溶液中的离子吸附在胶体表面上保存下来，避免这些水溶性的养分的流失，当土壤溶液中某种养分离子的浓度低于胶体表面养分浓度时，被吸附的养分离子还可以被解吸下来被利用，也可以通过根系截留代换被利用。

（5）生物吸附

借助于生活在土壤中的生物的生命活动，把有效性养分吸收、积累、保存在生物体中的作用，又称为生物固定。

在土壤胶体双电层的扩散层中，补偿离子可以和溶液中相同电荷的离子以离子价为依据作等价交换，称为离子交换（或代换）。离子交换作用包括阳离子交换吸附作用和阴离子交换吸附作用。

8.2.2 土壤胶体对阳离子的吸附作用

8.2.2.1 阳离子交换作用的概念和过程

自然条件下，土壤胶体通常都带负电荷，胶体表面主要通过静电作用力吸附着多种带正电荷的阳离子。对胶体表面而言，这些吸附阳离子不是静止的，而是运动的，特别是处于胶体表面双电层扩散层中的阳离子，一般都可以被溶液中另一种阳离子交换而从胶体表面解吸进入土壤溶液中。对于这种能相互交换的阳离子称为交换性阳离子，而把胶体表面吸附的阳离子与土壤溶液中的阳离子互相交换的作用称为阳离子交换作用。例如，向苗圃中施用硫酸铵后，土壤溶液 NH_4^+ 可以把土壤胶体表面原来吸附的部分阳离子（H^+、K^+、Na^+、Ca^{2+}、Mg^{2+}、Al^{3+}）交换到土壤溶液中，其交换反应可以用下式来表示：

$$\boxed{\begin{array}{l}\text{土壤}\\\text{胶体}\end{array}}\begin{array}{l}^{2H^+Ca^{2+}}\\ ^{Mg^{2+}}\\ _{Al^{3+}}\end{array}+10NH_4^+ \underset{K^+}{\rightleftharpoons} \boxed{\begin{array}{l}\text{土壤}\\\text{胶体}\end{array}}10NH_4^+ + Ca^{2+}、Mg^{2+}、Al^{3+}、K^+、2H^+$$

上式反应中，NH_4^+ 从土壤溶液中转移到胶体上的过程，称为离子吸附过程，也就是保肥过程；相应的，原来吸附在土壤胶体上的其他阳离子转移到溶液中，称为离子解吸过程，也就是供肥过程，而整个过程就是阳离子交换作用的过程。

8.2.2.2 土壤阳离子交换作用的特点

（1）可逆反应，动态平衡

阳离子交换过程中吸附和解吸是同时发生的，反应速度很快，当溶液中的离子被土壤胶粒吸附到它的表面上，可以快速和土壤溶液达到平衡。如果溶液中的组成或浓度因施肥、植物吸收养分和土壤含水量等其他因素发生变化，土壤胶体上的交换性离子将与溶液中的阳离子产生逆向交换，已被胶体表面吸附的某些阳离子重新解吸到溶液中，而溶液中部分的阳离子又被吸附到土壤胶体表面，直至达到新的平衡状态。例如，胶粒上的 NH_4^+ 被 Ca^{2+} 所取代而进入溶液中，尔后若溶液中的 Ca^{2+} 的浓度增加，则又会被吸附在土壤胶体表面。这一原理，在林木营养和施肥过程中有重要的实践意义，如植物根系从土壤中吸收了某种阳离子态的养料，溶液中该离子又可通过与其他阳离子交换作用从土壤胶体上释放到溶液中，从而保持平衡。此外，还可以通过施肥及土壤管理措施恢复和提高土壤肥力。

（2）等价离子交换的原则

即等量电荷对等量电荷的反应。例如，土壤胶体吸附 1 个 2 价的阳离子，则可交换出 1 个 2 价的阳离子或 2 个 1 价的阳离子，即：溶液中 1 mol 的 Ca^{2+} 离子可以交换土壤胶体上 1 mol 的 Mg^{2+} 离子或 2 mol 的 K^+。同样，1 mol 的 Fe^{3+} 离子则需要 3 mol 的 H^+ 或 Na^+ 来交换。

（3）反应符合质量作用定律

根据质量作用定律，在一定温度下，参加反应的某种离子在土壤溶液中的浓度大；或者在阳离子交换作用的过程中，该离子反应后形成离解性弱的物质或沉淀，则在离子交换过程中，该种离子被吸附的可能性大。例如，在土壤中施用铵态氮肥时，土壤溶液中存在大量的 NH_4^+，则 NH_4^+ 被土壤胶体吸附保存，不至随水流失；施用石灰时，由于交换过程中形成了 $Al(OH)_3$ 沉淀，则有利于 Ca^{2+} 的吸附和 Al^{3+} 的解吸等。这对施肥实践及土壤养分的保持有重要意义。

$$\boxed{\begin{array}{c}土壤\\胶体\end{array}}{}^{Al^{3+}}+3NH_4^+ \underset{施氮肥}{\rightleftharpoons} \boxed{\begin{array}{c}土壤\\胶体\end{array}}{}^{3NH_4^+}+Al^{3+}$$

$$\boxed{\begin{array}{c}土壤\\胶体\end{array}}{}^{Al^{3+}}_{Al^{3+}}+3Ca(OH)_2 \underset{施石灰}{\rightleftharpoons} \boxed{\begin{array}{c}土壤\\胶体\end{array}}{}^{3Ca^{2+}}+Al(OH)_3 \downarrow$$

8.2.2.3 阳离子交换能力

土壤胶体吸附的阳离子，可与土壤溶液中的阳离子以离子价为依据进行等价交换，各种阳离子交换能力的强弱，主要依赖于以下因素：

（1）电荷数

离子浓度相同时，离子电荷数越高，受胶体静电吸附力越大，则阳离子交换能力越强。因此，阳离子交换能力一般是：$M^{3+} > M^{2+} > M^+$。

（2）离子半径及水化程度

同价阳离子中，离子半径越大，单位表面积的电荷量越小，对水分子的吸引力越小，离子外围的水膜薄，因此水化离子半径就越小，就越容易接近土壤胶体，因而具有较强的交换能力；反之，离子半径越小，交换能力越弱，但是氢离子是个例外。因为，H^+ 的半径较小，水化程度极弱，且运动速度快，容易被土壤胶体吸附，故其交换能力很强（表 8-2）。

表 8-2　离子价、离子半径、水合半径与离子交换能力的顺序

离子类型	化合价	离子半径	离子水合半径	交换力顺序
Li	+1	0.078	1.008	8
Na	+1	0.098	0.79	7
K	+1	0.133	0.537	6
NH_4	+1	0.143	0.532	5

（续）

离子类型	化合价	离子半径	离子水合半径	交换力顺序
Ca	+2	0.018	1.330	3
Mg	+2	0.106	1.000	2
H	+1	—	—	1

资料来源：罗汝英《土壤学》，1990；黄昌勇《土壤学》，2000；林大仪《土壤学》，2005。

土壤中一些常见阳离子的交换能力顺序如下：

$Fe^{3+} > Al^{3+} > H^+ > Ca^{2+} > Mg^{2+} > NH_4^+ > K^+ > Na^+ > Li^+$。

（3）离子浓度

前面已经提到，离子的浓度和数量也是影响阳离子交换能力的重要因素，其交换反应受质量作用定律的支配。因此，对交换能力相对较弱的离子而言，若在离子浓度足够高的条件下，它们也可以与那些交换能力较强的离子交换。在森林土壤中，不仅可通过向土壤中增加有益阳离子的浓度，来调控阳离子交换的方向，以达到培肥土壤的目的，还要考虑离子代换导致离子淋溶或保存，从而影响森林土壤的理化性质等。

土壤的可交换性阳离子分为两类：一类是致酸离子，包括 H^+ 和 Al^{3+}；另一类是盐基离子，如 Ca^{2+}、Mg^{2+}、K^+、Na^+、NH_4^+ 等。

8.2.2.4　土壤阳离子交换量及影响因素

土壤阳离子交换量（CEC）是指一定 pH 值时，每 1kg 土壤所能吸附和交换的阳离子的厘摩尔数，以 cmol(+)/kg 表示。土壤阳离子交换量是土壤的一个很重要的化学性质，其直接反应土壤保蓄、供应和缓冲阳离子养分（K^+、NH_4^+ 等）的能力，同时还影响多种其他土壤理化性质。一般认为阳离子交换量>20 cmol(+)/kg 为保肥力较强的土壤；20~10 cmol(+)/kg 为保肥力中等的土壤；<10 cmol(+)/kg 为保肥力较弱的土壤。何蓉等（2003）有关莱阳河自然保护区的研究结果表明，季节雨林土壤水热条件好，有机质等养分含量丰富，阳离子交换量较高，为 10~36 cmol(+)/kg，说明该区森林土壤的保肥能力较强。

不同的土壤，其阳离子交换量是不同的。因为土壤阳离子交换量的大小，主要取决于土壤中胶体的种类、数量和负电荷数，具体的影响因素主要有以下 4 个方面：

（1）土壤质地

由前文可知，不同粒级的土壤矿物颗粒的比表面积和表面所带的负电荷不同，而土壤中带电的颗粒主要是土壤矿物胶体即黏粒。因此，质地较细的土壤中黏粒含量直接影响着土壤阳离子交换量的大小，土壤黏粒的含量越高，即土壤质地越黏重，土壤胶体的比表面积越大，土壤负电荷量越多，土壤的阳离子交换量越大；但对质地较粗的土壤而言，小部分的粉粒和砂粒也对土壤阳离子交换量具有贡献（表 8-3）。

表 8-3　不同质地土壤的阳离子交换量　　　　单位：cmol(+)/kg

土壤质地	砂土	砂壤土	壤土	黏土
阳离子交换量	1~5	7~8	7~18	25~30

（2）腐殖质含量

有机质是土壤固相的重要组分，森林土壤中含有较多的有机物质，其中的腐殖质组分具有较大的相对分子质量、大量可水解产生的负电荷官能团和巨大的比表面积，因此能够增加土壤胶体的交换位点和负电荷密度，是森林土壤中阳离子交换量的主要贡献因子。含腐殖质越丰富的土壤，其阳离子交换量也越大。腐殖质的阳离子交换量远比无机胶体大，一般为 100~400 cmol（+）/kg。例如，贾志清对太行山封育区森林土壤肥力的研究结果表明，土层厚度和腐殖质层的厚度对土壤的营养状况影响很大，有机质及营养元素偏低的森林土壤地表的腐殖质层很薄，而有机质及全氮含量较高、腐殖质丰富的森林土壤的土层和腐殖质层均较深厚。

（3）无机胶体的种类

不同的土壤，因黏土矿物种类不同，其阳离子交换量不同。一般情况下，2∶1 型黏土矿物组成的土壤胶体的阳离子交换量大于 1∶1 型黏土矿物类型。例如，我国北方土壤所含黏土矿物以 2∶1 型的水云母及部分蒙脱石为主，所以阳离子交换量比较大，一般在 20~50 cmol（+）/kg；南方红壤，所含黏土矿物以 1∶1 型的高岭石及含水氧化物氧化铁铝为主，阳离子交换量一般较小，通常低于 20 cmol（+）/kg。

（4）土壤 pH 值

在土壤中，无论是层状硅酸盐断裂面上的羟基基团，含水氧化物解离所带的负电，还是腐殖质官能团所带的负电，都受土壤 pH 值的制约，因此，土壤 pH 值是影响可变电荷的重要因素。一般来说，随着土壤 pH 值的提高，土壤可变负电荷数量增加，土壤阳离子交换量增大；反之，随着土壤 pH 值的降低，土壤可变负电荷数量减少，土壤阳离子交换量降低。对于腐殖质而言，羧基、酚羟基等官能团的脱质子解离随着 pH 值的升高而增加，因此腐殖质所带的负电荷量也在增加。

8.2.2.5　土壤盐基饱和度

土壤胶体上吸附的交换性阳离子的类型可以分为两大类：一类是致酸离子，包括 H^+、Al^{3+} 离子；另一类是盐基离子，如 K^+、Na^+、Ca^{2+}、Mg^{2+}、NH_4^+ 离子。阳离子交换量通常是指土壤胶体上吸附的这两类离子的总量。这两类离子因性质不同，其比例关系对土壤性质的影响很大。因此，必须明确土壤胶体上两类阳离子的比例关系，才能进一步的理解土壤的性质和养分状况，而这种比例关系通常用盐基饱和度来表示，即土壤胶体上吸附的交换性盐基离子总量占交换性阳离子的百分数。如下式所示：

例如，在 pH 为 7 的条件下，测得某种土壤的 CEC 为 60 coml（+）/kg，交换性盐基离子 K^+、Na^+、Ca^{2+}、Mg^{2+} 的含量分别为 10、5、10、5 coml（+）/kg，那么：

$$土壤的盐基饱和度（\%）=\frac{10+5+10+5}{60}×100\%=50\%$$

当土壤胶体上吸附的阳离子全部是盐基离子时，土壤呈盐基饱和状态，称为盐基饱和土壤。当土壤胶体吸附的阳离子仅部分为盐基离子，而其他的为致酸性离子时，该土壤呈盐基不饱和状态，称为盐基不饱和土壤。

土壤盐基饱和度的高低不仅与土壤酸碱性关系密切，还可作为判断土壤肥力水平的重要指标。一般而言，盐基饱和的土壤为中性或碱性土壤，而盐基不饱和土壤则呈酸性反应。我国干旱、半干旱的北方地区，土壤的盐基饱和度大，土壤的 pH 值也较高；而在多雨湿润的南方地区，土壤盐基饱和度小，土壤 pH 值低。

此外，由盐基饱和度的计算公式可看出，阳离子交换量大的土壤，如果盐基饱和度很低，只能说明其保持养分的潜力很大，但不能说明它的养分含量很多，而且还表明它可供给的营养水平很低，酸度大，需要改良。所以，盐基饱和度常被作为土壤肥力水平的重要指标，一般认为盐基饱和度≥80%的土壤是很肥沃的土壤。盐基饱和度在 50%～80% 的土壤为中等肥力水平，而盐基饱和度≤50%的土壤的肥力水平较低。

Wilde 认为，在森林土壤中树木天然生长对土壤肥力的需求因树种的需肥性而有所差异，需肥较多的树种不仅需要大量的交换性盐基离子(K^+、Ca^{2+}、Mg^{2+}等)，而且要求较高的盐基饱和度和 pH；需肥较少的树种，则可以在中等或者较低肥力的土壤上生长良好。也有研究结果表明，大多数园艺作物和农作物在盐基饱和度≥80%和 pH>6 的土壤上生长得最好。

8.2.3　土壤胶体对阴离子的吸附作用

土壤胶体既带正电荷又带负电荷，因此，带正电荷的土壤胶体如含水铁、铝氧化物和高岭石等可对阴离子产生吸附作用。土壤对阴离子的吸附既有与阳离子相似的地方，又有不同之处。如土壤胶体对阴离子也有静电吸附和专性吸附作用，但我们知道土壤胶体大部分是带负电荷的，因此，在大多数情况下，阴离子常出现负吸附。虽然，从吸附规模上讲，土壤对阴离子的吸附量明显低于对阳离子的吸附，但这种交换作用确实存在。阴离子在胶体表面发生的吸附反应不仅影响土壤的理化性质，而且对阴离子态养分的供给和有毒阴离子的活性均起着调节和控制作用。因此，土壤的阴离子吸附一直是土壤化学研究中相当活跃的领域。下面将主要介绍土壤胶体对阴离子吸附的基本概念和原理。

8.2.3.1　阴离子的静电吸附

土壤对阴离子的静电吸附，是当土壤胶体表面带正电荷时所引起的。产生静电吸附的阴离子主要是 Cl^-、NO_3^-、ClO_4^- 等，这些离子被吸附在胶体双电层的扩散层，吸附力较弱，易于解吸，从而与其他阴离子进行交换，但这种交换现象比阳离子交换作用要弱得多。

阴离子交换作用与阳离子交换作用相似，其吸附作用是由土壤胶体表面与离子间的静电引力所控制的。因此，凡是能够影响这种作用力的因素都可影响到土壤胶体对阴离子的静电吸附。这些因素主要包括离子的电荷及其水合半径、离子的数量、土壤 pH 值等。对于同一土壤而言，当环境条件相同时，阴离子的价数越高，吸附力越强；同价离子中，水合半径较小的离子，吸附作用力较强。一般，随着阴离子浓度的增大，吸附量也呈增加的趋势。

pH 值是影响可变电荷的主要因素，因此，土壤 pH 值对阴离子的静电吸附有重要影响。随着 pH 值的降低，胶体表面的正电荷增加，负电荷减少，阴离子的吸附量增大。例如，某种砖红壤在 pH 值为 5 时，可吸附 0.6 coml(+)/ kg 的 Cl^-；而 pH 值为 6 时，吸附量降到 0.1coml(+)/ kg。

8.2.3.2　阴离子的负吸附

大多数土壤胶体带负电荷，因此对阴离子具有排斥作用，其排斥力的大小，主要受阴离子距土壤胶体表面的远近的影响。距离土壤胶体表面越近，排斥作用力越强，从而导致土壤溶液中的阴离子的浓度高于近胶体表面阴离子的浓度的现象，称为阴离子的负吸附。

对于阴离子而言，负吸附随着阴离子价数的增加而增强，伴随阳离子价数的增加而减少。例如，在钠质膨润土中，不同钠盐对应的阴离子的吸附顺序为：$Cl^- = NO_3^- < SO_4^{2-} < Fe(CN)_6^{3-}$。伴随阳离子不同，对阴离子的负吸附也有影响。如对不同阳离子饱和的黏土和含有相应阳离子的氯化物溶液的平衡体系而言，影响 Cl^- 的负吸附次序为：$Na^+ > K^+ > Ca^{2+} > Ba^{2+}$。此外，土壤对阳离子的负吸附受土壤胶体的类型、胶体数量和胶体带电荷数的影响。带负电荷越多的土壤胶体，对阴离子的排斥作用越强，因此负吸附作用越明显。然而，由于阴离子与土壤固相之间容易发生化学反应，因此常导致此现象被掩盖。

8.2.3.3　阴离子的专性吸附

阴离子的专性吸附是指阴离子作为配位体，进入黏土矿物或氧化物表面金属原子的配位壳，与其中的羟基或水合基交换而被重新配位，并直接通过共价键或配位键结合在固体的表面。阴离子的专性吸附发生在胶体双电层的内层，也被称为配位体交换吸附。能够进行这种交换方式的阴离子主要包括 F^- 离子，磷酸根、硅酸根、钼酸根、有机酸根等含氧酸根离子，其中吸附力最强的是磷酸根和硅酸根。以 F^- 为例，其配位交换反应为：

$$M\genfrac{}{}{0pt}{}{OH_2}{OH_2} \Big] O + F^- \longrightarrow M\genfrac{}{}{0pt}{}{OH_2}{F} \Big] O + OH^-$$

与阴离子的静电吸附不同，专性吸附的阴离子既可以在带正电荷的胶体表面吸附，又可在带负电荷或不带电荷的表面吸附。阴离子专性吸附的结果导致表面正电荷减少、负电荷增加，体系的 pH 值上升。由于专性吸附的阴离子是通过氧桥与胶体表面的离子配位，这种配位比较稳定，因此在离子强度和 pH 值固定的条件下，不能被静电吸附的离子置换，只能被专性吸附能力更强的离子置换或部分置换。

阴离子的专性吸附主要发生在铁、铝氧化物表面，而这些氧化物多分布于可变电荷土壤中，因此，可变电荷土壤中阴离子的专性吸附现象比较普遍。例如，亚热带和热带的红壤和砖红壤中，其含铁、铝氧化物较多，所以这种阴离子的专性吸附作用很显著。专性吸附作用一方面对土壤胶体表面电荷、酸度等造成深刻的影响，另一方面决定着多种养分离子和污染元素在土壤中的形态、迁移和转化，进而制约着它们对植物的有效性和环境效应。

8.3　森林土壤的酸碱性

自然条件下，土壤酸碱性是土壤形成和熟化过程的良好标志，它主要受土壤盐基状况所支配，而土壤的盐基状况主要取决于淋溶过程和复盐过程的相对强度。所以，土壤酸碱性实际上是受母质、生物、气候以及人为作用等多种因素的影响。森林土壤是最受关注的土壤类别之一，也是受人为活动干扰较为严重的土壤类型。大气污染产生的酸性沉降、森林生态系统中一些生理过程、人为或自然的火烧等均可导致森林土壤的酸碱性发生变化。因此，研究森林土壤的酸碱反应，必须将土壤胶体对离子的交换吸收作用和森林土壤的特性相联系，才能全面地说明土壤的酸碱反应及其发生和变化的规律。

8.3.1　土壤的酸性反应

8.3.1.1　土壤酸化过程

土壤酸化主要是指土壤中的 H^+ 和 Al^{3+} 数量增加，从而导致土壤中阳离子库耗竭的过程，是土壤形成和发育过程中普遍存在的自然现象。

（1）土壤中 H^+ 离子的来源

在多雨的自然条件下，降水量大大超过蒸发量，土壤及其母质的淋溶作用非常强烈，土壤溶液中的盐基离子随渗滤水向下移动，使土壤中易溶性成分减少。此时，土壤溶液中的 H^+ 取代土壤吸收性复合体上的金属离子，而为土壤所吸附，使得土壤盐基饱和度下降、氢饱和度增加，进一步引起土壤酸化。而在交换过程中，森林土壤溶液中的 H^+ 离子补给的来源可分为两种：第一种是外部酸源，如酸沉降；另一种是内部酸源，如在植物残体或掉落物、根系和微生物代谢等生物地球化学循环过程中所产生的酸。

20 世纪 80 年代，已有研究表明酸沉降是我国南方地区林木衰亡的主要原因之一，酸沉降对陆地生态系统的危害往往通过土壤而间接体现。酸雨中通常含有较高浓度的可溶性的 NH_4^+、NO_3^- 和 SO_4^{2-}。NH_4^+ 在植物表面主要以（NH_4）$_2SO_4$ 的形式存在，随降雨进入土壤，并在硝化过程中迅速氧化成 HNO_3 和 H_2SO_4，从而引起土壤酸化。

①水的解离　水的解离常数虽然很小，但是由于 H^+ 被土壤吸附而使其解离平衡受到破坏，将有新的 H^+ 被释放出来。

$$H_2O \Longrightarrow H^+ + OH^-$$

②碳酸解离　土壤中有机物的分解和植物根系、微生物、土壤动物的呼吸作用，产生大量的 CO_2，在土壤中溶解于 H_2O 形成碳酸，解离出 H^+。

$$CO_2 + H_2O \longrightarrow H_2CO_3 \Longrightarrow H^+ + HCO_3^- \quad pK_a = 6.35$$

H_2CO_3 是一种弱酸，较高的解离常数。因此，在土壤 pH 值较低的条件下，H_2CO_3 解离释放的 H^+ 量可忽略。

③有机酸的解离　土壤有机质、腐殖酸和根系分泌物等分解时产生的中间产物，如醋酸、草酸、柠檬酸及腐殖酸等有机酸都可解离出 H^+。特别是森林土壤中含有丰富的凋落物，在通气不良及真菌活动下，有机酸可能积累很多。

$$[RCH_2OH\cdots] + O_2 + H_2O \Longrightarrow RCOOH \Longrightarrow H + RCOO^- \quad pK_a = 3 \sim 5$$

（2）酸沉降

广义上的酸沉降是指所有 pH<5.6 的酸性的大气化学物质（二氧化硫和氮氧化物等），主要通过两种途经进入土壤：一种是通过气体扩散，将固体物降落到地面称为干沉降；另一种是随降水夹带大气酸性物质到达地面进入土壤，称为湿沉降，习惯上称为酸雨或酸性沉降。随着燃煤、燃油、冶矿等现代工业化进程的加快，向大气排放的 SO_2 和 NO_x 化合物不断增加，大大的加剧了酸雨的进程。

（3）土壤中铝的活化

虽然土壤中 H^+ 的增加导致土壤 pH 值降低，但是铝对土壤 pH 值的影响也很大。铝也是铝氧化物和铝硅酸盐黏土矿物的主要组成成分。H^+ 进入土壤吸附在有机质矿质复合体或铝硅酸盐黏土矿物表面后，随着阳离子交换作用的进行，土壤盐基饱和度逐渐降低，而氢饱和度渐渐提高。当黏粒矿物表面吸附的 H^+ 超过一定限度时，这些黏土矿物的晶体结构遭到破坏，有些铝氧八面体被解体，释放出 Al^{3+}，然后被吸附在带负电荷的黏土矿物表面，转换成活性 Al^{3+}。反过来，土壤黏粒矿物表面吸附的可交换性 Al^{3+} 与土壤溶液中的 Al^{3+} 快速达到平衡。

土壤胶粒上吸附的铝主要有 Al^{3+} 离子和各种羟基铝离子的形态，这些离子均具有不同程度的水解能力，它们经水解各过程产生 H^+。因此，H+ 和 Al^{3+} 被认为是土壤中的致酸离子。1 个 Al^{3+} 通过水解作用产生 3 个 H^+，如图 8-6 所示。

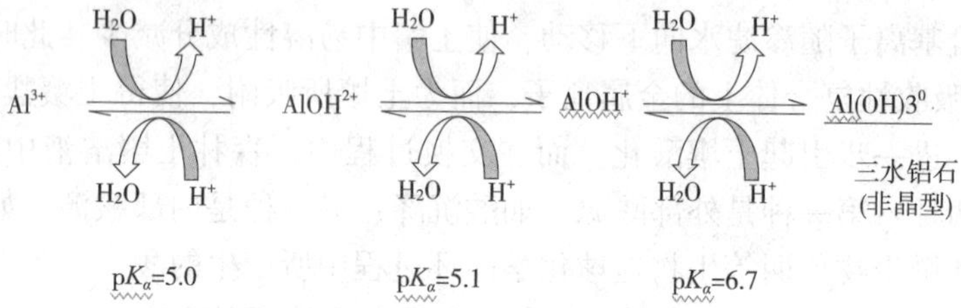

图 8-6　铝离子活化图

(资料来源：Ray R. Weil and Nyle C. Brady. The nature and properties of soils, 2016)

随着 pH 值增加，Al^{3+} 水解过程中产生大量的羟基铝 $[Al(OH)_x]^{y+}$，通常与有机物结合或者吸附在黏土矿物表面。再者，羟基铝之间通常可相互结合形成带正电荷的更复杂的羟基铝，如 $[Al_6(OH)_{12}]^{6+}$、$[Al_{10}(OH)_{22}]^{8+}$ 等。

8.3.1.2　土壤酸的类型与表示方法

土壤酸度反映土壤中致酸离子的数量。根据致酸离子（H^+ 和 Al^{3+}）在土壤中所存在的状态，可以将土壤酸度分为两种类型：活性酸度和潜性酸度。

（1）土壤活性酸度

土壤活性酸度指与土壤固相处于平衡状态时，土壤溶液中的 H^+ 和 Al^{3+} 直接表现出来的酸度。这些 H^+ 的产生，主要是土壤中微生物的呼吸作用和有机物的分解过程中释放出的二氧化碳和水作用生成碳酸再解离的结果。

土壤中活性酸的量远小于潜性酸的含量。例如，中和 pH 为 4 的 1 hm^2 矿质土壤耕层土壤中的活性酸，仅仅需要 2 kg 的碳酸钙。虽然活性酸的含量很少，但对土壤养分的有效性有显著的影响。

土壤的活性酸度通常以 pH（酸碱度）表示。pH 是活性 H^+ 浓度的负对数，即 pH $= -\log[H^+]$。pH=7 时，溶液中的 H^+ 和 OH^- 离子活度相等，为 10^{-7} mol/L。土壤水浸提的 pH 值一般在 4~9 的范围内，可分为若干级，表 8-4 是《中国土壤》的土壤酸碱度分级。

表 8-4　土壤酸碱度的分级

土壤 pH 值	<5.0	5.0~6.5	6.5~7.5	7.5~8.5	>8.5
级 别	强酸性	酸 性	中 性	碱 性	强碱性

资料来源：熊毅《中国土壤》，1987。

我国土壤 pH 值大部分在 4~9 之间，在地理分布上呈"东南酸而西北碱"的地带性分布规律，即由北向南 pH 值逐渐减小。以长江为分界线（北纬 33°），长江以南的土壤多为酸性或强酸性，如华南、西南地区分布的红壤、砖红壤和黄壤的 pH 值大多在 4.5~5.5 之间，华东、华中地区的红壤 pH 值在 5.5~6.5 之间；长江以北的土壤多为中性或碱性；华北、西北的土壤含碳酸钙，pH 值一般在 7.5~8.5 之间，少数 pH 值高达 10.5 为强碱性土壤。

（2）土壤潜性酸

土壤潜性酸是指土壤胶体上吸附的交换性 H^+、Al^{3+} 和羟基铝 $[Al(OH)_x]^{y+}$ 等被交换进入土壤溶液中而引起的酸度，是土壤酸性潜在的来源，故称为潜性酸。根据其在土壤胶体上的不同吸附方式，选择不同的交换剂，可以分为交换性酸和水解性酸。通常潜性酸以 cmol/kg 表示，交换性酸有时也用 $pH_{(KCl)}$ 表示。

① 交换性酸　在非石灰性土壤及酸性土壤中，土壤胶体表面吸附了一部分 H^+ 和 Al^{3+}。通常采用过量的中性盐溶液（如 1 mol/L KCl、NaCl 或 0.06 mol/L $BaCl_2$）浸提，将土壤胶体表面的大部分 H^+ 和 Al^{3+} 交换出来，再以标准碱溶液滴定溶液中的 H^+，这样测得的酸度称为交换性酸度（包括活性酸）。以 cmol(+)/kg 为单位，它是土壤酸度的数量指标。

如前所述，土壤胶体表面吸附的 Al^{3+}，一旦进入土壤溶液中，将进一步通过水解作用增加溶液中 H^+ 的浓度。通常，强酸性土壤中交换性酸的含量是活性酸含量的数千倍。因此，在强酸性的矿质土壤上，土壤酸度的主要来源是 Al^{3+}，而不是 H^+。在一定的 pH 下，蒙脱石类黏土矿物为主的土壤中交换性酸含量最高，蛭石类黏土矿物次之，高岭石类黏土矿物最低。但必须指出，用中性盐溶液浸提的交换反应是一个可逆的阳离子交换平衡。交换反应可以逆转，因此，所测得的交换性酸量只是土壤潜性酸的大部分，而不是全部。

② 水解性酸　活性酸和交换性酸两者之和仅占土壤总酸度的一部分。此外，土壤的有机胶体和黏土矿物表面存在的一些不能被中性盐离子交换下来的 H^+、Al^{3+} 和羟基铝 $[Al(OH)_x]^{y+}$ 等，而这些离子在弱酸强碱性盐或者石灰性物质的作用下，H^+ 和 Al^{3+} 被释放进入土壤溶液中形成 H_2O 和 $Al(OH)_3$。该过程可以释放带负电荷的阳离子交换位点，增加土壤阳离子交换量。例如，采用碱性材料 $[Ca(OH)_2]$ 浸提土壤胶体上固定的 H^+、Al^{3+} 和羟基铝 $[Al(OH)_x]^{y+}$ 的反应，如下所示：

土壤潜性酸的测定过程中包括了土壤活性酸。从数量上来讲，潜性酸远大于活性酸。通常，在砂质土壤上，潜性酸是活性酸的数千倍；在富含有机质的黏土中，常有 5 万甚至 10 万倍的差距。潜性酸的大小决定着土壤总酸度，因此活性酸被认为是土壤酸性的强度指标，而土壤潜性酸被看作土壤酸性的容量指标。活性酸和潜性酸是土壤胶体交换体系中两种不同形式，没有明显的界限，当溶液的浓度和组成不发生变化时，两者暂时处于相对平衡中，一旦土壤溶液发生变化，它们可以相互转化，再达到新的平衡。反应如下：

$$\boxed{\begin{array}{c}\text{土壤}\\\text{胶体}\end{array}\begin{array}{l}-Al^{3+}\\\\-H^{+}\end{array}} \rightleftharpoons \text{土壤溶液中}H^{+}、Al^{3+}$$

（潜性酸）　　　　　　　　　　　（活性酸）

8.3.2　土壤的碱性反应

土壤溶液中 OH^{-} 浓度超过 H^{+} 浓度时表现为碱性反应，土壤的 pH 值越高，碱性越强。土壤碱性及碱性土壤的形成是自然成土条件和土壤内在因素综合作用的结果。

8.3.2.1　土壤碱化过程

土壤中 OH^{-} 的主要来源是弱酸强碱盐水解。土壤中常见的弱酸强碱盐有钾、钠、钙、镁等碳酸盐及重碳酸盐类。土壤胶体上吸附性盐基离子 Na^{+} 和 Ca^{2+} 的水解作用也可以产生 OH^{-}。

（1）碳酸盐水解

在干旱、半干旱地区，由于降雨少，淋溶作用弱，使得富含钙、镁等碱性物质的岩石和母质释放出碱金属和碱土金属的各种盐类，不能彻底淋出土体，在土壤中大量积累，这些盐类水解可产生 OH^{-}，使土壤呈碱性。如：

$$CaCO_3+H_2O \rightleftharpoons Ca^{2+}+OH^{-}+HCO_3^{-}$$
$$Na_2CO_3+H_2O \rightleftharpoons 2Na^{+}+2OH^{-}+H_2CO_3$$

（2）交换性钠的水解

交换性钠水解呈强碱性反应，是碱化土形成的主要过程。在可溶性 Na^{+} 含量较高的土壤中，钠离子与土壤胶体表面吸附的钙、镁离子交换。当土壤胶体上吸收性钠离子的饱和度增加到一定程度，也会引起代换作用而使溶液呈碱性反应。如：

$$\boxed{\text{土壤胶体}}-Na^{+}+H_2O \rightleftharpoons \boxed{\text{土壤胶体}}-H^{+}+NaOH$$

由于土壤中有大量 CO_2 不断产生，所以交换反应的结果形成的 NaOH 实际上都是 Na_2CO_3 或 $NaHCO_3$ 形态存在。除 Na^{+} 外，K^{+}、NH_4^{+} 等离子，也可发生类似的水解，而使土壤碱化，不过它们所产生的碱性较弱，不如 Na^{+} 强烈。

8.3.2.2　土壤碱性的表示方法

土壤碱性反应除常用的 pH 值来表示外，总碱度和碱化度是另外两个反应土壤碱性强弱的指标。

（1）总碱度

总碱度是指土壤溶液或灌溉水中碳酸根和重碳酸根的总量，即

$$\text{总碱度}=CO_3^{2-}+HCO_3^{-}[cmol(+)/L]$$

土壤的碱性反应是由于土壤中存在弱酸强碱的水解性盐类，其中最主要的是碳酸根和重碳酸根的碱金属（Na，K）及碱土金属（Ca，Mg）盐类。如 Na_2CO_3、$NaHCO_3$ 及 $Ca(HCO_3)_2$ 等水溶性盐类出现在土壤溶液中时，使土壤溶液的总碱度很高。总碱度可以通过中和滴定法测定，单位以 $cmol(+)/L$ 表示。也可用 CO_3^{2-}、HCO_3^- 占阴离子的重量的百分数来表示。我国碱化土壤的总碱度占阴离子总量的 50% 以上，有的高达 90%。总碱度在一定程度上反映了土壤和水质的碱性程度，因此可作为土壤碱化程度分级的指标之一。

（2）碱化度

碱化度是指土壤胶体上吸附的交换性钠离子占阳离子交换量的百分数，也称为土壤钠饱和度、钠碱化度、钠化率或交换性钠百分率，即

$$碱化度（\%）= \frac{交换性钠}{阳离子交换量} \times 100 \qquad (8\text{-}1)$$

当土壤碱化度达到一定程度，可溶性盐含量较低时，土壤就呈极强的碱性反应，pH>8.5甚至超过 10。这种土壤土粒高度分散，湿时泥泞，干时硬结，结构板结，耕性极差。土壤理化性质上发生的这种恶劣变化，称为土壤的"碱化作用"。

土壤碱化度常被用来作为判断碱土分类及简化土壤改良利用的指标和依据。我国则以碱度层的碱化度>30%，表层含盐量<0.5%和pH>9判定为碱土；而将碱化度在 5%～10%，定为轻度碱化土壤，10%～15%为中度碱化土壤，15%～20%为强碱化土壤。

8.3.3　影响土壤酸碱度的因素

土壤在成土作用过程中，受气候、地形、母质、植被等因素的影响使得土壤都具有一定的酸碱反应范围。因此，土壤酸碱反应除较大范围内有不同表现外，还存在着小区或者微区的变异。如在高温多雨的地方，风化淋溶较强，盐基易淋失，容易形成酸性土壤；半干旱或干旱地区的自然土壤，盐基淋溶少，相反由于土壤水分蒸发量大，下层的盐基物质容易随着毛管水的上升而聚集在土壤上层，使土壤具有石灰性反应；地势高的地方淋溶作用较强，因而盐基性也较强；酸性母岩（如花岗岩、砂岩）上形成的土壤，其酸碱度一般都比石灰岩形成的土壤低（即较酸）；植被也影响土壤的酸碱性，主要是因为植物根系对离子的选择吸收作用的结果，还有其中的土壤微生物活动作用的结果，如在针叶林下的土壤就有利于真菌的生长，土壤也偏酸。在南方沿海地区的滨海沉积物上，生长着红树林的常绿灌木林，由于其含有硫化物，分解后氧化生成硫酸，使土壤常呈强酸性反应。另外，破坏森林可能引起土壤酸化，对森林的更新是不利的。例如，在以阔叶林为主的山地棕壤pH为 6.0～7.0，但当森林植被被破坏以后，土壤酸碱度值将降低 1.2。

8.3.4　森林土壤酸碱性与土壤养分和林木生长的关系

土壤 pH 值作为判断土壤质量的重要指标之一，不仅直接影响着植物的生长发育，还会影响土壤养分的有效性。

8.3.4.1　森林土壤酸碱性对土壤肥力的影响

土壤 pH 值可影响土壤养分的有效性、土壤微生物活性以及土壤胶体带电性等，进而对土壤养分的释放、固定、迁移和土壤肥力起重要作用。

（1）土壤酸碱性对土壤微生物的影响

土壤微生物积极参与森林生态系统中物质循环和能量流动，在林业可持续发展过程中起着重要作用。以往的研究表明，森林土壤酸碱性直接影响着土壤微生物区系的分布及其活性，随着 pH 值升高，微生物量和微生物活性明显降低。一般，土壤细菌和放线菌适于中性和微碱性环境，而在强酸性土壤中则真菌占优势。如 Fiere 和 Jackson 等应用分子印迹手段对 98 个土壤样地的土壤细菌多样性及群落结构进行了分析，结果表明，随土壤 pH 值不断增大，细菌的多样性呈先增大后减少的趋势，同时也证实微生物多样性在中性土壤中最大。

（2）土壤酸碱性对土壤胶体带电性的影响

土壤环境 pH 值高时，土壤胶体负电荷数量增多，阳离子交换量也随之增加，因此，土壤保肥性、供肥性随之增强；反之，随着土壤 pH 值降低，土壤的保肥、供肥能力相应降低。

（3）土壤酸碱性对土壤养分有效性的影响

森林土壤酸碱性对土壤中 N、P、K、Ca、Mg、Fe、Mn、Co、Cu、Zn、B 等营养元素的有效性有着明显的影响。土壤酸碱性与土壤中各种营养元素有效性的关系如图 8-7 所示。

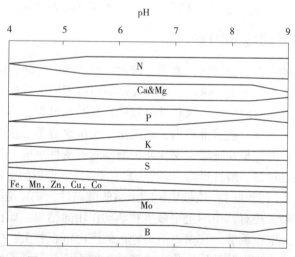

图 8-7　植物营养元素的有效性与 pH 值的关系

图 8-7 表明，各种元素在不同 pH 值时对植物的相对有效性不同。大多数营养元素在接近中性时有效性最高。N、K、S 元素在微酸性、中性、碱性土壤中的有效性都较高。P 元素在中性土壤中有效性最高，而在 pH 6.5 以下时，随着 pH 值的降低，磷的有效性降低；在 pH 7.5 以上时，随着 pH 值的升高，磷的有效性也在降低，但当 pH 8.5 以上时，由于钠的存在形成可溶性碱金属磷酸盐，其溶解度增大，有效性也增大，但植物可能受到强碱腐蚀毒害，而不能正常吸收。Ca 和 Mg 在 pH 6.0~8.5 时有效性最好，在 pH 8.5 以上时，易形成碳酸盐沉淀；而在森林土壤遭受酸雨或土壤 pH 偏酸的条件下形成可溶性盐类，容易被淋失，从而降低其有效性。Fe、Mn、Cu、Zn、Co 等微量营养元素，在中性、碱性条件下溶解度降低，造成这些微量元素缺乏；而在酸性和强酸性土壤中，其溶解性增大，

有利于植物吸收，但若过多时，又会对植物造成毒害作用。Mo 在酸性土壤中有效性较低，而在 pH 6 以上时，其有效性随之增加。B 的有效性在 pH 5~7 的范围内为最高，在强酸性土壤中硼容易被淋失，而在 pH 8.5 时溶解度降低。

8.3.4.2　森林土壤酸碱性对林木生长的影响

森林土壤 pH 值在一定范围内不仅利于幼苗和优势木的生长，更有利于林分的天然更新。在森林生态系统中，林木在长期自然选择过程中，形成了各自对土壤酸碱性的特定要求，其中有的林木能在较宽的 pH 值范围内生长，对土壤反应非常迟钝。有的林木对土壤反应却非常敏感，它们只能在某一特定的酸碱范围内生长，通常这类植物被称为土壤酸碱指示性植物。大多数植物都不能在 pH<3.5 和 pH>9 的情况下生长。

各种林木都有它适合的 pH 值范围。例如，橡胶树喜欢偏酸性的土壤，在 pH 3.5~7.5 的范围内都能生长，但其最适宜生长的土壤为 pH 5.5 左右的微酸性土壤。嗜酸性植物茶树则宜生长在 pH 4.5~6.5 的酸性土壤中，在中性或石灰性土壤上，生长不良甚至死亡。呈微酸性时较适于红松的生长与更新，但土壤酸度并不限制红松更新。

因此，在植树造林时，一定要考虑各种林木最适合的土壤 pH 值范围，做到因地制宜，适地适树，合理利用土壤资源。

森林土壤酸碱性除直接影响林木生长外，也随着季节的变换和林木的生长呈现有规律的变化。例如，刘秀菊等对鼎湖山不同森林类型土壤 pH 值的动态变化的研究结果表明，针叶林土壤 pH 值高于混交林的，pH 值最低的是季风常绿阔叶林。

8.3.5　森林土壤酸碱调节

森林土壤过酸或者过碱，都可以采取适当的措施加以调节，以适应植物生长的需要。

8.3.5.1　森林土壤酸性的调节

酸沉降是近年来造成森林衰亡的主要原因之一，其对森林生态系统的危害可分为两类：一类是从上到下的直接危害，酸沉降从大气中降落到森林植被冠层，直接腐蚀植物叶片，影响叶片光合作用，造成叶片结构破坏，进而减少森林植被生产力，导致林木衰亡；另一类是酸沉降降落到地表，进而破坏土壤结构，引起土壤中盐基阳离子的淋失并增加重金属的有效性，使得土壤肥力下降，且重金属被植物吸收后危害植物根系，植物生产力降低，植被退化。

土壤酸度通常以施用石灰、钙镁磷肥或石灰石粉来调节。石灰可分为生石灰（CaO）和熟石灰[Ca(OH)$_2$]，生石灰具有很强的中和能力，但后效较短。石灰石粉是把石灰石磨细为不同大小颗粒，直接用作改土材料，其对土壤酸性的中和作用较缓慢，但后效较长。

目前，通过施用石灰等中和由酸沉降造成的林地土壤酸性、恢复受害森林生态系统的健康等，国内外均有较多的研究报道。石灰、钙镁磷肥、石灰石粉的施用除了中和土壤酸性，减少铝危害外，还能增加土壤中的钙素，这样有利于土壤中有益微生物的活动，促进有机质的分解，进而有效地促进植物对 N、P、K，特别是 P 的吸收，并且还可以改良土壤结构。

改良土壤酸性时石灰需用量的多少，首先应考虑土壤酸度、有机质含量、盐基饱和度、土壤质地等土壤性质；其次具体要看不同林木对酸碱性的适应性、生长指标及生长年限等；最后还得考虑施用石灰的种类和施用方法等。例如，已有研究结果表明，从马尾松的生长和健康情况变化来看，一次石灰石粉最佳施用量以 2 t/hm² 的效果最佳，但是后效和一次施用的作用持续时间还需要长期连续研究和观测。施用石灰进行土壤酸度调节时应特别注意施用量，施用量过少，达不到中和土壤酸性的目的；使用量过多，则会引起土壤有机质的剧烈分解，使土壤半截，导致土壤物理性状恶化。

8.3.5.2　森林土壤碱性的调节

调节森林土壤碱性的方法主要有以下几种：

（1）施用有机肥

利用有机肥分解释放出的大量 CO_2 和有机酸降低土壤 pH 值。例如，在盐碱地改良及造林的过程中，可以在造林穴底部采用石子秸秆铺地，牛粪与硫酸亚铁改良相结合的方式进行控盐碱造林。

（2）对碱化土、碱土，可施用石膏、硅酸钙等

施用石膏进行调节的原理是通过离子代换作用，将土壤胶体上有害的钠离子代换下来，结合灌水使之淋洗。在重度碱化的土壤上，除了使用石膏外，还可施用其他化学物质如硅酸钙、磷酸钙、硫酸亚铁、工业肥料等，都可降低土壤碱性。

（3）其他措施

对于在人工造林过程中碱化土壤的改良，除了采用化学方法外，还可根据盐碱地的土壤成分含量，当地的气候条件、水分含量等各项因素，选择酸碱性适宜的树苗，并结合农业、生物、水利等措施来进行。例如，绿肥的种植、翻砂压碱、客土改造等都是在人工营林过程中改良盐碱土行之有效的措施。

对于森林土壤酸碱性的改良，除以上方法外，还可结合施肥措施进行。一般，在酸性土壤上宜配合施用生理碱性肥料，碱性土壤上则宜配合施用生理酸性肥料等。无论在酸性或者碱性土壤上，多施有机肥者均有益处。

8.4　森林土壤的缓冲性

当加酸或碱于土壤时，土壤具有缓和酸碱度改变的能力，称为土壤酸碱缓冲性，这是土壤的重要化学性质之一。土壤缓冲性主要来自土壤胶体及其吸附的阳离子，其次是土壤所含的弱酸及其盐类。

8.4.1　土壤酸碱缓冲作用的机制

8.4.1.1　土壤溶液中存在着弱酸—弱酸盐缓冲体系

有些土壤的溶液中往往含有多种可溶性弱酸（如碳酸、硅酸、磷酸等）和其他有机酸及盐类，因此在土壤体系中形成了相应的缓冲体系，对酸或碱具有缓冲作用。以碳酸及碳酸盐为例，当加入酸时，碳酸钠与其发生作用，生成中性盐和碳酸，大大缓和了土壤酸性的提高：

$$Na_2CO_3 + 2HCl = H_2CO_3 + 2NaCl$$

当加入碱时，碳酸和它反应，生成溶解度低的碳酸钙，使土壤不会显著地提高碱性：

$$H_2CO_3 + 2NaOH = Na_2CO_3 + HCl$$

有机酸的缓冲作用，以氨基酸来说明。氨基酸是既含有氨基又含有羧基的两性化合物，其中的氨基可以中和酸，羧基可以中和碱，因此，对酸碱都有缓冲能力。

8.4.1.2　阳离子交换作用

除了土壤中的可溶性弱酸及其盐类的缓冲体系外，土壤的缓冲作用主要是源于阳离子交换作用。而土壤阳离子交换量主要受土壤胶体的数量、类型和带电性等因素的影响。因此，土壤胶体数量大，吸附的交换性盐基离子也越多，对酸的缓冲能力越强。如加入盐酸，会发生如下反应：

$$\boxed{土壤胶体}{\scriptstyle{-Ca^{2+} \atop -2K^+}} + 4HCl \Longrightarrow \boxed{土壤胶体}{\scriptstyle-4H^+} + 2KCl + CaCl_2$$

通过土壤胶体上的离子交换，H^+ 被吸附，金属离子进入土壤溶液，生成中性或近于中性的盐类。该过程将土壤中的活性酸转化为潜性酸，使土壤溶液中的 H^+ 浓度增加不明显，从而起着对酸的缓冲作用。

当土壤胶体吸附的主要是 H^+ 时，则对碱的缓冲力强。以加入 NaOH 为例：

$$\boxed{土壤胶体}—H^+ + NaOH \Longrightarrow \boxed{土壤胶体}—Na^+ + H_2O$$

该反应过程为 Na^+ 与土壤胶体表面所吸附的 H^+ 发生交换吸附，即将土壤中的潜性酸变为活性酸。H^+ 进入土壤溶液，与 OH^- 相结合生成 H_2O，使得土壤溶液中的 OH^- 浓度增加不明显，从而起到对碱的缓冲作用。

8.4.1.3　两性胶体的缓冲作用

土壤中存在很多的两性胶体，如蛋白质、氨基酸、腐殖质及无机氧化物胶体等。这些胶体表面的羧基(—COOH)、羟基(—OH)、氨基(—NH$_2$)等，在一定的条件下可起缓冲作用，例如，铁铝氧化物胶体表面的 —OH 既可接收质子，又可释放出质子，在表面电荷变化的同时，也起到了对酸或碱的缓冲作用，即

$$M—OH + H^+ \Longrightarrow M—OH_2^+$$

$$M—OH + H^- \Longrightarrow M—O^- + H_2O$$

蛋白质及腐殖质分子中，往往同时含有羧基和氨基，可分别与加入的酸或碱反应，起到缓冲作用。

$$\begin{array}{c}
R—CH—COOH + HCl \longrightarrow R—CH—COOH \\
\quad | \qquad\qquad\qquad\qquad\qquad | \\
\quad NH_2 \qquad\qquad\qquad\qquad\quad NH_3Cl \\
R—CH—COOH + NaOH \longrightarrow R—CH—COONa + H_2O \\
\quad | \qquad\qquad\qquad\qquad\qquad\qquad | \\
\quad NH_2 \qquad\qquad\qquad\qquad\qquad NH_2
\end{array}$$

8.4.2　土壤酸、碱缓冲容量和滴定曲线

土壤缓冲能力的强弱一般用缓冲容量来表示，即单位土壤改变一个单位 pH 值所需要的酸或碱量。土壤缓冲容量可用酸、碱滴定法测定，即在土壤悬浊液中连续加入标准酸或碱溶液，测定 pH 值的变化，以纵坐标表示 pH 值，横坐标表示加酸或碱的量，绘制滴定曲线，又称缓冲曲线。从缓冲曲线上可以看出某种土壤的缓冲能力及缓冲作用的最大范

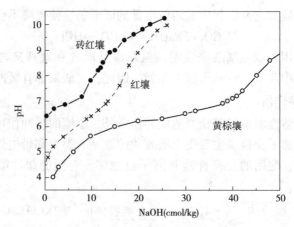

图 8-8　不同土壤的 pH 缓冲曲线

围,并推算其缓冲容量。从 3 种不同土壤的 pH 值缓冲曲线(图 8-8)可见,黄棕壤胶体极限 pH 值约为 3.9,红壤约为 4.5,砖红壤为 5.0。

8.4.3　影响土壤缓冲性能的因素

(1)土壤无机胶体

土壤的无机胶体种类不同,其阳离子交换量不同,缓冲性也不同。土壤胶体的阳离子交换量越大,土壤的缓冲性能越强。在土壤无机胶体中缓冲性大小的顺序依次为:蒙脱石>伊利石>高岭石>含水氧化物。

(2)土壤质地

从不同土壤质地来看,其缓冲性大小为:黏土>壤土>砂土,即随着土壤中黏粒含量的增加其缓冲性随之增大。这是因为黏粒含量高的土壤其相应的阳离子交换量也大,从而增强了土壤的缓冲性。

(3)土壤有机质

土壤中的有机质含量虽然仅占土壤的百分之几,但腐殖质中含有大量的负电荷,对阳离子交换量贡献大。通常森林土壤的表层含有丰富的有机质,其缓冲性明显较底层土壤强。

8.5　森林土壤的氧化还原反应

氧化还原状况是土壤的重要物理化学性质之一,其变化可导致一系列有机和无机物质的转化、迁移和累积,是物质循环中不可或缺的化学动力。土壤中许多化学和生物化学反应都具有氧化还原特征,因此,氧化还原反应是发生在土壤(尤其土壤溶液)中的普遍现象。

8.5.1　基本概念

土壤氧化还原反应本质上是电子传递过程,氧化反应实质上是失去电子的反应,还原反应则是得到电子的反应。实际上,氧化反应和还原反应是同时进行的,属于一个反应过程的两个方面。电子受体(氧化剂)接受电子后,从氧化态转变为还原态;电子供体(还原剂)供出电子后，则从还原态转变为氧化态。因此，氧化还原反应的通式可表示为：

$$氧化态 + ne \Longleftrightarrow 还原态$$

土壤存在多种有机和无机的氧化还原物质，如土壤空气和土壤溶液中的氧，以及 C、N、S、Fe、Mn、Cu 等具可变价态的元素。

8.5.1.1　土壤氧化还原体系

土壤中种类繁多的氧化还原物质，构成了不同的氧化还原体系，这些体系基本上可分为无机体系和有机体系两大类。在无机体系中，重要的有：氧体系、铁体系、锰体系、硫体系和氮体系等(表 8-5)。

表 8-5　土壤中主要的氧化还原体系

氧化还原体系	物质状态		代表性反应举例
	氧化态	还原态	
氧体系	O_2	O^{2-}	$O_2 + 4H^+ + 4e^- \Longleftrightarrow 2H_2O$
有机碳体系	CO_2	CO、CH_4、还原性有机物等	$CO_2 + 8H^+ + 8e^- \Longleftrightarrow CH_4 + 2H_2O$
氮体系	NO_3^-	NO_2^-、NO、N_2O、N_2、NH_3、NH_4^+	$NO_3^- + 10H^+ + 8e^- \Longleftrightarrow NH_4^+ + 3H_2O$
硫体系	SO_4^{2-}	S、S^{2-}、H_2S、…	$SO_4^{2-} + 10H^+ + 8e^- \Longleftrightarrow H_2S + 4H_2O$
铁体系	Fe^{3+}、$Fe(OH)_3$、Fe_2O_3、…	Fe^{2+}、$Fe(OH)_2$、…	$Fe(OH)_3 + 3H^+ + e^- \Longleftrightarrow Fe^{2+} + 3H_2O$
锰体系	MnO_2、Mn_2O_3、Mn^{4+}、…	Mn^{2+}、$Mn(OH)_2$、…	$MnO_2 + 4H^+ + 2e^- \Longleftrightarrow Mn^{2+} + 2H_2O$
氢体系	H^+	H_2	$2H^+ + 2e^- \Longleftrightarrow H_2$

资料来源：孙向阳《土壤学》，2005。

(1)氧体系

氧是土壤中来源最丰富、最活泼的氧化剂，它在很大程度上决定着森林土壤的氧化还原状况和氧化还原过程。土壤中的氧主要来自大气、降水以及蓝、绿藻和光合细菌进行光合作用时产生的氧气。氧体系的反应式可表示为：

$$O_2 + 4H^+ + 4e^- \Longleftrightarrow 2H_2O$$

通气状况，特别是氧气数量与土壤中氧化还原的状况有直接关系。当氧的浓度为 0.2 atm 时，氧化还原电位可达 710 mV。这意味着，土壤结构越好(团粒结构)，土壤通气状况就越好，土壤空气和溶液中的氧气含量就越高，氧化还原作用强度就越大。土壤有机质含量越高，土壤湿度适宜时，土壤的光合细菌数量越多，光合作用越强，释放到土壤中的氧气就越多，越能促进土壤氧化反应的进行。

(2)铁体系

铁是土壤中大量存在且氧化还原反应较频繁的元素。土壤中含有各种铁的化合物，一般都以氧化态形式存在，而在土壤有机质层中或在渍水还原的土壤条件下，可以还原成低价铁。这个体系的最简单的反应式为：

$$Fe^{3+} + e^- \Longleftrightarrow Fe^{2+}$$

随着高价铁被还原成低价铁，便组成了土壤中的一个氧化还原体系。因土壤中的含铁量较高，故铁体系对土壤的氧化还原性质影响很大。

（3）锰体系

锰也广泛存在于土壤中，其化学性质与铁相似，但在土壤中的数量比铁少，故对土壤氧化还原状况的整体影响比铁体系小。土壤中的锰一般有+2、+3、+4三种价态，常用的反应式为：

$$MnO_2+4H^++2e^- \Longrightarrow Mn^{2+}+H_2O$$

锰和铁的性质虽然相似，但也有不同之处，就是锰的化合物比铁的化合物更易还原。

（4）硫体系

硫是一种具有多种氧化还原状态的元素，其价态包括+6、+4、0、-1、-2。土壤中的硫以无机和有机两种形态存在。有机态硫在未分解前是难溶性的，一般不参与氧化还原反应，当经过微生物的分解和矿化后，就可以形成硫和多种硫化物。在具备通气条件的氧化环境下，有机硫经生物氧化作用或 H_2S 经纯化学氧化作用均可转化为硫酸盐；而在较强的还原条件下，有机硫可经生物还原作用生成硫化氢，或进一步形成金属硫化物。在土壤中参与氧化还原反应的物质主要是 S^{2-} 和 SO_4^{2-}。

（5）氮体系

氮是具有多种氧化还原状态的元素，其氧化数可以从+5、+4、+3、+2、+1、0直至-1、-2、-3。因此，氮的氧化还原反应甚为复杂。尽管生物固氮和有机氮矿化是土壤氮素形态转化的重要途径，并且都带有氧化还原特征，但土壤中氮的氧化还原反应一般是针对各种形态的无机氮而言。土壤氮的氧化还原可归纳为3条主要途径，即硝化作用、反硝化作用和硝酸还原作用，其中，硝酸还原作用是指嫌气条件下 NO_3^- 还原为 NH_4^+ 的过程，以上3条途径的发生皆与微生物活动有关，故除 Eh 之外，还需要适当的温度、pH值等条件。

（6）有机物体系

土壤有机质含有 C、H、O、N、S 等多种元素，这些多价态元素的形态转化皆有明显的氧化还原特征。土壤氧化还原的有机物体系，主要包括不同分解程度的有机化合物、微生物细胞体及其代谢物质、植物根系的分泌物，以及能起氧化还原反应的有机酸类、酚类、醛类和糖类物质等。在好气条件下，有机物质经生物氧化作用可彻底分解为 CO_2、H_2O 和无机盐类；在嫌气条件下，经不同发酵过程生成一些中间产物，如还原性有机酸、醇等，以及 CH_4、H_2S 等还原物质。有机体系有其不同于无机体系的特点，首先是在 pH 为7时，各有机体系的标准氧化电位都是负值，表明有机体系的还原性较强；其次是有机体系是生物化学作用的产物，在一定的条件下，才是可逆的；再者有机体系是分解的中间产物，只是暂时处于动态平衡，在适当条件（如氧化条件）下极易分解或转化而消失，其变动甚为剧烈。一般在渍水条件下，土壤氧化还原电位总是迅速下降的，而当易分解的有机物质含量高时，下降更为激烈。

8.5.1.2　氧化还原指标

（1）强度指标

氧化还原电位（Eh），是长期惯用的氧化还原强度指标，一般用氧化还原电位（Eh）的毫伏（mV）数来表示。一个氧化还原反应体系的氧化还原电位可用能斯特（Nernst）公式表达：

$$Eh = E^\ominus + \frac{RT}{nF}\ln\frac{[氧化态]}{[还原态]} \tag{8-2}$$

式中　Eh——氧化还原电位(V 或 mV);

　　　$E^{\ominus}$——参与反应体系的标准氧化还原电位,即当铂电极周围溶液中[氧化态]/[还原态]比值为 1 时,以氢电极为对照所测得的溶液的电位值,它取决于体系本身的特性;

　　　R——气体常数[8.313J/(mol·K)];

　　　T——绝对温度;

　　　F——法拉第常数(96 500 C/mol);

　　　n——反应中电子转移的数目;[氧化态]、[还原态]分别为氧化态和还原态物质的浓度(活度)。

将各常数值代入后,在 25 ℃时,可采用常用对数,则有:

$$Eh = E^{\ominus} + \frac{0.059}{n}\log\frac{[\text{氧化态}]}{[\text{还原态}]} \tag{8-3}$$

式中,Eh 的单位为 V;在给定的氧化还原体系中,$E^{\ominus}$ 和 n 为常数,故[氧化态]/[还原态]的比值决定了 Eh 值的高低。比值越大,Eh 值越高,氧化强度越大;反之,则还原强度越大。

(2)强度因素与数量因素的关系

氧化还原数量因素是指氧化性物质或还原性物质的绝对含量。目前已经提出了一些区分土壤中不同氧化还原体系的氧化态物质和还原态物质的方法,并能够测定土壤中还原性物质的总量。例如,恒电位伏安法既可用于室内还原性物质的区分,也可对还原性物质进行野外原位测定,它是利用极化电极上的电流—电压关系来测定溶液中的可还原或可氧化的物质的方法。

由前述可知,Eh 值由[氧化态]/[还原态]的比值决定,即由氧化态和还原态物质的活度比决定。对于一个氧化还原体系,在定性上,Eh 值越大,则表示氧化剂所占的比例越大,即氧化性越强;反之亦然。在定量上,当土壤处于强还原条件下,氧化剂的活度趋近于零,铂电极和土壤溶液之间的电子交换电流几乎取决于绝对优势的还原剂时,将式(8-2)中的第二项(包括反应物活度比)可并入 $E^{\ominus}$ 项,以 $E^{\ominus'}$ 表示,$\frac{RT}{nF}$ 为常数,用 α 表示,则式(8-2)可表示如下:

$$Eh = E^{\ominus'} - \alpha\lg[\text{还原剂}] \tag{8-4}$$

由式(8-4)可知,除了 $E^{\ominus'}$ 项以外,所得的铂电极的混合电位决定于还原剂的数量,此时,在 Eh 和还原物质的数量之间应存在直线关系(丁昌璞,1992)。

强度因素决定化学反应的方向,数量因素则是定量研究各种氧化还原反应时的依据。强度因素和数量因素的意义虽然有别,但彼此又存在相互制约的负相关关系。这种关系在还原性水稻土或湿地土壤中表现为还原性物质控制电位,Eh 低;在氧化性自然土壤中则表现为氧体系控制电位,Eh 高。

8.5.1.3　土壤氧化还原过程的特点

(1)体系的多样性

土壤中的氧化还原体系有无机体系和有机体系两大类。在无机体系中,包括氧体系、铁体系、锰体系、硫体系、氮体系等多个重要体系;有机体系则包括多种不同分解程度的有机化合物、微生物的细胞体及其代谢产物等。这些体系以不同的形态和比例存在于土壤中，组成了复杂多变的混合体系。

（2）反应的复杂性

土壤中的氧化还原反应有些是纯化学反应，但更多的是有微生物参与的生化反应，这些反应有可逆、半可逆和不可逆之分，且反应速率有很大差别。加之多种氧化还原反应的交错影响，故很难用简单的推导或计算来表达土壤的氧化还原过程。

（3）表现的不均一性

土壤是一个不均一的多相体系，在较为微观的局部，物理、化学和生物学环境互有差异。因而，即使在同类土壤剖面，甚至同一层次点与点之间的氧化还原状况都不尽一致。丁昌璞（2008）的研究表明，自然土壤表层的 Eh 一般低于其下各层，其差幅随植物群落而异，如季风常绿阔叶林林下土壤的上下层差幅大于针阔叶混交林和马尾松林的（表 8-6）。

（4）决定氧化还原电位的体系

在通气土壤中（$Eh > +300$ mV），由于锰、铁、硫以及有机体系的氧化态和还原态物质活度较小，故氧体系对氧化还原电位起决定作用，但在局部或微域中，微生物参与的其他氧化还原体系起有重要作用；在嫌气性土壤中（$Eh < +100$ mV），因氧的消耗，决定氧化还原电位的主要是有机还原性物质。虽然铁体系也可以起到较大的作用，但它要受到氧体系和有机体系的控制。

（5）还原顺序

土壤中存在着明显的顺序还原。在嫌气条件下，当土壤中 O_2 被消耗掉，其他氧化态物质如 NO_3^-、Mn^{4+}、Fe^{3+}、SO_4^{2-}，将随着 Eh 值的逐渐降低依次作为电子受体被还原。

（6）动态平衡

土壤中氧化还原平衡经常变动，不同的时间、不同的空间以及不同的管理措施都可能导致 Eh 值的改变。从化学平衡角度讲，土壤总是处于氧化还原动态平衡过程之中。

表 8-6　森林土壤的氧化还原状况

土壤	地点	植被	深度（cm）	pH	电位（Eh）	还原性物质（$\times 10^{-5}$ mol/L）
砖红壤	云南西双版纳	原始雨林	0~1	4.5	560	4.01
			1~5	4.2	640	2.04
			5~20	4.2	690	2.21
			20~45	4.4	20	0.00
	海南尖峰岭	原始雨林	0~5	4.5	630	3.86
			5~30	4.2	710	1.90
			30~45	4.5	720	1.33
赤红壤	广东鼎湖山	季风常绿阔叶林	0~2	3.5	640	1.75
			2~10	3.7	720	1.05
			10~32	4.1	700	0.91
			32~85	4.0	710	0.00

（续）

土壤	地点	植被	深度(cm)	pH	电位(Eh)	还原性物质($\times10^{-5}$ mol/L)
红壤	江西余江	马尾松	0~6	5.3	570	1.00
			6~60	6.1	610	0.31
			60~100	5.6	680	0.00
黄棕壤	江苏南京	林灌	0~10	5.6	450	未测
			10~25	5.6	510	未测
			25~50	5.8	580	未测
褐土	北京	林灌	0~7	7.2	440	未测
			7~20	7.2	470	未测
			20~60	7.4	490	未测
			>60	7.6	480	未测
灰钙土	宁夏银川	稀疏草灌	0~10	7.3	450	0.1
			10~30	7.4	440	0.1
			30~60	7.8	450	0.12
棕漠土	新疆吐鲁番	地表裸露	0~5	9.0	520	痕量
			5~30	8.6	490	痕量
			30~75	8.6	450	痕量
风沙土	新疆阜康	地表裸露	0~20	8.4	490	未检出
			20~50	8.2	500	未检出
			>50	8.3	500	未检出

　　资料来源：丁昌璞，2008。

8.5.2　土壤氧化还原状况的生态影响及其调节

8.5.2.1　土壤氧化还原状况及其影响因素

　　土壤氧化还原的相关研究资料表明，由于水分、通气、有机质和 pH 值等状况不同，使不同土壤的氧化还原状况有很大差异，但 Eh 大致范围为+750 ~ -300 mV，这几乎包括了自然生物界的最大变异范围。在土壤学中，常把+300 mV 作为氧化性和还原性的分界点。也有学者根据 Eh 值对土壤氧化还原状况进行分级（表 8-7），但划分带有一定的相对性。

　　一般认为，通气土壤的 Eh 值约+700 ~ +300 mv，渍水土壤的 Eh 值则为+300 ~ -200 mV，通常在+200 ~ +700 mV 范围内时，养分供应正常，植物根系生长发育较好。$Eh>$ +700 mV，氧化条件较强，有机质分解快，营养得不到积累，引起养分流失、缺乏，同时使铁、锰处于氧化状态而降低其有效性；$Eh<$ + 200 mV，还原条件较强，有机质矿质化受限制，且氮素易发生反硝化作用，同时铁、锰处于低价态，还原物质 H_2S、CH_4 等大量积累，会对植物产生毒害。

表 8-7 土壤氧化还原状况分级

Eh 值（mV）	氧化还原状况	表　现
>+700	强氧化状态	通气性过强
+700 ~ +400	氧化状态	氧化过程占绝对优势，各种物质以氧化态存在
+400 ~ +300	弱氧化状态	O_2 含量减少
+300 ~ +200	弱还原状态	NO_3^-、Mn^{4+} 被还原
+200 ~ -100	中度还原状态	出现较多还原性有机物，Fe^{3+}、SO_4^{2-} 被还原
< -100	强还原状态	CO_2、H^+ 被还原，且硫化物开始大量出现

土壤的氧化还原作用是一个动态的过程，并受到土壤的通气状况、水分状况、温度、pH 值、土壤中易分解的有机物质状况、土壤中易氧化或易还原的无机物质的状况以及植物根系的代谢作用等的综合调控。

（1）土壤的通气状况

土壤的通气状况决定了土壤空气和土壤溶液中的氧浓度以及土壤中氧化剂、还原剂的存在状态。通气良好，土壤与大气间气体交换迅速，土壤氧浓度高，氧化作用占优势，Eh 也较高；通气不良，土壤与大气间的气体交换缓慢，加之微生物活动和根系呼吸耗氧，使氧浓度降低，则 Eh 下降。土壤的通气状况，主要由土壤的孔隙状况和水分状况所决定。孔隙度大，水分含量低，则通气良好；长期渍水，则土壤通气差。一般，在通气良好时，氧化还原电位升高，Eh 值大，而在通气不良时，则氧化还原电位下降，Eh 值小。因此，Eh 值可以作为衡量土壤通气性状况的指标。

（2）土壤中易分解的有机质状况

土壤中易分解有机质主要是指植物组成中的糖类、淀粉、蛋白质等以及微生物本身的某些中间分解产物和代谢产物，如有机酸、氨基酸、醇类等。有机质分解主要是由微生物完成的耗氧过程，土壤中易分解的有机质越多，耗氧越多，氧化还原电位降低的趋势越明显。大多数森林土壤表层有机质含量高于下层，故分解时耗氧也比下层多，其 Eh 值通常也比下层低数十至数百毫伏。阶段性渍水时，土壤 Eh 值迅速、大幅度降低往往也与含有较多的易分解有机质密不可分。

（3）土壤中易氧化或易还原的无机物质状况

土壤中易氧化的无机物质越多，则还原条件越发达，并且抗氧化的平衡作用也越强；反之，易还原的无机物质较多时，则抗还原的能力也较大。土壤中的氧化铁和硝酸盐的含量高时，可以减弱还原条件，使 Eh 值下降得较少。许多测定数据都证明，含有有机质的量中等而氧化铁量较高的土壤，渍水后氧化还原电位的下降较慢。

（4）微生物活动

微生物活动需要氧，这些氧可能是游离态的气体氧，也可能是化合物中的化合态氧。微生物活动越强烈，耗氧越多，使土壤溶液中的氧压减低，或使还原态物质的浓度相对增加，故而使土壤的氧化还有电位降低。在通气良好的土壤中，好氧性微生物的有氧呼吸消耗土壤溶液乃至土壤空气中的氧气，活动越强烈，耗氧越迅速，因而总是趋于使 Eh 值下降。当通气不良或渍水时，土壤中的 O_2 逐渐耗竭，厌氧性微生物的活动占优势，微生物夺取有机质或含氧盐（如 NO_3^-、SO_4^{2-} 等）中所含的氧，形成大量复杂的有机或无机还原性物质，使 Eh 值急剧降低。

（5）植物根系的代谢作用

植物根系的分泌物可以直接或间接地影响到根际的氧化还原电位。植物根系一般能分泌出有机酸等有机物质，造成特殊的根际微生物的活动条件，并且这些分泌物本身也可能有一部分直接参与根际土壤的氧化还原反应。根分泌物往往导致根际 Eh 值降低，很多植物根际的 Eh 值要比根外土体低几十至上百毫伏，但湿生植物的情况则完全不同，它们的根系往往分泌氧，故而使其根际土壤的 Eh 值比根外土体高几百毫伏。

（6）土壤 pH 值

土壤作为一个多体系共存的混合体，其 Eh-pH 关系较复杂。一般而言，土壤的 Eh 值在一定条件下，是随着 pH 值的升高而下降的。在 25 ℃时，二者关系可写为：

$$Eh = E^{\ominus} + \frac{0.059}{F}\log\frac{[\text{氧化态}]}{[\text{还原态}]} - 0.059\frac{m}{n}\text{pH} \tag{8-5}$$

由式（8-5）可知，当 $m=n$，温度为 25 ℃时，每单位 pH 变化所引起的 Eh 变化（$\Delta Eh/\Delta$pH）为 -59 mV。不同的氧化还原体系的 m/n 值不一样，$m/n>1$ 时，$\Delta Eh/\Delta$pH 会呈比例增加。可见，pH 值是影响氧化还原电位的一个重要因素。在很多体系中，其影响程度常超过活度比。一般土壤的 pH 值为 4~9，高于标准状态（pH=0），因而总是使 Eh 值降低。

综上所述，影响土壤氧化还原过程的条件是经常变化的，它受土壤水分、通气状况、微生物活动、植物生长等多种因素的影响，同时，也受农林业技术措施的影响。如在经济林中进行灌溉或施入新鲜有机肥等都可以降低氧化还原电位，而排水过程可使土壤变干，通气增加，氧化还原电位将相应提高。因此，在缺乏有效态铁、锰、铜的土壤中，可以施用有机肥料加强还原作用，促进其溶解。在还原物质多，危害植物生长发育时，则可以采取各种改善通气的措施以提高氧化还原电位，如降低水位、深耕晒垡等。

8.5.2.2　土壤氧化还原状况的生态影响

土壤中由于多种多样氧化还原体系的存在和固、液、气相的参与，其平衡过程复杂，加之生物的参与，则表现出更为活跃的特征。土壤中氧化还原反应不仅对土壤本身，包括成土过程、土壤肥力和土壤环境有影响，而且对其他圈层，包括大气、生物、水和岩石圈的物质循环和生态环境都有极大影响。

（1）对土壤圈物质转化和循环的影响

土壤氧化还原过程因影响土壤中的物质和能量转化，故而可对土壤的形成发育、有机质的分解与积累、土壤养分有效性、土壤还原性有毒物质的产生与积累等众多过程产生影响。

①对土壤形成发育的影响　从母岩风化到土壤形成的整个过程中，进行着多种化学和生物化学反应，其中氧化还原反应占有重要地位。自然界的许多成土过程皆与氧化还原反应有关，如漂灰化过程、白浆化过程、草甸化过程、潜育化过程等。长期所处的氧化还原状态及其变化特征不同常导致土壤亚类乃至土类的分化，特别在湿地土壤或硫酸盐土形成过程中，氧化还原反应在一定程度上起决定作用。酸性硫酸盐土就是滨海沼泽地区脱沼过

程中硫化物氧化产生大量硫酸所致，其本质是氧化还原电位升高所引起的氧化过程。

北方森林植被下的灰化土的形成被认为与氧化还原过程密切相关，虽然对灰化过程人们过去较为强调有机物的络合作用，但研究表明植物凋落物在土壤中的腐解产物（如酚类化合物）不仅可以还原 Fe^{3+}，也可以将 Mn^{3+} 和 Mn^{4+} 还原，使之参与络合反应。另外，在某些局部的低湿条件下，土壤季节性的干湿交替导致氧化还原状态交错，频繁的氧化还原作用也常形成大量的铁、锰锈斑或结核。若常年积水，则形成各种潜育化土壤。

许多土壤的颜色以及剖面形态特征也与土壤的氧化还原状况密切相关，如铁铝土的颜色是由土壤中铁的氧化还原状况决定，而紫色土的颜色则是由铁、锰的氧化还原状况决定。

②对土壤有机质分解和积累的影响　一般认为，在氧化状态下有机质的矿化消耗速率较快，过高的 Eh 值不利于土壤腐殖质积累。偏湿的水分状态和较低的 Eh 值条件下，有机质矿化得到一定抑制，利于积累大量腐殖质。在沼泽土中，除积累腐殖质外，尚积累大量的半分解植物残体——泥炭。滨海红树林的湿地土壤就是受到周期性潮水的淹没，土壤缺乏氧气，氧化还原电位较低，有机质以积累为主，且植物残体多处于半分解状态。

土壤有机质的转化除受氧化还原状况的影响外，更重要的是一些有机化合物直接参与土壤氧化还原反应，它们是土壤各种氧化还原体系的最终电子供体。这方面研究得较多的是一些酚类化合物和某些根分泌物。研究表明，土壤酚类化合物在铁、锰氧化物的催化作用下发生氧化聚合，而氧化物对酚类化合物的氧化聚合是土壤有机碳向土壤腐殖物质转化的一条重要途径。

③对土壤养分转化与有效性的影响　氧化还原状况显著影响土壤中无机态变价养分元素的生物有效性。氮、磷是植物必需的大量营养元素。在土壤氮素转化和磷的释放过程中，氧化还原反应起着重要的作用。如氮的硝化、反硝化过程本身就是有生物参与的氧化还原反应，土壤中铵氧化成 NO_3^- 的反应中氧化剂一般是氧，在淹水条件下土壤中无定形氧化铁和氧化锰也可作为铵氧化的电子接收体；反硝化作用是厌氧条件下 NO_3^- 逐步还原成 N_2 和 N_2O 的过程。土壤中的磷本身不参与氧化还原反应，但土壤淹水还原后却能改变磷的形态，增加磷的有效性。我国南方大面积的红壤地区，土壤无机磷以闭蓄态为主（约占无机磷的50%），其有效性不高，但土壤淹水后高铁还原，磷可从闭蓄态中释放出来供植物利用，同时磷酸铁也还原为磷酸亚铁，使磷的有效性显著提高。

另外，土壤中一些有价态变化的微量元素，如 Ca、Co、Mo、Fe、Mn 等，能参与土壤氧化还原反应，从而使自己的形态发生转化，进而影响其对植物的有效性。例如，在强氧化状态下（$Eh>700$ mV）高价铁、锰氧化物的溶解性很差，可溶性 Fe^{2+}、Mn^{2+} 及其水解离子浓度过低，植物易产生铁、锰缺乏，而在适当的还原条件下，部分高价铁、锰被还原为 Fe^{2+} 和 Mn^{2+}，对植物的有效性增高。

④对土壤还原性有毒物质产生和积累的影响　氧化还原反应会影响土壤还原性有毒物质的产生和积累。当土壤处于中、强度还原状态时，就会产生 Fe^{2+}、Mn^{2+} 甚至 H_2S 和某些有机酸（如丁酸）等一系列还原性物质，并在一定条件下导致这些物质过量积累，从而引起对植物的毒害作用。H_2S 和丁酸等的积累，不仅会抑制植物含铁氧化酶的活性，影响呼吸

作用，还会减弱根系吸收水分和养分的能力。强还原状态下，形成的 FeS、CuS 等沉淀还将附着在根部，造成植物发生黑根现象，显著降低根的通透性。

⑤对土壤重金属元素的形态转化与毒性的影响　对生物敏感的重金属元素，如 Cr、As、Pb、Cd、Hg 等，其有效性和毒性受土壤氧化还原条件的影响。例如，土壤中大多数污染重金属（如 Cd、Pb、Hg）是亲硫元素，在渍水还原条件下易生成难溶性硫化物，而当水分排干后，则氧化为硫酸盐，其可溶性、迁移性和生物毒性迅速增加，但是当土壤中的无机汞还原为金属汞，并进一步被微生物转化为甲基汞时，其毒性在还原条件下反而会大幅增加，这在水田和湿地生态系统中都至关重要。另外，Cr(Ⅵ) 的毒性大于 Cr(Ⅲ)，在大量有机质存在的条件下，Cr(Ⅵ) 能自发地还原为 Cr(Ⅲ) 而使其毒性下降，且低 pH 值有利于此还原反应的进行。然而，土壤中 As(Ⅲ) 的毒性、溶解度和活性都大于 As(Ⅴ)，还原条件会导致 As(Ⅲ) 的大量增加而致使其毒性增加，但锰氧化物可将 As(Ⅲ) 氧化成 As(Ⅴ) 而降低砷的毒性。同时，氧化还原状况还影响一些无价态变化或价态变化不重要的重金属如 Cd、Pb 的形态转化。有研究表明，土壤中水溶性 Cd 随氧化还原电位的升高而增加，而水溶性 Pb 随 Eh 值的升高而减少。

（2）对林木生长的影响

土壤氧化还原反应对林木生长的影响主要表现在以下 2 个方面：

①通过改变土壤中物质的状态或存在形式，改变植物生长的环境条件，从而影响植物生长　例如，在我国北方或盐碱土壤中，铁、锰氧化物被还原为植物能利用的 Fe^{2+}、Mn^{2+} 以及被氧化物吸附的微量元素，为植物营养创造了有利条件，从而促使植物生长，但在南方红壤地区或有机质丰富的沼泽地，长期渍水造成的强还原条件，会产生大量 Fe^{2+}、Mn^{2+}、H_2S 以及有机酸，会对植物产生毒害，严重的嫌气或还原环境还常导致根系腐烂和植物死亡。

②土壤氧化还原过程还直接影响植物体内氧化还原状况　通常，土壤氧化还原电位降低，可导致植物体内 Eh 值也降低。当土壤氧化还原状况与植物体维持正常生理活动的氧化还原状况的差异超出植物自我调节的限度时，植物体内酶的活动，以及一些生理、生化反应就可能发生障碍。

土壤氧化还原状况常与水分状况相联系，因此，植物对土壤 Eh 值高、低的适应性往往对应着其耐旱性或耐（喜）湿性，但二者并不能等同看待。例如，水曲柳属于喜湿性树种，常生于溪流两侧有流水的地带，但在静水沼泽附近却不能生长，原因是该树种喜湿而不耐缺氧的还原性环境。由于植物长期形成的对土壤氧气、水分、养分及还原性有毒物质组合状况的适应性，故不同植物往往有不同的适生 Eh 值范围（表 8-8）。

表 8-8　东北林区几种森林植物的适生 Eh 值范围

植　物	正常生长 Eh 值范围（mV）	变幅（mV）	可致死 Eh 值（mV）
樟子松（Pinus sylvestris）	+400~ +750	350	+200
红松（Pinus koraiensis）	+350~ +600	250	+100
落叶松（Laris gmelinii）	−100~ +700	800	−200
臭冷杉（Abies nephrolepis）	−200~ +500	700	—

（续）

植　物	正常生长 Eh 值范围(mV)	变幅(mV)	可致死 Eh 值(mV)
白桦($Betula\ platyphylla$)	+100~ +600	500	0
水曲柳($Fraxinus\ mandshuric$)	+200~ +500	300	0
踏头薹草($Carex\ tat$)	−200~ +200	400	—

资料来源：孙向阳《土壤学》，2005。

（3）对生态环境与全球变化的影响

①与温室气体产生的关系　土壤氧化还原状况对大气环境和全球变化的影响主要表现在 N_2O、CH_4、CO_2 等温室气体排放方面。土壤是这些气体产生的重要地表源，控制这些气体产生的主要土壤化学过程就是氧化还原反应，而这些反应通常都有生物参与。

首先，当土壤氧化反应强烈时，土壤有机质分解迅速，土壤累积有机质的能力下降，土壤有机碳库和碳汇功能降低，土壤成为温室气体的碳源，如湿地退化和开垦即可在一定程度上引起 CO_2 排放量增加。

其次，当土壤氧化还原电位较低时，森林土壤还原反应强烈，土壤反硝化作用增强，硝酸盐被还原为 N_2O 和 N_2，而 N_2O 是温室效应强烈的温室气体，对全球气候变化具有强烈影响。据估计，全球自然土壤的年 N_2O-N 排放量为 $600×10^4±300×10^4$ t，施肥土壤每年向大气排放的 N_2O-N 有 $150×10^4$t。在农林业生产中，使用氮肥是 N_2O 产生量增加的基本原因，N_2O 排出量可达施肥量的 0.1%~2% 以上。还原性土壤施用硝态氮肥或氮肥被淋洗到湿地常引起最显著的 N_2O 排放。

再者，渍水土壤在强还原条件下（$Eh < -200$ mV），产甲烷细菌可促使有机分解的产物 CO_2 还原释放出甲烷，对全球气候变化施加强烈作用。因此，富含有机物质，长期淹水的天然湿地和稻田土壤是温室气体的重要来源。据估计，美国湿地每年排放甲烷约 $1×10^8$ t。

②与土壤酸化的关系　土壤氧化还原与土壤酸度的关系密切，因为大多数氧化还原反应都有质子参与，伴有质子的产生或消耗。从土壤淹水还原后 pH 值显著升高，硫酸盐土形成过程硫氧化导致 pH 值急剧下降可看出，氧化还原反应对土壤酸度的影响是不可忽视的。但是，土壤是个非常复杂的体系，其过程受多种因素的控制。就氧化还原对土壤酸化影响来说，受到土壤缓冲性和元素移动的影响。如土壤淹水后，氧化铁还原形成的大量 Fe^{2+} 可与交换性盐基离子作用，并使交换下来的盐基随水淋失。当土壤处于氧化状态时，交换态亚铁氧化并释放出 H^+ 占据交换位，如此循环往复，可导致土壤永久酸化，滨海酸性硫酸盐土的形成就具有如此相似的过程。

③其他　土壤氧化还原反应对土壤微生物非常重要，是微生物获得能量和碳源的主要途径。氧化还原状况改变，土壤微生物的生态环境发生变化，其种群分布和活性就会发生相应变化。此外，氧化还原过程还对土壤结构、土壤表面性质、植物根际营养等有不同程度的影响。

8.5.2.3　土壤氧化还原状况的调节

由于土壤氧化还原过程对土壤理化性质、林木生长和环境变化等具有显著的影响，因此，无论从林业经营与管理，还是从温室气体的减排角度出发，都需要采取适当的生物、土壤和工程措施来调控土壤氧化还原过程。

（1）水分调节改变土壤氧化还原状况

土壤水分管理是控制土壤氧化还原过程的最常用技术和措施。由于土壤氧化还原状况的首要影响因素是通气性，而空气与水分又存在消长关系，所以土壤氧化还原状况常与水分状况密切相联，土壤水、气调节的同时也伴随着氧化还原调节。

在沟谷或地势低洼地段，水分过多和通气不良常造成较强的还原环境。在森林生态系统的经营和管理中，常采用开沟排水的方式降低地下水位，使土壤处于氧化过程占优势的状态，并使土壤温度易于上升，微生物活性增强，有机物质分解加快，养分得以释放，立地条件变好，加速林木生长。简易办法是明沟排水，即在林地或园圃（苗圃、花圃等）开挖截渗排水沟；林区一些还原性过强的湿地土壤（腐殖质沼泽土、潜育草甸土）可以用机械排水造林（耐湿树种）。小兴安岭林区自 20 世纪 60 年代起便积累了许多沼泽排水造林的成功经验。当然，从生态系统多样性保护的角度考虑，大面积沼泽应该作为湿地资源加以保护。另外，对于已经适应湿生环境的森林，如红树林，也不必采用排水措施。

当土壤氧化性过强时，灌溉可以适当降低氧化还原电位，并使某些养分（Fe、Mn、P 等）有效性增加，但灌溉的首要目的往往是补充水分，调节氧化还原状况只是其"附加作用"。另外，对于污染土壤，有时需要通过吸附、沉淀等过程使污染物固定，以降低其毒性；有时需要促进溶解，以将其转移出土体之外；有时则需加速降解，以解除其危害。因此，可根据不同情况进行排、灌处理，将氧化还原电位调节至适当范围。

（2）通气调节改变土壤氧化还原状况

凡是改善土壤通气性的措施都有利于提高氧化还原电位。土壤通气性主要取决于通气孔隙的数量和大小，故质地改良、结构改良、中耕松土、深耕晒垡等措施均能改变土壤通气性和氧化还原状况。为增加土壤通气性，提高氧化还原电位，可采取措施以促进良好结构的形成（团粒结构），如增施有机肥、改良土壤酸碱性等。为适当降低氧化还原电位，也可采取镇压等方式，减少通气孔隙数量。

（3）有机质管理改变土壤氧化还原状况

有机质管理可以改变土壤氧化还原状况。对于氧化性土壤，增加有机质含量可以适当加强还原作用，增加有效态铁、锰、铜等养分供应，尤其是新鲜有机物（如枯叶、绿肥等）配合灌水，可在短期内使氧化还原电位下降 100 至几百毫伏。但是，此法在质地黏重且有涝害威胁的土壤上应该慎用，原因是大量有机物质归还可导致土壤氧化还原电位急剧下降，反而会对植物根系造成毒害。在林业土壤上，应注意林下枯落物的保持，对经济林还可采取种植绿肥或适当施用有机肥的方式。

（4）其他调节措施

土壤 pH 值可直接影响氧化还原电位，故可通过调节土壤的酸碱性来适当调节氧化还原电位，如通过施用石灰来调节酸度。另外，适当的营林技术和措施也是控制土壤氧化还原状况的有效途径。例如，通过疏林的方式，增加林下的光照条件，提高土壤温度，有利于促进土壤微生物的生长与繁衍，提高养分的有效性。

对人工林而言，还可采取施肥的方式调节。不同类型肥料，可对土壤 pH 值、土壤微生物活动等产生不同影响，进而影响氧化还原电位。如铵态氮肥、硝态氮肥的施用会使植物根际土壤的 pH 值和 Eh 值发生不同的变化，故施肥时应选择合适的肥料类型。在水田或其他还原性土壤施氮肥时应以铵态氮肥为好，硝态氮虽有助于提高氧化还原电位，但易引起反硝化损失和渗漏损失。林地施肥也以铵态氮为好，以防硝态氮淋洗流入湖沼湿地，引起水体富营养化和 N_2O 排放增加。在用硫黄粉作硫肥或调节土壤酸度时，应将其用在氧化态土壤上，若施在还原性强的土壤中则会产生 H_2S 危害。

案例分析

案例 8.1　酸雨区森林土壤的缓冲机制

胡波等(2013)通过采集 4 种典型林分不同土层土壤样品，研究森林土壤缓冲特性及其影响因素。结果表明，同一土壤在不同的 pH 值阶段其酸缓冲能力相差很大，这是由于土壤不同缓冲机制所造成的。当 pH>3.0 时，土壤中起主要缓冲作用的是土壤有机质、CEC、交换性 Al^{3+} 等；当 pH<3.0 时，土壤的主要缓冲机制为土壤矿物质的风化，土壤 pH 值成为影响缓冲作用的主要因素。

案例 8.2　还原条件下的湿地土壤与全球气候变化

湿地土壤是指具有水渍条件下形成的特殊土层的土壤，特殊土层如矿质潜育层、腐殖质潜育层、淹育层和潜育层等。中国湿地土壤类型众多，大体可将其分为自然湿地土壤和人工湿地土壤，自然湿地土壤主要包括沼泽土和泥炭土，人工湿地土壤主要指水稻土。

湿地一直被认为是大气 CO_2 的重要碳汇，而湿地土壤固碳过程是湿地发挥碳汇功能的重要环节之一。湿地土壤固碳是将湿地高生产力植被生物同化的 CO_2 储存且稳定于土壤中，从而进一步减少陆地生态系统 CO_2 排放的过程。依照生物气候条件，湿地土壤可发育成为泥炭土、沼泽土或草甸土，这不但使表层有机碳含量高，而且因土层深厚，还表现为深层储碳。国内外研究表明，湿地土壤有机碳密度可高达相应气候地带农业土壤的 3 倍，一般在 150 t/hm² 以上，很多沼泽和泥炭湿地的碳密度高达 300 t/hm² 以上。因此，湿地生态系统及其湿地土壤都表现为大气的碳汇。

然而，湿地土壤除了能够积累大量的碳之外，由于其厌氧环境(还原状态)并拥有大量微生物，被固定的碳在湿地环境中，会通过微生物分解再次释放到大气中，并以 CO_2 和 CH_4 释放为主，其本质是电子转移与元素的价态变化过程。因此，湿地土壤不仅仅是 CO_2 的"汇"与"源"，作为具有较低氧化还原电位的土壤体系，湿地土壤还是 CH_4 等温室气体的重要来源。除自然湿地土壤外，水稻田作为人工湿地土壤在温室气体排放和全球气候变化中也不容忽视。稻田是非常重要的温室气体人为排放源，淹水稻田排放的 CH_4 和 N_2O 分别占全球农业温室气体排放的 30% 和 11%。

湿地作为"地球之肾"，在世界自然保护大纲中，与森林、海洋一起并列为全球三大生态系统。森林作为气候调节中重要一环，其"碳汇"功能已得到广泛认可，但湿地系统由于其自身特性，碳源、碳汇定位仍有争论，但人类有能力通过对湿地的管理进而影响湿地的循环过程与方向，并改变其在碳循环过程中的角色与在全球气候变化中的定位。

本章小结

　　本章从化学性质的角度对森林土壤的主要化学特性进行了详细论述，在介绍森林土壤中直径小于 2 μm（或 1 μm）的土粒，即土壤胶体性质和作用的基础上，讨论了土壤对阴阳离子的吸附作用与离子交换作用，以及土壤的保肥供肥性能、土壤的酸碱性、土壤的缓冲性等，而以上化学特性均与土壤胶体的类型有关。土壤胶体主要分无机胶体、有机胶体和有机—无机复合胶体 3 种类型，其中，无机胶体主要包括具有晶层结构的层状硅酸盐和无定形的氧化物两类，而层状硅酸盐又可根据晶层连接方式分为 1∶1 型、2∶1 型和 2∶1∶1 型，不同类型无机胶体的带电性、保肥性、膨胀性、黏结性等均存在明显差异；有机胶体属两性胶体，主要指土壤中的腐殖质部分，而有机—无机复合胶体则是土壤胶体最主要的存在形态。通常，土壤阳离子交换量可作为衡量土壤供肥性的重要指标，而盐基饱和度则可用于衡量土壤的供肥性能。

　　森林土壤的酸碱反应是影响林木生长的重要性质，其酸碱反应除受气候、植被类型等自然因素影响外，还与酸沉降等环境过程有关。土壤酸度可由活性酸和潜在酸共同表征，活性酸可代表土壤酸的强度，潜在酸则可表征土壤酸的容量。此外，本章还介绍了土壤氧化还原体系的组成以及氧化还原性对森林土壤、林木生长以及生态环境的影响，并揭示了土壤化学反应的电子传递本质。

复习思考题

1. 土壤胶体有哪些基本性质？其中最重要的性质是什么？
2. 土壤胶体带电的原因是什么？哪些胶体的电荷量较大？
3. 土壤的阳离子交换量有何实际意义？影响土壤阳离子交换量之间的因素有哪些？
4. 土壤酸度有哪几种类型？活性酸和潜性酸之间有何联系与区别？
5. 什么是土壤缓冲性？土壤具有缓冲性的原因是什么？
6. 森林土壤中有哪些主要的氧化还原体系？
7. 简述森林土壤氧化还原状况的影响因素。
8. 如何调节森林土壤的氧化还原状况？

本章推荐阅读书目

1. 土壤化学．李学垣．高等教育出版社，2001.
2. 土壤化学原理．于天仁．科学出版社，1987.
3. 土壤的氧化还原过程及其研究法．丁昌璞，徐仁扣，等．科学出版社，2011.

第*9*章
森林土壤养分

土壤养分是限制植物生长和土壤生产力的重要因素之一，它是土壤肥力的重要组成部分。植物在其生长发育过程中，为了完成其生活周期，必须从土壤中吸收各种营养元素，故存在于土壤中的植物所需的营养元素，被称为土壤养分。土壤养分的来源、含量、分布特征、有效性，及其与其他生物与非生物之间的关系，不仅是林木生长发育所必需的物质基础，还是森林生态系统演替与发展的前提。

9.1 土壤养分

9.1.1 营养元素与养分形态

构成植物的物质主要分为两大类：一部分是干物质，约占植物体的 5%~25%；另一部分是水，约占植物体的 75%~95%。干物质中又可分为有机质和矿物质，而植物的营养元素就是构成植物有机物和无机物的元素。

9.1.1.1 植物的必需元素

植物体内可检测出的元素有 70 种之多，但并非所有元素都是植物生长所必需的。1939 年阿隆(Arnon)和斯托德(Stout)提出了确定必需营养元素的 3 个标准：

①这种化学元素对所有高等植物的生长发育是不可缺少的，缺少这种元素植物就不能完成其生命周期。

②缺少这种元素后，植物会表现出特有的症状，而且其他任何一种化学元素均不能代替其作用，只有补充这种元素后症状才能减轻或消失。

③这种元素必须是直接参与植物的新陈代谢，对植物起直接的营养作用，而不是改善环境的间接作用。符合以上 3 个判定标准的化学元素才能称为植物的必需营养元素。

目前已确定的植物必需营养元素有 17 种，它们是碳（C）、氢（H）、氧（O）、氮（N）、磷（P）、钾（K）、钙（Ca）、镁（Mg）、硫（S）、铁（Fe）、硼（B）、锰（Mn）、铜（Cu）、锌（Zn）、钼（Mo）、氯（Cl）和镍（Ni）。必需营养元素按在植物体内的含量可分为大量元素和微量元素两类。C、H、O、N、P、K、Ca、Mg、S 为大量元素，一般占植物体干重的 0.05%~5%，通常在土壤中的含量比微量元素多；Fe、B、Mn、Cu、Zn、Mo、Cl、Ni 等为微量元素，一般占植物体干重的 0.000 01%~0.1%，通常在土壤中的含量较少（Fe、Mn 除外，表 9-1）。除必需营养元素外，植物体中还含有其他元素，即为非必需营养元素。在非必需营养元素中有一些元素，对特定植物的生长发育有益，或为某些种类植物所必需，此类元素称为植物的有益元素，如黎科植物需要 Na，豆科作物需要 Co，蕨类植物和茶树需要 Al 等。

森林植物营养元素含量受多因子的作用，如植物的种类、生长发育期、生存环境、群落的组成和结构、土壤特性等因子都直接或间接影响着植物营养元素含量，因而，各植物体内营养元素的含量有所差异，如华山松体内各营养元素含量为 N>K>Ca>Mg>P，而银杉的则为 Ca>N>Mg>K>P，次生栎林、侧柏也以 Ca 含量为最高，但多数林木的营养元素仍以 N 含量为最高。另外，同种植物的不同器官，其养分积累量也有所不同，总的变化趋势是叶中营养元素含量最高，树干中含量最低，但也有树木表现不同，如华山松中钙的含量以皮中最高，而落叶松中 Ca 则以干、枝中含量最高。

表 9-1　植物、土壤和地壳中养分的含量

元素	陆生植物养分含量（占干物质%）		土壤中的养分平均含量（g/kg 土壤干重）	地壳中的养分平均含量（%）
	变动值	平均值		
N	1.0~5.0	2.0	1.0	0.03
P	0.1~0.8	0.2	0.7	0.12
K	0.5~5.0	1.0	4.0	2.6
Ca	0.5~5.0	1.0	14.0	3.6
Mg	0.1~1.0	0.2	5.0	2.0
S	0.05~0.5	0.1	0.7	0.052
Fe	0.005~0.1	0.01	38.0	5.0
Mn	0.002~0.3	0.005	0.9	0.1
Zn	0.001~0.01	0.002	0.05	0.008
B	0.000 5~0.01	0.002	0.01	0.001
Cu	0.000 2~0.02	0.000 6	0.02	0.007
Mo	0.000 01~0.001	0.000 02	0.002	0.002 3

资料来源：孙向阳《土壤学》，2005。

9.1.1.2　森林土壤中的营养元素

必需元素对植物生长至关重要。在 17 种必需营养元素中，C、H、O 主要来自空气和水，通常不会缺乏，而其他必需的营养元素则主要从土壤中获取。N 是植物生长必需的养分，但在北方的森林或泥炭土中，因低温促进有机物的积累，降低有机物的矿化率，因此，可能导致土壤速效 N 供应不足。P 作为植物生长必需的养分，在热带亚热带地区的土壤中也易缺乏。在森林中，林木缺乏大量元素 K、Ca 的较罕见，但较易缺乏微量元素 B、Zn、Cu、Fe。总的来说，营养元素在天然林中主要依靠森林生态系统内部的积累与循环，进行自我调节供应林木需要，故天然林因某种养分不足而使生长受严重抑制的现象基本未见，但在人工林中，特别是短轮伐期的速生丰产林，生物量移出林地多，轮伐期短，养分积累与循环失调，会导致林木养分不足，生长减缓。北方平原杨树人工林、南方杉木、桉树人工林常见缺少 N、P 而生长受挫。因此，林地施肥成为速生丰产林培育的必要技术措施。

9.1.1.3　森林土壤的养分形态

根据养分在土壤中存在的化学形态可将其分为以下几种：

（1）水溶态养分

水溶态养分指土壤溶液中溶解的离子和少量的低分子有机化合物。此部分养分对植物有效性高，极易被植物根系吸收利用。

（2）代（交）换态养分

代（交）换态养分主要指土壤胶体吸附的离子态养分，是水溶态养分的来源之一。此部分养分对植物来说也属有效态养分。

（3）矿物态养分

矿物态养分大多数为难溶性养分，在土壤中主要以矿物态存在。只有经长期的风化过程才可能释放出来，它们通常不能被植物根系直接吸收利用。

（4）有机态养分

有机态养分是指以有机态存在的土壤养分，包括存在于土壤有机质中的养分和土壤微生物体中的养分。它们不能被植物根系直接吸收利用，而需要经分解转化后成为水溶性或代换性养分后才能被利用，且不同有机质矿质化过程的难易程度不同。

根据植物对营养元素吸收利用的难易程度，土壤养分还可分为速效性养分和迟效性养分。速效性养分主要指植物近期能够直接吸收利用的养分，一般来说，速效养分仅占很少部分，不足全量的 1%，通常包括上述的水溶性养分和代换性养分，是植物吸收的主体部分。迟效（缓效）养分主要指某些矿物质易于释放的养分或被黏土矿物固定在晶层之间的养分，如 K^+、NH_4^+ 常被固定在黏土矿物晶层之中。迟效养分是非交换性的，不易被其他同电荷离子交换，对植物的有效性较差。应该注意的是速效养分和迟效养分的划分是相对的，二者总处于动态平衡之中。

9.1.2　森林土壤养分的来源

在森林土壤中，土壤养分主要来源于土壤矿物质和土壤有机质，其次是地下水、坡渗水和大气降雨等。在农林业土壤中，土壤养分还可能来源于灌溉水、施肥等。总的来看，养分可以通过以下方式进入土壤，并通过各种转化过程成为植物生长所需要的养分形态。

9.1.2.1　来源于矿物质的养分

土壤矿物质养分最基本的来源是矿物质风化所释放出的养分，它包括氮素以外的各种营养元素。不同成土母质的矿物组成不同，故风化产物中释放的养分种类和数量也是不同的。母质中养分状况取决于岩石风化，而岩石风化的养分输入特点取决于岩石类型、气候、植被和土壤的形成与发育程度。

主要岩石类型的风化与养分释放特征如下：

（1）硅质岩石

由硅质岩石发育的土壤，一般缺少盐基成分，故矿物风化能释放的养分含量较低。如发育于硅质的砂岩、砾岩、石英岩等的土壤，只适宜于耐贫瘠的先锋树种，特别是松类的生长。

（2）正长石质岩石

构成此类岩石的矿物多富含 K 和 P，但只有少量的 Ca 和 Mg，故发育于花岗岩、正长岩、流纹岩、片麻岩等正长石质岩石的土壤，其矿物风化能释放较多的 K 和 P，适宜于一般用材树种生长，只有少数喜钙树种例外。

（3）铁镁质岩石

构成此类岩石的矿物多富含 Ca、Mg、P 及其他植物营养元素，但 K 的含量相对较低，故发育于辉长岩、闪长岩、玄武岩、安山岩、富含基性矿物的片岩等铁镁质岩石的土壤，其矿物风化能释放较多的矿质养分。在较温暖的气候条件下，土壤反应多呈碱性或中性，对喜钙的阔叶树有利，但不利于喜酸的针叶树种；在寒冷潮湿的气候条件下，铁镁类岩石的厚层土壤上可着生良好的阔叶林分。

（4）钙质岩石

由石灰岩、白云岩、钙质页岩等岩石发育的土壤，富含钙质，但因气候条件、风化程度、黏粒含量等影响，土性变异较大。在寒冷潮湿地区，富含黏粒的石灰岩形成的厚层土壤，生产力较高，常生长云杉或其他针叶树种；在温暖地区，这样的土壤多着生喜钙的树种，如山核桃、水青冈、刺槐、美国白蜡等；但在有些薄层的石灰岩土上则易受旱，常导致造林成活率低，在石漠化区的植被恢复初期，常遇到此类问题。

9.1.2.2　来源于有机质的养分

土壤有机质受微生物活动作用，每年按一定矿化率分解出相当数量的无机态养分。土壤中 N、P、S 等养分元素通常是以有机态积累和贮藏在土壤中，它们在土壤中的含量与有机质含量密切相关。在森林土壤中，有机质是养分的主要来源，且森林凋落物归还是其主要来源形式。森林凋落物包括地上部的植物凋落物和地下部分的根系凋落物，它们是维持森林肥力的主要机制。通过森林凋落物进入土壤的养分元素约占森林土壤养分输入的 40%~90%，此比例随气候、森林生态系统的结构和功能以及土壤类型等而异。翁轰等（1993）的研究表明，鼎湖山常绿阔叶林以及针叶林的森林凋落物中主要营养元素（N、P、K Ca、Mg）的年归还总量分别为 219.61 kg/hm^2 和 32.09 kg/hm^2，且常绿阔叶林的养分归还总量是针叶林的 6.8 倍（表9-2）。

表 9-2　鼎湖山森林凋落物中主要营养元素的年归还量　　　单位：kg/hm²

林型	N	P	K	Ca	Mg	合计
常绿阔叶林	127.69	5.89	42.56	30.79	12.68	219.61
针叶林	20.94	0.98	8.59	5.71	0.87	32.09

资料来源：翁轰等，1993。

9.1.2.3　大气降雨与沉降

大气降水与大气沉降过程也可为土壤带来养分。每年每公顷土地上可得到由大气降水带来的养分约 25~75 kg，其中，NH_4^+-N 约 5 kg，NO_3^--N 约 2 kg。大气沉降包括干沉降和湿沉降，其输入量的大小因降水特征、森林生态系统的物种组成和结构，以及大气环境等而有所不同。随着化石燃料的使用，人类向大气中排放了大量的含氮物质，导致大气氮沉降在全球范围内迅速增加。我国年均氮沉降通量也从 20 世纪 80 年代的 13.2 kg/hm² 增加到 21 世纪初的 21.1 kg/hm²。已有研究表明，氮沉降虽可增加土壤中有效氮的含量，但同时也会造成森林营养失调、土壤酸化、盐基离子流失等问题。

9.1.2.4　生物固氮

生物固氮是指生物把空气中的 N_2 转化成化合态氮贮存在土壤中的过程。生物固氮是森林生态系统重要的氮素来源。据估计，陆地生态系统每年通过生物固定的有效氮大约为 110 Tg（1 Tg = 10^{12} g），远远高于闪电固氮（3 Tg N/a）。有资料估计，每年每公顷土壤上自生固氮菌的固氮量可达 20~100 kg，豆科植物共生固氮量 50~280 kg，非豆科植物共生固氮量约 9~168 kg。桤木属于固氮植物，常在营林中作为先锋树种。有研究表明，中美桤木的根瘤每年可固氮 160 kg/hm²，红桤木的纯林每年的共生性固氮量甚至可高达 325 kg/hm²。

9.1.2.5　施肥、灌溉等人工措施

人工施肥是生产中土壤养分的重要来源。人们在经营土地，进行农林生产时，必须强调土壤养分的累积，并有意识地调控土壤养分的释放，以满足植物对营养物质的需求。在森林培育中，施肥是重要的抚育措施之一。此外，种植绿肥、营造混交林、灌溉、土壤改良等，也可改善土壤养分条件。

在大多数森林中，土壤有机质矿化是树木生长的主要营养来源，且树木的养分吸收速率与矿化释放速率密切相关。树木生长的第二个主要营养来源是树木本身的循环过程，即营养元素的再分配。通常，在凋落之前营养物质会从叶子转移到树枝上，并在下一个生长季节用于新的叶片和木材的生长。另外的养分来源则主要是大气沉降和土壤矿物的风化。

9.1.3　森林土壤养分的消耗

森林土壤养分的消耗主要是指每年因森林植物吸取、土壤淋失、气态逸失的养分。通常，进入土壤的养分可通过以下 4 个途径移出土壤，从而形成物质的新一轮循环，即植物吸收、淋溶损失、地表径流（水土流失）、还原成气体进入大气。

(1)植物吸收

由于植物的生物学特性不同，生长速率、吸收养分的能力、生长周期和人为利用方式等的差别，植物对土壤养分的消耗存在很大差异。一般，轮伐期短的速生用材林比轮伐期长的消耗养分多，集约经营的经济林比用材林消耗养分多。另外，阔叶树的养分需要量（如椴木）一般高于针叶树（如云杉、松）；同一树种不同树龄的林木对营养元素的需要量也有所不同，如松林，在树龄 30 a 以前其养分需要量是逐年增加的，其后就逐渐减少。但前苏联有关栎林的研究表明，从树龄 25 a 到 212 a 的林分，其每年对矿质营养元素的吸收量大致相同。

(2)淋溶损失

土壤中未被植物利用的可溶性养分，可以随土壤渗水从土层中淋失，其中最易淋失的是钠离子，其次是钾离子，钙、镁离子从土壤中淋失的较少。阴离子最易淋失的是硝酸根离子，其次是氯离子和硫酸根离子，可溶性磷的淋失较少。

(3)地表径流

由于地表径流而造成的土壤侵蚀也可引起各种土壤养分的损失，如磷的损失就主要通过地表径流以颗粒态形式迁移。傅庆林等（1995）对低丘红壤人工杉木林养分循环的结果表明，杉木林生态系统向外界输出养分主要通过林地径流的方式，其输出 N、P、K、Ca 和 Mg 分别为 0.44 kg/hm²、0.04 kg/hm²、7.76 kg/hm²、6.93 kg/hm² 和 0.16 kg/hm²。

(4)还原成气体

除上述 3 种土壤养分损失途径外，在土壤养分的转化过程中，有的养分还能以气态的形式从土壤中逸出，如二氧化硫、氮及其他含氮化合物。

9.1.4　森林土壤养分的循环

森林土壤养分的循环，涵盖了生物小循环和地质大循环两个过程。植物生长需从土壤溶液中吸收所需的营养元素，此吸收过程实则为生物固定过程，而植物器官凋落或死亡后重新归于土壤，并经土壤微生物作用又重新矿化为离子态养分被植物吸收的过程，即为森林土壤养分的生物循环过程。土壤矿物质经风化释放出离子态的养分进入土壤溶液，并随降雨、排水等过程淋失离开土壤系统的过程则为森林土壤养分的地质大循环部分。土壤养分的地质大循环是一个开放式的循环过程，存在着养分的输入和输出。从何园球等（1993）对我国热带亚热带森林土壤养分循环的研究可知，不同林型森林中养分的输入、输出以及平衡结余存在差异（表9-3）。

综上，土壤矿物的风化和有机物质的分解，可释放出离子态的矿质营养，这些离子可以随水流动，也可以通过土壤固定和生物固定等途径以无机物或有机物的形式重新聚积，这样就构成了一定形式的养分动态循环，此动态循环包括了上述的生物小循环和地质大循环两种形式。

森林中，土壤和植物之间养分元素的流动过程主要通过林木及林下植被的吸收、存留和归还 3 个过程来维持（表9-4）。此过程也可看作森林生态系统内林间养分的循环过程。

表 9-3　不同森林土壤养分的平衡　　　　　　　　单位：kg/(hm² · a)

林型	输入					输出			平衡结余
	通过降水	凋落归还			合计	地表径流	深层渗漏	合计	
		凋落量	N	灰分					
季雨林	287.7	9680	115	1036	1323.7	44.8	69.8	114.6	1209.1
雨林	195.1	8560	87	700.2	895.3	45.7	62.9	108.6	787.5
阔叶林	144.4	7270	64	319.2	465.3	28.5	34	62.5	401.1
人工幼林	41.5	1320	11	51.2	92.7	65.3	23.6	88.9	3.8

资料来源：何园球等，1993。

表 9-4　不同林分中氮素和灰分元素的年循环　　　　　　　　单位：kg/hm²

林分	林龄 (a)	状态	数量							
			N	SiO₂	R₂O₃	CaO	MgO	K₂O	P₂O₅	S
真藓 云杉林	38	吸收	61.8	25.4	31.5	73.3	16.3	45.5	28.3	23.2
		归还	37.1	12.9	17.5	45.0	9.7	19.3	15.3	12.4
		存留	24.7	12.5	14	28.3	6.6	26.2	13.0	10.8
	93	吸收	27.6	22.4	9.6	35.9	5.8	10.9	8.5	12.0
		归还	24.0	20.4	8.6	32.5	5.3	9.3	7.4	9.3
		存留	3.6	2.0	1.0	3.4	0.5	1.6	1.1	2.7
越橘松林	30	吸收	44.3	12	15.7	59.3	—	22.7	13.0	—
		归还	28.1	8.7	10.3	41.9	—	13.0	8.3	—
		存留	16.2	3.3	5.4	17.4	—	9.7	4.7	—
	95	吸收	9.9	3.8	3	14.3	—	4.7	2.3	—
		归还	9.7	3.7	2.9	14.1	—	4.5	2.2	—
		存留	0.2	0.1	0.1	0.2	—	0.2	0.1	—

资料来源：罗汝英《森林土壤学》，1992。

(1) 养分吸收

植物对养分的吸收主要通过母岩风化的土壤、林内有机质分解和树木内部运转与位移来实现，且森林养分吸收受到林型、树龄、土壤及气候条件等因素的影响。通常混交林比纯林更能满足植物对各种养分的需求，更有利于植物养分吸收。

(2) 养分存留

森林养分主要存留于林木和土壤中，且土壤中存贮着大部分的养分。研究表明，林木养分的积累量与生物量增量均与土壤中营养元素含量有关。

（3）养分归还

养分归还途径主要有凋落物分解、降雨和土壤细根枯死。凋落物是森林养分的物质库，亦是土壤有机质的主要来源，它是植物养分循环的基础。森林植物凋落量与森林类型、树种、树龄以及季节性变化有关。

从整体看，森林生态系统中养分的生物地球化学循环发生于土壤、林木、枯落物和大气 4 大分室之间，循环过程包括林木吸收、存留、凋落归还、淋溶归还、大气降雨及沉降输入、径流输出等路径（图 9-1）。此过程中的养分循环通量可进行具体测算。一直以来，人们对于林木从土壤中的年吸收量一般都是通过分别测算林木年存留量、年凋落归还量和年淋溶归还量之后直接进行计算的（林木吸收 = 林木存留 + 凋落归还+ 淋溶归还）。林木在整个生长过程中，以叶、枝等器官截留大气中的尘埃，并受雨水的淋溶而归还林地部分养分，其中包括尘埃中的养分和从树叶、枝、皮等树体器官中淋溶出的养分。淋溶归还的养分一部分随林内雨滴落入林地，一部分随干流回到林地。雨水淋溶归还养分量计算以林内外降水量和降雨化学测定为基础，而且林地水文化学遵循以下平衡关系：$Q_{淋溶} = Q_{林内雨} + Q_{干流} - Q_{林外雨}$，$Q$ 为年淋溶量 $kg/(hm^2 \cdot a)$。通过以上测算，可研究林地养分利用效率。

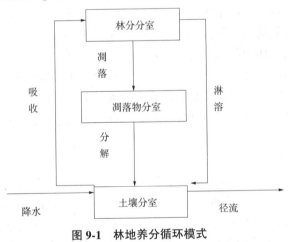

图 9-1　林地养分循环模式

9.2　森林土壤中的大量元素

9.2.1　森林土壤中的氮

9.2.1.1　氮的功能

氮是植物体内许多重要有机化合物的组分，也是遗传物质的基础。例如，蛋白质、核酸、叶绿素、生物酶、维生素、生物碱和一些激素等都含有氮素，蛋白质中平均含氮16% ~ 18%，核酸中平均含氮 15% ~ 16%。氮是林木生长必需的营养元素，它可以极大地刺激植物的生产力，提高木材的蓄积量。

缺氮可使蛋白质合成受阻，细胞分裂活性下降，以及叶绿素减少和光合强度减弱。缺氮常见症状为叶片变小，且黄化或褪绿。常绿植物一般还会表现为叶片数量减少，以及老叶留树的年数减少，且与不缺氮相比，树冠往往疏开而枝条变细。此外，过量供应氮素，常使细胞增长过大，细胞壁薄，细胞多汁，会导致植物易受各种病害侵袭。

9.2.1.2　土壤中的氮素供应

（1）土壤中氮的含量

土壤中的氮主要来源于降水、生物固氮和有机物质的分解，但森林土壤全氮则主要取决于有机质积累与分解的相对强度，故不同立地条件，尤其是影响微生物活动的因素，对全氮量具有较大影响。

从我国情况来看，一般立地条件较差的荒山表土，全氮量多处于 0.1% 以下，而在森林覆被下的土壤全氮量则较高。如云南省勐海雨林下的暗色森林砖红壤表土全氮量达 0.35%，福建省针阔叶林下山地红壤表土全氮量在 0.1%~0.3%，江西庐山黄壤的表层土壤全氮量 0.2%~0.3%，东北大兴安岭、长白山一带针阔叶混交林的暗棕壤，其表土全氮量一般为 0.3%，高的可达 0.6%~0.7%。我国土壤含氮量由东向西，大体依黑土→栗钙土→灰钙土的顺序依次降低；由北向南，则依暗棕壤→棕壤→黄棕壤的次序明显降低。

森林土壤全氮含量是衡量土壤氮元素供应的重要指标，土壤全氮含量越高，则可供给植物生长发育所需的氮的潜力越大，越有利于林木的生长发育。一般而言，森林土壤全氮含量随着土壤深度的增加而降低，这与土壤有机质含量在土壤剖面上的分布特征相一致，但对于淋溶作用强烈的森林土壤则不一定遵循此规律。土壤有效氮可反映近期内土壤氮元素的供应状况，能表征直接供给植物生长发育所需的氮素情况。对于森林土壤而言，有效氮含量 >100 mg/kg 时，供应水平较高；在 50~100 mg/kg，供应中等；<50 mg/kg 时，供应水平较低。

（2）土壤中氮的形态

①有机态氮　有机氮是土壤中氮的主要形态，一般占土壤全氮量的 98% 以上。土壤中有机氮按其溶解性和水解的难易程度可分为：水溶性有机氮、水解性有机氮和非水解性有机氮

a. 水溶性有机氮：主要由结构简单的游离氨基酸、胺盐及酰胺类化合物组成。水溶性有机氮含量一般不超过土壤全氮量的 5%。相对分子质量小的可以被植物直接吸收利用，相对分子质量略大的虽不能被植物直接吸收，但容易水解，并迅速释放出铵离子，可成为植物的速效氮源。

b. 水解性有机氮：指用酸、碱或酶处理后能水解为较简单的易溶性含氮化合物，其总量约占土壤全氮量的 50%~70%，主要包括蛋白质类（占全氮量的 40%~50%）、核蛋白类（占全氮量的 10% 左右）、氨基糖类（占全氮量的 5%~10%）和其他尚未鉴定的有机氮。在土壤中，它们经过微生物的分解后，可以作为植物的氮源，在植物的氮素营养方面有重要意义。

c. 非水解性有机氮：约占土壤全氮的 30%~50%，主要包括多醌物质与铵缩合而成的杂环状含氮化合物、糖类物质与铵的缩合物、蛋白质或铁与木质素缩合成的复杂环状结构物质。它们难于水解或水解缓慢，故对植物营养的作用较小，但对土壤物理和化学性质的影响较大。

②无机态氮　土壤中无机氮约占全氮的 1%~2%，主要包括离子态氮、吸附态氮和固定态氮。离子态氮，主要指存在于土壤溶液中的铵离子与硝酸根离子；吸附态氮主要指被土壤胶体吸附的氮，即代换态氮；固定态氮主要指被 2∶1 型黏土矿物固定在晶格中的氮。

此外，土壤无机氮还包括嫌气条件下存在的亚硝态氮，以及土壤空气中存在的少量气态氮等。通常，土壤无机氮主要指铵态氮和硝态氮，二者均属土壤速效氮，是植物最易利用的部分。

$$
\text{有机氮}(>98\%)\begin{cases}\text{水溶性} & \text{速效氮源} & <\text{全氮的 }5\% \\ \text{水解性} & \text{缓效氮源} & \text{占全氮 }50\%\sim70\% \\ \text{非水解性} & \text{难利用} & \text{占全氮 }30\%\sim50\%\end{cases}
$$

$$
\text{无机氮}(1\%\sim2\%)\begin{cases}\text{离子态} & \text{土壤溶液中} & \text{速效氮源} \\ \text{吸附态} & \text{土壤胶体吸附} & \text{速效氮源} \\ \text{固定态} & 2:1\text{型黏土矿物固定} & \text{缓效氮源}\end{cases}
$$

（3）土壤中氮的转化

土壤中氮的转化包括有机氮的矿化和无机氮的转化过程。尽管每一个转化过程都是相互联系和相互制约的，但转化过程的方向与速率则控制着土壤的供氮能力和有机氮贮量。土壤氮的转化大体包括以下过程：有机氮的矿化与生物固持、铵的固定与释放、铵的吸附与解吸、土壤氮的硝化作用与反硝化作用（图 9-2）。

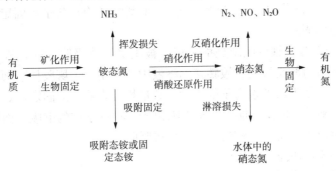

图 9-2　氮素的形态转化

① 有机氮的矿化与生物固持

a. 有机氮的矿化作用：指在微生物作用下土壤中有机氮分解形成氨的作用。土壤有机氮矿化的实质是土壤微生物在利用含氮有机化合物的过程中只利用有机碳部分，而将自身不需要的氮以无机氮形态释放。

矿化过程主要可分为两个阶段：

第一阶段　先把复杂的含氮有机质，通过微生物的作用逐级简化而形成含氨基的简单有机化合物，这个阶段可称为氨基化阶段，其作用称为氨基化作用，如蛋白质的氨基化过程即是蛋白的水解过程：

$$\text{蛋白质}\longrightarrow\text{多肽}\longrightarrow\text{氨基酸、酰胺、胺等}$$

第二阶段　通过微生物的作用，将简单有机氮化合物分解成氨的过程，其作用称为氨化作用。在氨化过程中，由于土壤条件的不同，还可以产生有机酸、醇、醛等较简单的中间产物。

在充分通气条件下：

$$\text{RCHNH}_2\text{COOH}+\text{O}_2\longrightarrow\text{RCOOH}+\text{NH}_3+\text{CO}_2$$

在嫌气条件下：

$$RCHNH_2COOH+2H \longrightarrow RCH_2COOH+NH_3$$

一般水解作用：

$$RCHNH_2COOH+H_2O \longrightarrow RCH_2OH+NH_3+CO_2$$

b. 生物固持：指土壤生物吸收和同化无机氮的过程。矿化与固持是同时发生、方向相反的两个过程，其相对强弱程度主要受有机碳的数量和种类的影响。土壤生物利用有机氮化合物是作为能源还是用作生物体组分，取决于一系列复杂的反馈调节过程。如果环境中有可利用的碳水化合物，则含氮化合物就被用于蛋白质等的合成，发生固持作用。若没有这些有机含氮化合物，则会利用无机态氮。土壤生物只要能够吸收无机氮，且体内含有谷氨酸合成酶和谷氨酰胺合成酶，就能够同化氮素，引起生物固持。

② 铵的固定与释放、吸附与解吸

a. 铵的固定与释放：铵的固定是指矿化的铵和施入的铵被土壤中 2∶1 型黏土矿物晶格固定成为固定态铵的作用；铵的释放则是固定态铵在生物、物理和化学等因素影响下被释放的作用。土壤对铵的固定量比较高，一般表土中铵的固定量可达全氮量的11%～12%。土壤中黏土矿物类型、干湿交替状况等均会影响铵的固定与释放。2∶1 型黏土矿物固定铵的能力依次为：蛭石>蒙脱石>伊利石，而 1∶1 型的高岭石几乎不固定铵。另外，干湿交替一般会促进铵的固定作用。

b. 铵的吸附与解吸：铵的吸附是指铵离子被土壤胶体吸附为交换性铵的作用，铵的解吸则是土壤胶体吸附的交换性铵被转移到溶液中的作用。土壤胶体表面吸附的交换性阳离子数量和种类，以及吸附的铵离子的浓度和数量均会影响铵的固定量。一般 Fe^{3+}、Al^{3+}、H^+、Ca^{2+}、Mg^{2+} 等阳离子的交换能力大于 NH_4^+ 离子，有利于铵的解吸，而增加溶液中 NH_4^+ 离子的浓度，则可以提高交换性铵的含量，促进吸附。

③ 氮的硝化作用与反硝化作用

a. 氮的硝化作用：指氨或铵盐在微生物的作用下转化成硝态氮化合物的过程。此过程由微生物分两步完成：第一阶段是由亚硝酸细菌将铵转化成亚硝酸盐；第二阶段是由硝酸细菌将亚硝酸盐转化成硝酸盐。参与两个阶段的微生物大都属于硝化细菌科的化能自养菌，其生活所需要的能源靠转化反应中所释出的能量来提供，且它们都需要有良好的通气条件，一般土壤空气中含氧5%以下时，硝化作用锐减。另外，有些异养微生物也能氧化氨及其他还原态氮化合物，使之成为 NO_2^- 及 NO_3^-。

b. 反硝化作用：指土壤中硝态氮被还原为氧化氮和氮气，扩散到空气中损失的过程。此过程是在厌氧条件下，由兼性好氧的异养微生物(反硝化细菌)利用同一个呼吸电子传递系统，以 NO_3^- 作为电子受体，将其逐步还原成 N_2 的硝酸盐异化过程。

硝化过程为氧化过程，主要在通气良好的情况下进行，而反硝化过程为还原过程，常发生于土壤环境通气不良，缺氧的情况下。

9.2.1.3 氮素循环

土壤中氮的来源、氮的损失以及氮在土壤中的转化，共同构成了土壤中氮素的循环过程。土壤中氮的积累途径主要有：生物固氮、工业固氮(化学肥料)以及降水携带的氮和氮沉降。生物固氮作用给土壤带来的化合态氮占大气氮的固定总量的59%，工业化肥生产给土壤带来的化合态氮数量占 33%，大气降水给土壤带来的化合态氮只有生物固氮量的 1/7。

森林土壤氮的来源，主要有凋落物的归还、生物固氮、施肥、大气沉降等，其中，凋落物的归还是森林生态系统土壤氮的主要来源。凋落物分解后残体中的可溶性 N、有机 N 与无机 N 具有较高的活性，进入土壤后会迅速参与土壤 N 循环，而森林土壤中氮的循环过程主要包括 N 的矿化和固定、氨的挥发、硝态氮的淋溶及反硝化等过程，其中氨的挥发、硝态氮的淋溶以及反硝化是土壤氮的主要损失途径。

植物可吸收土壤有效态氮素合成含氮的植物体(生物固定)，植物体又以残落物或植物被动物取食后以动物排泄物或遗体形式回到土壤中，这些含氮有机体经土壤微生物作用又可重新矿化为离子态养分被植物吸收利用，即为氮的生物循环过程。另外，土壤中无机氮也可发生相互转化，如 NH_4^+ 能被胶体吸附或被黏土矿物所固定，较难被直接淋失，但在一定 pH 条件下可产生氨的挥发；在通气良好的条件下，NH_4^+ 经硝化细菌氧化可形成 NO_3^-，并易发生 NO_3^- 的淋失；在土壤过湿的还原条件下，NO_3^- 易被反硝化细菌还原成 N_2 而挥发损失。以上即为土壤氮的主要转化和循环过程，具体转化过程如图 9-3 所示。

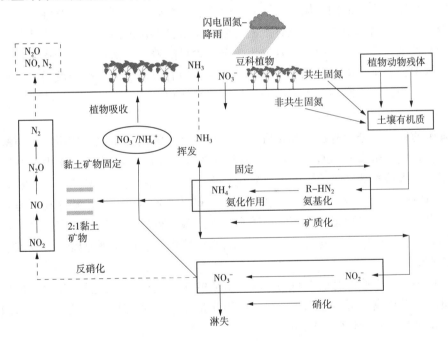

图 9-3　氮素的循环

(资料来源：孙向阳《土壤学》，2005)

9.2.2　森林土壤中的磷

9.2.2.1　磷的功能

磷是植物体内核酸、核蛋白、磷脂、三磷酸腺苷(ATP)等多种重要化合物的组分，它对细胞分裂和植物各器官组织的分化发育，特别是开花结实具有重要作用，同时，磷参与植物光合产物的转运以及氮代谢、脂肪代谢过程，并可提高植物抗逆性和适应能力，是植物体内生理代谢活动必不可少的一种元素。

在植物体内，磷主要集中在植物的种子中，即使是在缺磷的土壤上生长的林木，其种子也含有较多的磷。当土壤极端缺磷时，可致使林木树冠发育停滞，叶片呈古铜色，叶背的叶脉呈紫色，尤其是与顶端分生组织有联系的新叶片容易变紫红至红棕色，叶柄与小枝的夹角变窄；侧根呈黄棕色、粗糙，且发育不良等。原因是供磷不足时，细胞分裂迟缓、新细胞难以形成，同时细胞伸长受阻，植物光合作用、呼吸作用以及生物合成过程均受到严重影响。

9.2.2.2 土壤中的磷素供应

（1）土壤中磷的含量

自然土壤一般含全磷 0.01%~0.12%，变幅较大。从全国范围看，土壤全磷含量由北到南呈逐渐减少的趋势。南岭以南的砖红壤全磷含量为最低，其次是华中地区的红壤，而东北地区和由黄土性沉积物发育的土壤，则含磷量比一般稍高，如大兴安岭森林下白浆化暗棕壤 2~8cm 的表土全磷量为 0.26%。

土壤全磷含量受成土母质、有机质含量、利用情况及侵蚀等因素的影响。资料表明，由原生岩风化体发育而成的土壤，其来自基性母岩的含磷量常大于来自酸性母岩的同一气候植被带的土壤。由沉积岩风化发育成的土壤中，来自石灰岩或石灰性沉积体的，通常全磷也多于酸性沉积体。一般而言，森林土壤全磷含量随着土壤深度的增加而降低，且在自然森林土壤中，土壤全磷含量无显著的季节变化，但有效磷含量因受土壤温度、湿度、林木生长、微生物活动等影响，表现出一定的季节性变化。

（2）土壤中磷的形态

土壤中的磷主要分为有机态和无机态两大类。有机磷化合物包括核蛋白、植酸、核酸和磷脂等，含量占全磷的 20%~50%，其在微生物作用下，可经矿质化作用逐渐转化为植物可利用的无机磷酸盐。土壤中的无机磷包括铁磷（Fe-P）、铝磷（Al-P）、钙磷（Ca-P）和闭蓄态磷（O-P）4 种，是土壤全磷的主体，占全磷的 50%~80%。按其存在形态，可将无机磷分为水溶态磷、吸附态磷、闭蓄态磷和矿物态磷 4 种形态，且各形态磷对植物的有效性有所不同。土壤中的磷不容易移动，且极易与土壤中铁、铝和钙等离子形成难溶性沉淀而失去其有效性。

①有机态磷 土壤中有机态磷与土壤有机质的含量呈正相关，变幅较大。东北地区的黑土有机磷含量较高，可达全磷的 2/3，而很多遭受侵蚀的红壤有机质含量不足 1%，其有机磷含量多在全磷含量的 10% 以下。

土壤中有机磷的形态主要有 3 类，即核酸类、植素类和磷脂类。核酸态磷，在土壤有机磷总量中所占的比重各异，多的可达 50% 以上，少的不到 1%，一般在 5%~10%。植素类磷占土壤有机磷总量的比重较大，一般在 40%~80%。磷脂类中所含的磷通常所占比例不到有机磷总量的 1%。

②无机态磷

a. 水溶态磷：指土壤溶液中的磷，为碱金属的各种磷酸盐和碱土金属的一代磷酸盐，最易被植物利用，属速效态磷，所占比重较小。一般每千克土（干重）中只有几毫克，甚至不到 1 mg。它们在土壤中极不稳定，容易转变成其他形态的磷。

b. 吸附态磷：包括阴离子交换吸附态磷和专性吸附态磷，土壤中的吸附态磷以专性吸附态为主。交换吸附态磷是指通过静电引力吸附在土壤胶体表面的磷酸根离子或磷酸，能被植物利用，属速效磷。专性吸附态磷是指土壤固相表面以配位键形式结合的磷，对植物的有效性低于吸附态磷，属迟效态磷。

c. 闭蓄态磷：指土壤中由氧化铁胶膜包被着的磷酸盐，在旱作土壤上很难被利用，属迟效态磷。土壤中的闭蓄态磷在无机磷形态中所占比例较大，尤其在强酸性土壤中，往往超过 50%，而在石灰性土壤中也可达 15%~30% 以上。

d. 矿物态磷：这类磷化合物占土壤无机磷的绝大部分，属植物难以利用态的磷。在中性或石灰性土壤中主要是磷灰石，如氟磷灰石、羟基磷灰石等，其化学组成为 $Ca_5(PO_4)_3F$、$Ca_5(PO_4)_3OH$。在酸性土壤中主要为盐基性的磷酸铁铝，如磷铝石、粉红磷铁矿等，其化学组成为 $Al(OH)_2H_2PO_4$、$Fe(OH)_2H_2PO_4$。

土壤供磷能力并不取决于土壤全磷含量的高低，而是取决于土壤有效磷的含量和土壤磷素有效化的强弱。土壤中有效磷包括土壤溶液中的磷酸离子和吸附在土壤表面的磷酸根离子，即水溶性磷和吸附态磷。植物吸收磷酸离子的强弱与溶液中磷酸离子浓度有关，植物吸收的磷主要是土壤溶液中一价和二价正磷酸根离子。

（3）土壤中磷的转化

土壤中的磷可在有机磷与无机磷、速效形态与迟效形态、难溶态之间转化，认识磷的转化对改善土壤供磷状况十分有意义（图 9-4）。

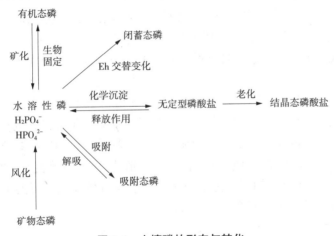

图 9-4　土壤磷的形态与转化

①土壤磷的化学沉淀　土壤磷的化学沉淀是指土壤中的 Fe^{3+}、Al^{3+}、Ca^{2+} 能与磷酸盐发生化学反应形成沉淀的过程。酸性土壤中存在着多种氧化铁、铝类矿物，这些矿物在酸性条件下都有一定的溶解度，产生的 Fe^{3+}、Al^{3+} 以及胶体上吸附的 Al^{3+} 均可和 $H_2PO_4^-$ 作用产生磷的化学固定，形成以 Al-P、Fe-P 为主的沉淀。在石灰性或碱性条件下，土壤中的 Ca^{2+} 离子活度大，而土壤溶液中的磷酸离子主要为 HPO_4^{2-}，二者也可发生化学固定形成一系列 Ca-P 化合物。一般土壤，只要 pH>6.38，其固定态的 Ca-P 化合物主要以磷酸八钙为主，其分子式为 $Ca_8H_2PO_4(PO_4)_6 \cdot 5H_2O$。

②土壤磷的吸附与解吸

a. 磷的吸附：土壤中的水合铁铝氧化物表面都含带负电荷的—OH 基团，它们对酸的获取或解离取决于酸的强度及其周围土壤的酸碱度。因而这些氧化物是两性的，依 pH 值的不同或带正电，或带负电，或不带电。氧化物表面上正负电荷数目相等时的 pH 值规定为氧化物的零电荷点(PZC)。铝氧化物和铁氧化物的 PZC 分别为 8.5 和 9。如果 pH 值低于 PZC，磷酸根就被氧化物表面的正电荷吸引，与 OH^- 等金属配位基交换进入金属氧化物的表面，而发生吸附固定。石灰性土壤中含有微细的 $CaCO_3$ 晶核，当土壤溶液中磷酸盐局部浓度超过一定限度时，在 $CaCO_3$ 晶核的表面可通过化学反应或吸附形成一层 $CaHPO_4$ 的膜状沉淀。以上过程可使土壤中的水溶态磷转化为吸附态磷。

b. 磷的解吸：土壤溶液中的磷酸盐在土壤固相表面发生吸附的同时，还同时发生着相应的解吸过程，尤其在土壤溶液中的磷酸盐减少时，解吸更容易发生，且开始阶段解吸较快，以后逐渐变慢，但吸附与解吸始终维持着一个动态平衡。

③土壤磷的闭蓄态固定　磷的闭蓄态固定是指土壤中 $Fe(OH)_3$ 或其他类似性质的不溶性胶膜可将磷酸盐包被并致使磷的有效性下降的固定过程。磷的闭蓄是磷被固定和吸附的累积作用。当土壤溶液中磷的浓度低时，磷的固定以被吸附为主；当土壤溶液中磷和相应的阳离子的浓度超过了可溶性磷的浓度积时，磷的固定以沉淀占主导地位；当无定形 $Fe(OH)_3$ 等胶膜的溶度小于其所包被的磷酸盐时即可起到闭蓄的效果。

④土壤磷的生物转化

a. 有机磷的矿化：指有机磷可在微生物和酶的作用下分解为无机磷的过程。此过程主要通过磷酸酶进行。磷酸酶主要包括核酸酶类、甘油磷酸酶和植素磷酸酶类。因对 pH 的适应性不同，又可分为碱性、中性和酸性磷酸酶。植物根系及微生物(如菌根)均可以分泌磷酸酶。

b. 无机磷的生物固定：指通过微生物的利用和植物根系吸收使无机磷转化为生物体磷的过程。磷是土壤微生物必需的养料之一，当微生物对土壤有机质进行分解时，也必须吸收同化一部分磷，以满足其生长繁殖的需要，此过程受有机物质的 C/P 比影响。在土壤含氮充足的前提下，如果有机质中所含 C/P 比值大于某一数值(一般约为 200 : 1 ~ 300 : 1)，则在有机质矿化的初期，土壤中所含的矿质有效磷就有可能被微生物吸收利用而同化成为其体细胞及其他代谢产物中的有机磷。

9.2.2.3　磷素循环

在天然植被条件下，除了进入地表径流或因降雨淋溶而损失的极少量的磷以外，土壤磷的循环实际上是相对封闭的。岩石的风化向土壤提供了磷，植物通过根系从土壤中吸收磷酸盐，动物以植物为食物而得到磷。动、植物死亡后，残体分解，磷又归还到土壤中。因此，在未受人为干扰的陆地生态系统中，土壤和有机体之间几乎是一个封闭的循环系统，磷的损失较少。但事实上，土壤中的磷，有一小部分由于降雨冲洗等作用会进入河流、湖泊中，然后归入海洋。在有人为干预的情况下，磷素循环是开放的，如肥料施入土壤后可分成两部分，其中大部分因土壤的固定作用而积累起来，另一小部分存在于土壤溶液中，此部分可溶性磷可由植物吸收或因雨水淋溶而损失。同时，存在于土壤中的各形态磷又可在一定条件下相互转化(图 9-5)。

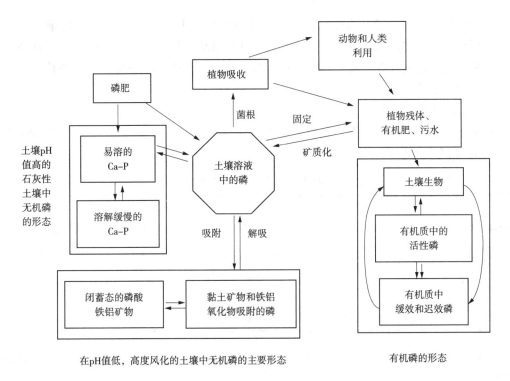

图 9-5　磷素的循环

（资料来源：孙向阳《土壤学》，2005）

9.2.3　森林土壤中的钾

9.2.3.1　钾的功能

钾在植物体中主要以离子态存在，多分布于细胞分裂活跃的部位，特别集中在植物的幼嫩组织中。与氮、磷有别，钾不是植物体内有机化合物的组分，它主要以酶的活化剂形式广泛地影响植物的代谢过程。钾能促进光合作用，加速叶片对 CO_2 的同化过程，并能促进碳水化合物的转移、蛋白质的合成和细胞的分裂。钾还能调节原生质胶体性状，提高植物的抗逆性。如钾可参与细胞渗透调节以及气孔开闭，影响植物组织中的水分平衡，提高植物的抗旱性；能在低温时促进植物体中淀粉转化为可溶性糖，提高植物的抗寒性。

当植物缺钾时，根系生长停滞，活力差；叶尖和叶缘发黄，进而变褐，逐渐枯萎；在叶片上往往出现褐色斑点。一般，针叶树褪绿先表现在针叶的末梢，阔叶树典型的褪绿则出现在叶缘。缺钾症状从下部老叶开始，逐渐向上扩展。

9.2.3.2　土壤中的钾素供应

（1）土壤中钾的含量

大部分土壤含钾量为 0.5%~2.5%，平均为 1.2%。母质是影响森林土壤钾含量最为重要的因素之一；此外，气候、植被也能显著影响土壤钾状况。一般而言，区域的降水量越高，森林土壤钾元素的淋溶作用越强，土壤钾含量越低。东北地区，黑土的速效钾含量高达 150 mg/kg，华北和西北地区受黄土母质的影响，土壤速效钾含量也相对较高，但华南和华中地区，因钾元素淋溶作用强烈，故土壤钾含量相对较低，尤其在红壤、砖红壤区，因风化与淋溶作用强烈，土壤全钾和速效钾含量均很低，故红壤、砖红壤是含钾量较低的土壤种类。总的来看，我国全钾含量大体呈现由北向南、由西向东渐减的趋势，其中东南地区土壤多缺钾。

(2)土壤中钾的形态

根据土壤中钾的存在状态，可将土壤钾分为水溶性钾、交换性钾、非交换性钾(固定态钾)和矿物态钾(表9-5)。

表9-5　土壤钾的存在形态

土壤钾存在形态	钾的形态			
	矿物钾	非交换性钾	交换性钾	水溶性钾
植物有效性	无效钾	缓效性钾	速效性钾	速效性钾
存在部位	长石、云母结构内	蒙脱石、蛭石、水云母等结构内	土粒外表面	土壤溶液
相对含量	90%~98%	2%~8%	0.1%~2%(速效性钾)	

①水溶性钾　指以离子形态存在于土壤溶液中的钾离子，它是最易被植物吸收利用的钾形态。

②交换性钾　指吸附于胶体表面上的钾离子，受胶体负电荷的影响而不能自由活动，但通过解离或交换能释放出 K^+ 离子，并和溶液中的 K^+ 保持动态平衡。交换性钾是能被植物利用的钾形态。

③非交换性钾　指交换性钾进入黏土矿物晶架构造的陷穴中，或被堵塞于晶层之间，因而失去了交换性而变成不易交换的钾形态，即非交换性钾，又称晶格固定态钾。交换性钾一旦被固定为非交换性钾，对植物的有效性就显著降低，但在一定条件下可逐渐释出供植物吸收利用。

④矿物态钾　指以矿物形态存在的钾，土壤中主要含钾矿物有钾长石(一般含钾7.5%~12.5%)、白云母(含钾6.5%~9%)、黑云母(含钾5%~7.5%)和钾微斜长石等。这些矿物含钾虽然丰富，但被封闭在土壤粗粒部分的固体晶架中，必须通过风化才能释放。

根据对植物的有效性还可将土壤中的钾分为：速效钾、缓效钾和无效钾。速效钾主要包括水溶性钾和交换性钾，最易被植物吸收利用，约占全钾的0.1%~2%。缓效性钾主要包括非交换态钾(固定态钾)和黑云母中的钾，约占全钾量的2%~8%，在一定条件下可逐渐释出供植物吸收利用。无效态钾主要指矿物态钾，如白云母、钾长石和钾微斜长石中的钾，它必须通过风化才能释放供植物吸收利用，约占全钾量的90%~98%。

(3)土壤中钾的转化

①土壤中钾的释放　指土壤中非交换性钾转变为交换性钾和水溶性钾的过程，它关系着土壤中速效钾的供应和补给。各种土壤的释钾能力是不同的，只有当土壤交换性钾减少时，缓效性钾才能释放为交换性钾，这种释放过程随着交换性钾水平下降幅度的增加而加剧，其总的趋势是通过释放，使土壤恢复其交换性钾的含量水平。

②土壤中钾的固定　指速效性钾转化成缓效性钾的过程，它是以交换性钾为基础，黏粒矿物的层间孔穴结构为条件，在一定外力的推动下(如干燥脱水)，由于钾离子陷入孔穴内而产生的机械闭蓄的结果，其固定机制与铵态氮的固定相同。影响土壤钾固定的因素有黏土矿物种类、土壤酸碱性、土壤中铵离子浓度等。一般，在有固定能力的土壤上施用钾肥后，干湿交替有利于固定钾；相反，在土壤速效钾含量低的土壤，干湿交替有利于钾的释放。

9.2.3.3　钾素循环

土壤中钾素循环主要包括钾的输入与输出、土壤内部不同形态钾的转化以及生物吸收与矿化过程(图 9-6)。森林土壤钾的输入途径主要有大气沉降和矿物风化释放。降雨可为土壤提供钾 $1\sim5$ kg/($hm^2\cdot a$)。在幼年土上，矿物风化为土壤提供钾 $5\sim10$ kg/($hm^2\cdot a$)，而砂质老年土风化提供的钾小于 1 kg/hm^2。钾的输出主要是随水流失。每年在植物生长旺盛时，相对幼年的森林土壤上，将有 $5\sim10$ kg 钾被淋溶。砂质土和成土发育时间长的土壤，一般含钾少，淋失小。

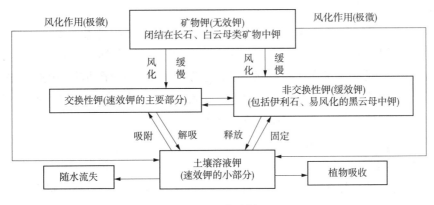

图 9-6　钾素的循环

(资料来源：朱祖祥《土壤学》，1983)

土壤内部不同形态钾的转化主要指土壤钾的释放与固定过程，包括矿物态钾的风化过程、水溶性钾与交换性钾的吸附与解吸过程，以及交换性钾和非交换性钾的释放与固定过程，其中，吸附与解吸、释放与固定之间维持着一个动态平衡。

生物吸收与矿化过程即生物小循环过程。植物需吸收利用大量的钾，其需要量一般是磷的 $5\sim10$ 倍，和氮的需要量相当，但当植物死亡后钾将重回土壤并在矿化作用下转化为植物可利用形态的钾。如果地上部分被收获走，则土壤中将可能会损失一部分钾。在常规只采伐树干的方式下，一般树干收获每公顷可带走 100 kg 钾；在采伐整个树木时(包括树枝和树叶)，可带走两倍以上的钾(每公顷 200 kg 钾)。但目前，森林土壤中很少有缺钾的报道。

9.2.4　森林土壤中的钙、镁、硫

9.2.4.1　钙、镁、硫的功能

(1)钙的功能

钙是细胞壁果胶质和染色体的结构成分，对细胞壁的形成和植物根系、根毛的发育，具有特别重要的作用。钙可稳定生物膜结构，保持细胞的完整性；可影响细胞分裂，促进

细胞伸长和根系生长，还可结合在钙调蛋白上行使第二信使功能，对植物体内许多酶起活化功能，同时，还可调节细胞代谢和介质的生理平衡，并可增强植物对环境胁迫的抗逆能力。植物体内大部分钙以草酸钙结晶的形式存在，不易移动。当植物缺钙时，钙不易从老组织中转移到新组织中，而使新生组织软弱。针叶树的缺钙症状在野外比较罕见，阔叶树在缺钙时新生组织最先受到影响，新发的叶片褪绿且变小。

(2)镁的功能

镁是叶绿素的必需成分，又是多种酶的活化剂(活化 30 多种酶)，并参与碳水化合物、脂肪、蛋白质和核酸的合成。在植物生长的尖端部分，常集中有较多的镁。当植物缺镁时，其突出表现是叶绿素含量下降，并出现失绿症。由于镁在韧皮部的移动性较强，缺镁症状常常首先表现在老叶上。针叶树典型症状是褪绿(呈金黄色)，开始发现在针叶的末端，然后继续沿叶片发展；阔叶树的褪绿是在叶脉之间发生，在复叶上是从最下面的小叶开始。

(3)硫的功能

硫是蛋白质和酶的组分，在植物呼吸中起重要作用；硫还可参与电子传递和固氮过程，对植物的生根和根瘤的发育有重要影响。缺硫时蛋白质合成受阻导致失绿症，其外观症状与缺氮相似，但发生部位有所不同。缺硫症状往往先出现于幼叶，且幼芽先变黄色，心叶失绿黄化，而缺氮症状则先出现于老叶。缺硫时，针叶树的新叶开始褪绿，其后变成枯斑状并转为红棕色；阔叶树的叶片呈淡黄绿色。

9.2.4.2 土壤中的钙、镁、硫

(1)土壤中的钙

土壤中钙的含量与各地的母岩母质类型有关。土壤中的钙，一部分以角闪石、辉石、钙长石、磷灰石的形态存在，另一部分则以较简单的碳酸盐(方解石、白云石)、硫酸盐(石膏)等形态存在。土壤中全钙含量可从微量到 40 g/kg 以上，湿润多雨地区，土壤酸度大，钙溶解度高，淋失强烈，全钙含量低于 10 g/kg；干旱半干旱区一般在 10 g/kg 以上，常有游离的 $CaCO_3$ 存在。土壤中全钙量在 10~200 g/kg 以上时，该土壤称为石灰性土壤(碳酸盐土壤)。

土壤中的钙主要为无机态，有机态钙所占比例很小，其中，无机态钙又可分为水溶态、代换态和矿物态 3 种形态，且以矿物态所占比例为最高，约占全钙的 40%~90%。土壤中水溶性钙从几十至几百毫克/千克不等，土壤溶液中 Ca^{2+} 是 Mg^{2+} 的 2~8 倍，约是 K^+ 的 10 倍。代换性钙是吸附在胶体表面的 Ca^{2+}，一般占全钙的 20%~30%。水溶态和代换态钙是植物可以直接吸收利用的速效钙，难溶性矿物态钙则必须经长期风化作用才能释放出来。

在一般自然条件下，森林土壤大量缺钙的现象很少发生。通常森林土壤代换性钙的含量在每千克土 200 mg 至数千毫克。我国西北干旱地区的土壤，其代换性钙可达 3000~4000 mg/kg，而南方酸性土壤则多数约在 200 mg/kg 或更低。根据 S. A. Wilde 砂培试验，含钙量 300 mg/kg 时，一般阔叶树可正常生长。另有资料报道，土壤中代换性钙含量达 1000 mg/kg 时，对喜钙的林木也已足够。

（2）土壤中的镁

土壤中的镁除与钙共同存在于白云石、角闪石、辉石等矿物中外，还来自蛇纹石、橄榄石、绿泥石、黑云母、蛭石等矿物。平均而言，土壤含镁量比钙低，但也有情况相反的，主要视母质的矿物组成而定。土壤中全镁含量一般为 1~40 g/kg，多数在 3~25 g/kg。

土壤中的镁与钙相同，主要以无机态为主，有机态镁所占比例很小。无机态镁也可分为水溶态、代换态和矿物态 3 种形态。代换性镁是吸附在胶体表面的镁离子，一般占全镁的 1%~20%；矿物态镁占全镁的 70%~90%，主要存在于原生和次生矿物的晶格中。同样，水溶态和代换态镁是植物可以直接吸收利用的速效态镁，难溶性矿物态镁则必须经长期风化作用才能释放出来。

森林土壤中有效态镁（代换性镁）含量通常是代换性钙的 1/5~1/3。根据 S. A. Wilde 对自然土壤的调查和温室的培养试验，最有利于林木生长的 Ca/Mg 比值是一个较宽的数据，超过 30。森林土壤罕见有缺镁现象，但在常用酸性肥料的苗圃和老耕地上，可能出现缺镁现象。土壤中过多的镁盐对植物可引起严重的毒害作用，但通过增加钙盐，可以减轻镁的毒害。

（3）土壤中的硫

土壤中的硫最初来源于各种含硫矿物，如黄铁矿、闪锌矿、方铅矿、石膏等，降水携带的 SO_2 和土壤直接从空气中吸收的 SO_2，也是土壤中硫的来源。通常，岩浆岩母质上发育的土壤，硫含量往往不是很高；沉积岩母质上发育的土壤含硫一般较高。南方湿润多雨地区淋溶强烈，全硫含量低，而西北干旱地区常有易溶性硫酸盐累积。我国南方江、浙、赣等省分布的一些质地较粗的花岗岩、砂岩和河流沉积物等母质上发育的质地较粗的土壤，全硫和有效硫均较低，是我国主要的缺硫地区。我国不同类型土壤全硫含量大致在 100~500 mg/kg。

土壤中的硫可分为有机态硫和无机态硫 2 种形态，其中，无机态硫又可分为游离态硫酸根（SO_4^{2-}）、硫化物（S^{2-}）、代换态的 SO_4^{2-} 及矿物态硫。在我国北方干旱、半干旱地区，土壤中含有较多的硫酸盐，低湿地区土壤中含有较多的硫化物，在湿润地区则以有机态硫为主。有机态硫与无机态硫比例变化较大。湿润多雨地区，无机硫易淋失，故有机硫占的比例较高，如我国南部和东部湿润地区有机硫可占全硫的 85%~94%，而北部和西部石灰性土壤无机硫含量，占全硫的 39.4%~61.8%。有机态硫可通过矿化作用后释放有效态硫，供植物吸收利用；无机硫中可溶态和代换态 SO_4^{2-}，是植物可以直接吸收的形态。

满足森林植被正常生长一般需从土壤中吸取 S 5~10 kg/（hm² · a）。在未污染的地区，大气 S 输入量为 1~5 kg/（hm² · a），并且以硫酸钠或硫酸钙为主要形式进入森林生态系统。在工业污染严重的地区，大气输入的 S 可高达 20~50 kg/（hm² · a），淋溶损失可高达 10~20 kg/（hm² · a），并常以酸雨的形式进入森林生态系统。

9.3　森林土壤中的微量元素

微量元素通常是指土壤中含量很低的化学元素，一般指植物所必需的 Fe、Mn、Cu、Zn、Mo、B、Cl 等元素。这些元素在土壤中的含量只有百万分之几或十万分之几，其中以铁的含量为最高，可达土壤的百分之几，以钼的含量为最低。植物对微量元素的需要量较少，若过多反而会使植物受到毒害。

9.3.1　微量元素的功能

9.3.1.1　铁的功能

铁是叶绿素合成时所必需的元素，同时又是某些酶和蛋白质的成分；参与细胞的呼吸作用，以及植物体内氧化还原反应和电子传递；可影响豆科植物固氮酶活性。植物叶片中铁素营养浓度的适中水平为 50~100 mg/kg，若在 30~40 mg/kg 时，则可能出现缺铁症状。

植物缺铁时，首先从幼叶开始，针叶最初在叶的基部表现黄化，阔叶树黄化是在叶脉之间，典型症状是在叶片的叶脉间和细胞网状组织中出现失绿现象，即脉间失绿黄化。严重缺铁时，叶片上出现坏死斑点，叶片逐渐枯死。此外，缺铁时根系中还可能出现有机酸的积累，其中主要是苹果酸和柠檬酸。在排水不良的土壤和长期渍水的水稻土上经常会发生亚铁中毒现象。铁中毒的症状表现为老叶上有褐色斑点，根部呈灰黑色、易腐烂。铁中毒常与缺锌相伴而生，缺锌致使含锌、铜的超氧化物歧化酶(ZnCu-SOD)活性降低，生物膜受损伤。

9.3.1.2　锰的功能

锰参与光合作用中水的光解过程、蛋白质与无机酸的代谢、碳水化合物的分解，以及胡萝卜素、核黄素、抗坏血酸的形成等；锰还可调节酶活性，促进硝酸还原过程，影响氮素代谢和植物体内氧化还原状况，并能促进种子萌发和幼苗早期生长。一般针叶树中含锰的适中水平为 100~5000 mg/kg。林木缺锰的现象很罕见，如若出现缺锰，植株的叶片常失绿并出现杂色斑点，叶脉绿色，叶片早衰。植物锰中毒则会诱发双子叶植物发生缺钙问题。

9.3.1.3　铜的功能

铜是植物体内许多氧化酶的成分或活化剂，可构成铜蛋白并参与光合作用，还可参与叶绿素合成以及糖类与蛋白质的代谢，并可促进花器官的发育。多种针、阔叶树的叶片中铜的适中水平为 4~12 mg/kg，小于 3 mg/kg 时为缺铜。植物缺铜时将引起缺绿症，幼嫩叶片首先发黄。针叶树幼苗缺铜显示针叶尖端枯灼或针叶呈波纹状或扭转，老的针叶树则枝梢常下垂，树枝向后弯，顶芽可能死亡；阔叶树缺铜症状多样，有的叶呈杯状或歪扭。果树缺铜时，顶梢上的叶片呈叶簇状，叶和果实均褪色。典型缺铜症状曾出现在酸性、高度风化、粗质地土壤和一些泥炭土中。

9.3.1.4　锌的功能

锌参与生长素的形成以及光合作用中 CO_2 的水合作用，对蛋白质的合成起催化作用，是某些酶的组分或活化剂，可促进生殖器官发育和种子成熟。多种针、阔叶树种叶片中锌的适中水平为 10~125 mg/kg。植物缺锌时，节间生长严重受阻，影响枝条正常伸长，引起叶呈"丛生状"或"垫状"，症状有"小叶病""簇叶病"等；缺锌还可产生褪绿症或上部新叶呈青铜色，如油桐树叶缺锌时呈古铜色，且老叶容易脱落。

9.3.1.5　钼的功能

钼是硝酸还原酶的组分，参与体内的光合作用、呼吸作用和根瘤菌的固氮作用，并可促进植物体内有机含磷化合物的合成及繁殖器官的建成，共生性生物固氮与蛋白质的合成不能缺少钼。许多针、阔叶树叶的正常含钼量为 0.05~0.15 mg/kg。缺钼可引起植物缺氮，症状为植株矮小，生长缓慢，叶片黄绿色，严重缺钼时叶缘萎蔫，有时叶片扭曲。

9.3.1.6　硼的功能

硼参与植物蛋白质、半纤维素、细胞壁物质的合成，可促进体内碳水化合物的运输和代谢，并能促进细胞伸长、细胞分裂以及生殖器官的建成和发育，对根系的发育及果实、种子的形成有影响，还可调节酚的代谢和木质化作用。多种针叶树的叶中硼含量为 $10 \sim 100$ mg/kg。正常油橄榄叶片的硼含量为 $19 \sim 33$ mg/kg。植物缺硼时，茎尖生长点生长受抑制，严重时顶芽枯死；老叶叶片变厚变脆、畸形，枝条节间短，出现木栓化现象；根的生长发育明显受影响，根短粗兼有褐色；生殖器官发育受阻，结实率低，果实小，畸形。

9.3.1.7　氯的功能

氯对植物的渗透压、阳离子平衡以及气孔的开张和关闭起调节作用，在光合作用中氯还可作为锰的辅助因子参与水的光解反应。一般正常植物组织含氯浓度 $100 \sim 200$ mg/kg。缺氯时，植物茎和根生长受抑制。通常，野外很少发现植物缺氯症状，因为即使土壤供氯不足，植物还可从雨水、灌溉水、大气中得到补充。

总的来说，植物对微量元素的需要量少，适宜的浓度范围窄，且生理作用有很强的专一性，一般不易在植物体内再度利用，缺素症状大多出现在新叶上。

9.3.2　森林土壤中的微量元素

9.3.2.1　土壤中微量元素的来源及含量

土壤中微量元素的总量主要受成土母质的影响，同时成土过程又可进一步改变微量元素的含量，有时会成为决定微量元素含量的主导因素。一般，基性岩浆岩母质上发育的土壤，Fe、Mn、Cu、Zn 含量比酸性岩浆岩母质上发育的土壤高；沉积岩母质上发育的土壤，硼元素含量较高，而砂质土壤微量元素含量一般都较低。土壤有机质可以与微量元素发生络合反应，使微量元素富集，因此，富含有机质的表层土壤或有机土，微量元素含量较高。据《中国土壤》记载，这些微量元素在我国土壤中的含量范围可归纳成表 9-6。

表 9-6　土壤微量元素含量范围及主要来源

元素	我国土壤含量（mg/kg）		土壤中的主要矿质来源	主要有效形态
	范围	平均		
Fe	变幅很大	—	氧化物、硫化物、铁镁类硅酸盐类	Fe^{3+}，Fe^{2+} 和它们的水解离子
Mn	$42 \sim 3000$	710	氧化物、碳酸盐、硅酸盐	Mn^{2+} 及其水解离子
Cu	$3 \sim 300$	22	硫化物、碳酸盐	Cu^{2+}，$Cu(OH)^+$ 和 Cu^+
Zn	$3 \sim 790$	100	硫化物、氧化物、硅酸盐	Zn^{2+}
B	$0 \sim 500$	64	含硼硅酸盐、硼酸盐	$B(OH)_4{}^-$（即 $H_2BO_3{}^-$ 的水合离子）
Mo	$0.1 \sim 6$	1.7	硫化物、铝酸盐	$MoO_4{}^{2-}$，$HMoO_4{}^-$

资料来源：朱祖祥《土壤学》，1983。

9.3.2.2 土壤中微量元素的形态

土壤中微量元素的形态主要分为水溶态、代换态、矿物态和有机结合态等几种形态。

（1）水溶态

通常指土壤溶液中或水浸提液中所含有的微量元素。这种形态的微量元素含量很低，往往每克只有几纳克，高的也只有几微克。水溶态微量元素主要是简单的无机阳离子及其水解离子。微量元素与一些小分子有机物形成的络合物，也可溶解在溶液中。

（2）代换态

指吸附在胶体表面而可被溶液中的离子交换下来的那部分微量元素。一般土壤中代换态微量元素含量不高，少的不足 1 mg/kg，多的也不过几十毫克。吸附的离子除 Fe^{3+}、Fe^{2+}、Mn^{2+}、Zn^{2+}、Cu^{2+} 外，还包括它们的水解离子，如 $Fe(OH)_2^+$、$Fe(OH)^{2+}$、$Mn(OH)^+$、$Zn(OH)^+$、$Cu(OH)^+$ 等。吸附的钼和硼则以 $HMoO_4^-$、MoO_4^{2-}、$H_2BO_3^-$ 等阴离子形式存在，它们可以为其他阴离子所代换，黏土矿物表面吸附的硼甚至很容易为水所浸提。

（3）矿物态

指存在于原生矿物和黏土矿物晶格中的微量元素。土壤中含有微量元素的矿物很多，但大多数矿物很难溶解。在酸性条件下，大多数矿物溶解度有所增加，而有些微量元素，如钼则是在碱性条件下易从矿物中溶解出来。

（4）有机结合态

这类形态的微量元素主要是与土壤中的胡敏酸和富里酸形成的络合物。微生物将有机物分解后会释放出这类微量元素。

（5）其他形态

与土壤中其他成分相结合、共沉淀而成为固相的一部分或被包被在新形成的固相中的微量元素，如铁、锰、铜、锌可以通过共沉淀或吸附作用与碳酸盐作用而被固定。土壤中的铁、锰氧化物以胶膜、锈斑、结核或颗粒间胶结物形式存在时，对微量元素的吸附作用很强，也可产生共沉淀现象，以这些形态存在的微量元素不能被水浸提或交换出来。

9.3.2.3 土壤中微量元素的转化

土壤中各形态微量元素间可相互转化，如图 9-7 所示。

与植物生长关系更为密切的是它们的有效态含量，即水溶态和交换态含量。在石灰性土壤中，铁、锌、锰、铜、硼容易形成难溶性的盐类，有效性低；在酸性土壤中有效性较高，其有效性与土壤的 pH 值呈负相关。然而，微量元素钼在酸性条件下有效性较低，其有效性与 pH 值呈正相关。铁、锰是变价元素，而两者的有效性形态是 Fe^{2+}、Mn^{2+}，故在土壤还原条件下（如淹水）的有效性高；在氧化条件下，铁形成 Fe^{3+}，而锰形成 MnO_2，有效性降低。

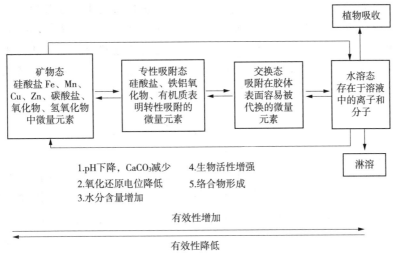

图 9-7 微量元素的转化

（资料来源：黄昌勇《土壤学》，2000）

案例分析

森林退化中的土壤养分变化

森林退化是指由于自然、人为等因素引起的森林结构、功能、组成的变化以及生产力的丧失。森林土壤作为森林生态系统的重要组成部分，其物理、化学以及生物学特性也会随着森林退化的发生而出现动态变化。从植物与土壤之间的养分动态来说，随着植物群落朝着简单化、旱生化方向发展，土壤的养分含量也随之显著下降。在森林的不同退化阶段，由于群落种类组成的差异，植物返还土壤的养分数量和质量均会发生改变，并进而影响土壤养分含量的分配格局。

当地带性森林遭受长期砍伐而被改变为次生林、灌丛直至草丛后，顶极群落的优势种类大大减少甚至消失，新形成的生境被耐砍伐胁迫、高生长以及耐瘠薄的植物种类所占据，群落种类组成发生了根本性的改变。如热带森林生态系统的退化主要表现为原始热带雨林遭到破坏后，被热带疏林和热带灌丛所取代，还有一部分被人工林替代。通常，草本的增多可使整个群落的光合途径比例发生改变，从而改变了碳库的积累过程；豆科植物的增多，改变氮素的生物地球化学循环途径；针叶种类的增加使群落的养分循环途径更多采用了内循环的形式，大大减少了对土壤的养分归还量。人工林对生物地球化学循环的影响则更为强烈，长期的清理可使群落中大量的生物量被输出，并造成大量养分元素的外流。

对温带和热带森林的研究显示，森林砍伐后平均减少土壤碳含量40%～50%，平均减少土壤氮含量8%。在森林退化初期，土壤中可溶解性磷会增加，但随着时间推移，土壤磷含量会显著降低。同时，在森林退化过程中，人类通常采取的收获林木技术可改变土壤温度、湿度以及凋落物质量，从而导致氮素的矿化作用发生变化，进而影响土壤中有效氮的含量。森林退化后，土壤碳素更多地被释放到大气层，土壤氮、磷等养分则大量的迁入到大气和水中。然而，在人类干扰停止后的森林次生演替过程中，通常认为土壤碳、氮和磷可随着时间的推移不断增加。因此，为维持森林土壤生态系统的稳定以及系统内的养分自我循环，必须走森林的可持续经营道路。

本章小结

土壤养分是限制植物生长和土壤生产力的重要因素之一，是土壤肥力的重要组成部分。植物在生长发育过程中，为了完成生活周期，必须从土壤中吸收各种营养元素。目前，公认的植物必需元素有 17 种，即大量元素 C、H、O、N、P、K、Ca、Mg、S 和微量元素 Fe、B、Mn、Cu、Zn、Mo、Cl、Ni。其中，N、P、K 作为植物营养三要素，其含量状况、形态特征以及有效性高低直接影响植物的生长发育。

在天然林中，土壤养分主要依靠森林生态系统内部的积累与循环，土壤矿物质是其最基本来源，而土壤有机质是其最主要来源，但在人工林中，则还需通过适当施肥来维持土壤养分平衡和速生丰产。土壤养分可分为水溶态、代换态、矿物态和有机态 4 种化学形态。根据植物对养分吸收利用的难易程度，还可将其分为速效性养分和迟效性养分。速效性养分是植物近期能够直接吸收利用的养分，通常包括水溶态养分和代换态养分，是植物吸收的主体部分；迟效（缓效）养分是非代换性的，不易被其他同电荷离子交换，对植物的有效性较差。土壤养分可以通过微生物或酶作用实现无机态和有机态之间的转化与循环（生物固定与释放），也可通过化学固定、吸附固定、闭蓄态固定以及释放过程实现养分不同形态间的转化，同时，养分还可通过沉降、淋溶、挥发等形式输入或输出土壤系统。

复习思考题

1. 植物必需的营养元素有哪些？各必需元素的主要营养功能？林木缺乏必需元素时的典型症状？
2. 试述森林土壤中养分的来源、消耗与循环过程。
3. 森林土壤中 N、P、K 的主要存在形态、转化过程以及与植物有效性的关系？
4. 分析森林土壤微量元素的存在形态与植物有效性。

本章推荐阅读书目

1. 森林土壤学（问题和方法）. 罗汝英. 科学出版社，1983.
2. The Nature and Properties of Soils（15th Edition）. Nyle C Brady，Ray R Weil，2016.
3. Forest Soils Properties and Management . Khan T O，2013.

第四篇
土壤分类系统

第10章

土壤分类与分布

　　土壤是地球长期演化的自然产物，土壤类型及其分布因受成土因素的深刻影响，具有与所处自然环境条件相对应的表现特征。我国地域辽阔，南北跨越纬度近 50°，东西跨越经度逾 60°。地势西高东低，地形复杂多样，有山地、高原、丘陵、盆地、平原等多种地貌。西部有世界最高的青藏高原，东部的海岸线约长达 18 000 km。因地形地貌的复杂以及气候类型的多样，故而形成了类型繁多的土壤资源。了解国内外土壤分类研究的发展趋势，熟悉我国土壤的分布特点，掌握各土壤类型的理化性质与肥力特征，是实现土壤资源可持续利用的保障。

10.1　土壤分类

　　土壤分类是土壤科学的重要基础，是将自然界各种土壤按照成土条件、成土过程、理化性质等的相似性与差异性进行划分与归并，建立起相应的分类系统，并对其命名的方法。它是土壤发生演化规律的反映，是各级别土壤类型间相互关系的体现，是土壤科学发展水平的标志。

10.1.1　土壤分类概述

10.1.1.1　土壤分类的目的意义

　　土壤是在气候、生物、地形、母质、时间等自然成土因素，以及人类的生产、经营活动的影响下形成的，因此，土壤的发生演化必然与其所处的自然环境关系密切。由于地表不同区域内各成土因素的特征不同，组合形式存在差异，导致土壤类型繁多，且各土壤类型的发育阶段、剖面形态特征、理化性质、肥力状况与存在问题等方面差异明显。为保障土壤资源合理而可持续的利用，必须进行土壤类型的分门别类。

土壤分类是在不同层次上认识与区分土壤的线索，是进行土壤调查、土地评价、土地利用规划、土壤科学研究成果交流、制订农林业生产计划的依据，也是参与环境质量评价的重要因素。

10.1.1.2 土壤分类的基本概念

（1）土壤分类

土壤分类是根据土壤形成演化过程中特有的发生发展规律，以及由此形成的土壤属性，按照一定的分类标准，将自然界的各种土壤进行区分和归类。

土壤分类是土壤科学发展的水平体现。土壤分类的发展历史，大致经历3个阶段：古代朴素的土壤分类阶段，20世纪初的近代土壤发生分类阶段，以及现代定量化的土壤系统分类阶段。今后的土壤分类，定量化是重要的发展方向。

（2）土壤分类单元

土壤分类单元是土壤分类系统中不同级别的土壤个体，进行分类时的实际操作单位，有相应的分类特征（土壤性质），并依据这些性质可区别于其他土壤个体。一个分类单元对应一个分类层级，并反映该分类单元与其他分类单元的演化关系。土壤分类单元一般包括：纲、类、属、种等，例如，土纲级别的土壤单元、土类级别的土壤单元、土属级别的土壤单元等。当土壤单元用于编制土壤图时称为土壤制图单元。

（3）土壤个体

土壤个体是土壤分类的对象，又有单个土体、聚合土体两个概念。

①单个土体　最小的土壤单位，通常是指工作中为了解土壤特性，在土壤调查、采样或定点长期观测时，以土壤剖面挖掘或其他方法进行的代表性取样点。

单个土体是可以进行描述和采样的单位，具有三维空间，其下限为非土壤界（母质或基岩），水平面积达到足以代表某一土层的性质（包含可能出现的变异）（图10-1）。通常所列举的剖面形态都是代表性单个土体的资料。

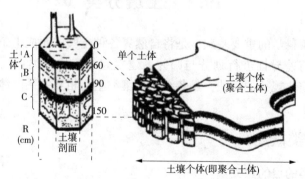

图10-1　土壤剖面、单个土体与土壤个体示意
（资料来源：林大仪《土壤学》，2002）

②聚合土体　它是土壤分类的基层单位，由相连且近似的一群单个土体组合而成。其边界要抵达非土壤界或特征明显不同的另一单个土体。通常一个聚合土体可视为一个土种或土系。

10.1.1.3　土壤分类的基本方法

（1）土壤发生分类

土壤发生分类是立足于土壤的成土条件、成土过程和土壤属性的土壤分类。

土壤发生分类的理论基础：前苏联土壤学家道库恰耶夫提出的土壤地带性学说和以此为基础的土壤发生学理论。即：土壤是在自然成土因素（气候、生物、地形、母质、时间等）的综合作用下形成的，是独立的历史自然体，各土壤类型有自身的发生发展规律，土壤在不同的发育阶段有不同的特征表现。

（2）土壤系统分类

土壤系统分类是建立在土壤诊断层和诊断特性基础上的土壤分类。

以诊断层和诊断特性为核心的土壤系统分类属于土壤的定量化分类，是世界土壤分类的发展趋势，目前已有近 50 个国家直接采用这一分类方法。

当前国际土壤分类的发展趋势是：定量化、标准化、国际化。因此，更多的国家已将土壤系统分类作为本国的第一或第二分类体系。

①诊断层　凡是用以鉴别土壤类别的，在性质上有一系列定量规定的特定土层。

诊断层是土壤发生层的定量化和指标化，在土壤剖面中通常有特定的位置。按其在单个土体中出现的部位，又进一步分为诊断表层与诊断表下层。

a. 诊断表层：位于单个土体最上部的诊断层。该层在实际划分中包括发生学上的淋溶层"A 层"，以及由淋溶层（A 层）向淀积层（B 层）过渡的过渡层（AB 层），即：（A+AB）层。

b. 诊断表下层：由于物质的淋溶、迁移、淀积或原地富集等作用而在土壤表层之下形成的具有诊断意义的土层。包括发生学上的淀积层（B 层）、灰化层（E 层）等，若其上的表土层遭受剥蚀，则表下层可能直接暴露于地表。

c. 诊断层举例：铁铝层的诊断应具备以下条件：

厚度≥30 cm；黏粒含量≥80 g/kg；阳离子交换量（CEC_7）<16 cmol（+）/kg 黏粒；实际阳离子交换量（ECEC）<12 cmol（+）/kg 黏粒；50~200 μm 粒级可风化矿物<10%，或细土全钾<8 g/kg；保持岩石构造体积<5%。

注：诊断层与发生层的关系是既有联系又有区别，并非简单的名称转换。有时两者同层同名（如盐积层、黏盘层），或同层异名（如雏形层相当于风化 B 层）；有时一个发生层可能派生出若干个诊断层（如腐殖质层可按量化指标分为暗沃表层、暗瘠表层、淡薄表层 3 个诊断层），也可能两个发生层合为一个诊断层（如水田的耕作层与犁底层合为水耕表层）。

②诊断特性　在土壤分类中定量规定的土壤性质（形态的、物理的、化学的）。

与诊断层不同，诊断特性是泛土层或非土层的，换句话说，某诊断特性不一定是某一土层所特有的性质，而可出现于单个土体的任何部位。大多数诊断特性有着一系列的关于土壤性质的定量规定，仅少数为单一的土壤性质，如石灰性、盐基饱和度等。

诊断特性共有 25 个，即有机土壤物质、岩性特征、石质接触面、准石质接触面、人为淤积物质、变性特征、人为扰动层次、土壤水分状况、潜育特征、氧化还原特征、土壤温度状况、永冻层次、冻融特征、n 值(土层下陷程度)、均腐殖质特性、腐殖质特性、火山灰特性、铁质特性、富铝特性、铝质特性、富磷特性、钠质特性、石灰性、盐基饱和度、硫化物物质。

注：n 值是反映田间条件下的水分含量与土壤质地之间的关系，用以检测土层的下陷程度。其关系式为：

$$n = (W - 0.2R)/(L + 3 \times SOC) \tag{10-1}$$

式中　W——田间条件下的含水量(%)；

R——(粉+砂)两者的含量(%)；

L——小于 0.002 mm 的黏粒含量(%)。

n 值越大，则土壤在排水后越易下陷，能承担的负荷力越小。

③诊断现象　当土壤性质有了明显变化，不能完全满足诊断层或诊断特性所规定的条件，但在土壤分类上具有重要意义，足以作为划分土壤类别依据的，称诊断现象(主要用于亚类)。

各诊断现象都规定出一定指标及其下限，其上限通常是相应诊断层或诊断特性的指标下限。该概念在确定覆盖层与埋藏土壤的分类问题时，具有重要的意义。目前，我国土壤系统分类已确定 20 个诊断现象，各现象的命名参照相应的诊断层或诊断特性名称。

20 个诊断现象为有机现象、草毡现象、灌淤现象、堆垫现象、肥熟现象、水耕现象、舌状现象、聚铁网纹现象、灰化淀积现象、耕作淀积现象、水耕氧化还原现象、碱积现象、石膏现象、钙积现象、盐积现象、变性现象、潜育现象、富磷现象、钠质现象和铝质现象。

10.1.2　中国土壤分类系统简介

10.1.2.1　中国土壤分类概况

土壤分类与土壤科学的发展密切相关。20 世纪 30 年代，美国土壤学家梭颇将马伯特(C. F. Marbut)土壤分类理论运用于中国土壤调查工作，并出版专著《中国之土壤》，标志着我国近代土壤分类研究的开始。马伯特土壤分类法的主要特点是根据生物气候条件划分高级单元——土类，根据土壤实体划分基层单元——土系。

(1)土壤分类的发展

1958 年的首次全国土壤普查，苏联土壤发生分类被广泛应用于实际调查工作。1978年的中国土壤学会第一次土壤分类会议，结合我国实情，提出了《中国土壤分类暂行草案》，该草案得到国内土壤学界的广泛认可。在此基础上，1979 年开展了全国第二次土壤普查。

随着学术交流的不断国际化，美国土壤系统分类和联合国世界土壤图图例单元对我国的土壤分类产生了一定影响。1984 年，全国土壤普查办公室在《中国土壤分类暂行草案》的基础上，借鉴了诊断分类的一些经验，草拟了《中国土壤分类系统》(1984)，并不断地修订完善。

1984 年开始，在中国科学院南京土壤研究所及众多高等院校和研究所的通力合作下，开展了中国土壤系统分类研究，取得了显著成果，如《中国土壤系统分类（首次方案）》（1991）、《修订方案》（1995）、《中国土壤系统分类检索（第三版）》（2001）等。中国土壤分类正逐步从定性研究转向定量化分类。

（2）两种土壤分类体系的特点

对比土壤发生分类与系统分类两种体系，各有利弊。土壤发生分类以土壤发生假说为基础，注重成土过程中生物与气候两个因素的作用，对土壤本身的特征属性不够重视，在过渡地带进行土壤分类时有些模糊。同时，因缺乏量化指标而影响信息系统的建立，很大程度制约了土壤科学的发展。目前，我国土壤分类仍处于土壤发生分类与系统分类并存的状态，随着全球化程度不断深化，发展具有中国特色的、以发生学理论、诊断层和诊断特性为基础的定量化的中国土壤系统分类，将是今后的发展趋势。

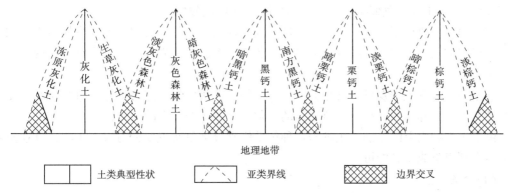

图 10-2 土壤发生分类中心概念与边界示意

（资料来源：龚子同等，1999）

10.1.2.2 中国土壤发生分类

当前的土壤发生分类体系，是在 1978 年《中国土壤分类暂行草案》与第二次土壤普查成果的基础上，吸取土壤诊断分类的一些土纲命名，1992 年由全国土壤普查办公室制定的《中国土壤分类系统》（Genetic Soil Classification of China，GSCC）。

（1）分类原则

中国土壤发生分类的基本原则是土壤发生学原则与统一性原则。

土壤是客观存在的历史自然体，是自然成土因素综合作用的产物。在分类过程中，坚持成土因素、成土过程和土壤属性（较稳定的形态特征）相结合的分类依据，以土壤属性为基础，充分体现土壤分类的客观性和真实性。

（2）分类级别

中国土壤分类系统采用七级分类制：土纲、亚纲、土类、亚类、土属、土种和亚种。土纲是具有共性的土类的归并，土类为基本单元，土种为基层单元，土属为土类与土种间的过渡单元，具有承上启下的作用。

（3）各级别划分依据

①土纲 最高级的分类级别。是根据成土过程的共同特点和土类属性的共性归纳，土纲之间存在土壤重大属性差异。如由脱硅富铁铝化过程形成的铁铝土纲，具有通体红色、酸性的土壤属性。

②亚纲　同一土纲内，土壤形成过程中主要控制因素(如水热条件)的差异导致土壤属性的重大差异。如铁铝土纲因水热条件差异而形成湿热铁铝土和湿暖铁铝土。

③土类　根据成土条件、成土过程和土壤属性的综合表现来划分。同一土类的成土条件、成土过程、土壤属性、土壤发生层次、土壤肥力特征和改良利用途径等类同。土类之间存在性质上的本质差别。如湿热铁铝土因生物气候等成土条件差异、脱硅富铁铝化过程程度不同、土壤理化性质与肥力表现相应不同，而有砖红壤、赤红壤、红壤、黄壤等土类。

④亚类　在同一土类中续分。划分依据：同一土类中不同发育阶段的土壤；不同土类间的过渡类型；主导成土过程以外的附加成土过程。如红壤土类可因是否具有次要成土过程而续分出典型红壤(无)、黄红壤(次要的有黄化过程)、棕红壤(次要的黏化过程)、山原红壤(高原面上受古气候影响)、红壤性土(成土时间较短)。

⑤土属　主要根据母质、水文、地形等地方性因素划分，反应区域性变异对土壤的影响。如根据成土母质差异，红壤亚类可有石灰岩红壤、玄武岩红壤、砂岩红壤、凝灰岩红壤等土属。

⑥土种　根据土壤发育程度划分，同一土种具有相似的土体构型与相同的成土母质。

⑦亚种　又称变种，是土种范围内的变化，反映土壤肥力的变异程度。

由于生产利用上的差别，土种与亚种等低级别分类单元主要针对农业土壤，林业土壤分类通常到亚类或土属即可。

(4)命名方法

中国土壤分类系统采用连续命名与分段命名相结合的方法。

土纲、亚纲为一段，土纲名称由土类名称概括而成，亚纲名称为连续命名：形容词+土纲名称。土类、亚类为一段，土类名称以常用名为主，亚类名称为连续命名：形容词+土类名称。

土属名称从土种中归纳；土种和变种的名称主要从地方土壤俗名中提取获得。

连续命名以土类为基础，例如，土类—红壤；亚类—暗红壤；土属—硅铝质暗红壤；土种—厚层硅铝质暗红壤；变种—肥沃厚层硅铝质暗红壤。实际工作中，土类、土属、土种等可单独命名。

(5)中国土壤分类系统表

根据1992年全国土壤普查办公室的《中国土壤分类系统》，中国土壤分类系统共确立12个土纲28个亚纲61个土类233个亚类，分类系统的高级分类单元见表10-1。

表 10-1　中国土壤分类系统高级分类表

(中国土壤，1998)

土纲	亚纲	土类	亚类
铁铝土	湿热铁铝土	砖红壤	砖红壤、黄色砖红壤
		赤红壤	赤红壤、黄色赤红壤、赤红壤性土
		红壤	红壤、黄红壤、棕红壤、山原红壤、红壤性土
	湿暖铁铝土	黄壤	黄壤、漂洗黄壤、表潜黄壤、黄壤性土

（续）

土纲	亚纲	土类	亚类
淋溶土	湿暖淋溶土	黄棕壤	黄棕壤、暗黄棕壤、黄棕壤性土
		黄褐土	黄褐土、黏盘黄褐土、白浆化黄褐土、黄褐土性土
	湿温暖淋溶土	棕壤	棕壤、白浆化棕壤、潮棕壤、棕壤性土
	湿温淋溶土	暗棕壤	暗棕壤、白浆化暗棕壤、草甸暗棕壤、潜育暗棕壤、暗棕壤性土
		白浆土	白浆土、草甸白浆土、潜育白浆土
	湿寒温淋溶土	棕色针叶林土	棕色针叶林土、灰化棕色针叶林土、表潜棕色针叶林土
		漂灰土	漂灰土、暗漂灰土
		灰化土	灰化土
半淋溶土	半湿热半淋溶土	燥红土	燥红土、褐红土
	半湿温暖半淋溶土	褐土	褐土、石灰性褐土、淋溶褐土、潮褐土、燥褐土、墤土、褐土性土
	半湿温半淋溶土	灰褐土	灰褐土、暗灰褐土、淋溶灰褐土、石灰性灰褐土、灰褐土性土
		黑土	黑土、草甸黑土、白浆化黑土、表潜黑土
		灰色森林土	灰色森林土、暗灰色森林土
钙层土	半湿温钙层土	黑钙土	黑钙土、淋溶黑钙土、石灰性黑钙土、草甸黑钙土、盐化黑钙土、碱化黑钙土
	半干温钙层土	栗钙土	暗栗钙土、栗钙土、淡栗钙土、草甸栗钙土、盐化栗钙土、碱化栗钙土、栗钙土性土
	半干温暖钙层土	栗褐土	栗褐土、淡栗褐土、潮栗褐土
		黑垆土	黑垆土、黏化黑垆土、潮黑垆土、黑麻土
干旱土	温干旱土	棕钙土	棕钙土、淡棕钙土、草甸棕钙土、盐化棕钙土、碱化棕钙土、棕钙土性土
	暖温干旱土	灰钙土	灰钙土、淡灰钙土、草甸灰钙土、盐化灰钙土
漠土	温漠土	灰漠土	灰漠土、钙质灰漠土、草甸灰漠土、盐化灰漠土、碱化灰漠土、灌耕灰漠土
	暖温漠土	灰棕漠土	灰棕漠土、石膏灰棕漠土、石膏盐磐灰棕漠土、灌耕灰棕漠土
		棕漠土	棕漠土、盐化棕漠土、石膏棕漠土、石膏盐磐棕漠土、灌耕棕漠土

（续）

土纲	亚纲	土类	亚类
初育土	土质初育土	黄绵土	黄绵土
		红黏土	红黏土、积钙红黏土、复盐基红黏土
		新积土	新积土、冲积土、珊瑚砂土
		龟裂土	龟裂土
		风沙土	荒漠风沙土、草原风沙土、草甸风沙土、滨海沙土
	石质初育土	石灰(岩)土	红色石灰土、黑色石灰土、棕色石灰土、黄色石灰土
		火山灰土	火山灰土、暗火山灰土、基性岩火山灰土
		紫色土	酸性紫色土、中性紫色土、石灰性紫色土
		磷质石灰土	磷质石灰土、硬磐磷质石灰土、盐渍磷质石灰土
		石质土	酸性石质土、中性石质土、钙质石质土、含盐石质土
		粗骨土	酸性粗骨土、中性粗骨土、钙质粗骨土、硅质粗骨土
半水成土	暗半水成土	草甸土	草甸土、石灰性草甸土、白浆化草甸土、潜育草甸土、盐化草甸土、碱化草甸土
	淡半水成土	砂姜黑土	砂姜黑土、石灰性砂姜黑土、盐化砂姜黑土、碱化砂姜黑土
		山地草甸土	山地草甸土、山地草原草甸土、山地灌丛草甸土
		潮土	潮土、灰潮土、脱潮土、湿潮土、盐化潮土、碱化潮土、灌淤潮土
水成土	矿质水成土	沼泽土	沼泽土、腐泥沼泽土、泥炭沼泽土、草甸沼泽土、盐化沼泽土
	有机水成土	泥炭土	低位泥炭土、中位泥炭土、高位泥炭土
盐碱土	盐土	草甸盐土	草甸盐土、结壳盐土、沼泽盐土、碱化盐土
		漠境盐土	干旱盐土、漠境盐土、残余盐土
		滨海盐土	滨海盐土、滨海沼泽盐土、滨海潮滩盐土
		酸性硫酸盐土	酸性硫酸盐土、含盐酸性硫酸盐土
		寒原盐土	寒原盐土、寒原硼酸盐土、寒原草甸盐土、寒原碱化盐土
	碱土	碱土	草甸碱土、草原碱土、龟裂碱土、盐化碱土、荒漠碱土
人为土	人为水成土	水稻土	潴育水稻土、淹育水稻土、渗育水稻土、潜育水稻土、脱潜水稻土、漂洗水稻土、盐渍水稻土、咸酸水稻土
	灌淤土	灌淤土	灌淤土、潮灌淤土、表锈灌淤土、盐化灌淤土
		灌漠土	灌漠土、灰灌漠土、潮灌漠土、盐化灌漠土

（续）

土纲	亚纲	土类	亚类
高山土	湿寒高山土	高山草甸土	高山草甸土、高山草原草甸土、高山灌丛草甸土、高山湿草甸土
		亚高山草甸土	亚高山草甸土、亚高山草原草甸土、亚高山灌丛草甸土、亚高山湿草甸土
	半湿寒高山土	高山草原土	高山草原土、高山草甸草原土、高山荒漠草原土、高山盐渍草原土
		亚高山草原土	亚高山草原土、亚高山草甸草原土、亚高山荒漠草原土、亚高山盐渍草原土
		山地灌丛草原土	山地灌丛草原土、山地淋溶灌丛草原土
干寒高山土	高山漠土	高山漠土	—
		亚高山漠土	亚高山漠土
	寒冻高山土	高山寒漠土	高山寒漠土

资料来源：张凤荣《土壤地理学》，2002。

10.1.2.3　中国土壤系统分类

中国土壤分类系统（Chinese Soil Taxonomy，CST）在我国土壤科学的发展过程中有很重要的作用，并随着全国第二次土壤普查成果的广泛应用而被土壤工作者普遍接受，但由于强调中心概念、边界不清、缺乏量化指标、忽视成土的时间因素等，使得在实际工作中对部分土类的划分以及界线确定问题较多。同时，建立在理论假设基础上的发生分类缺乏量化指标，在进行国际交流深入研究过程中易产生困惑，以上均给具有定量化特征的土壤系统分类方法的研究与发展创造了条件和机遇。

（1）中国土壤系统分类概述

①中国土壤系统分类的建立　为了更好的实现土壤科学在世界范围内的信息交流与知识共享，在美国土壤系统分类的影响下，中国土壤学家们于 1984 年开始了中国的土壤系统分类研究。在学习国内外已有的土壤分类研究经验和总结全国土壤普查成果的基础上，反复补充修订，在 2001 年完成了《中国土壤系统分类（第三版）》。

②中国土壤系统分类的特点　中国土壤系统分类的主要特点包括：以诊断层和诊断特性为基础；以发生性原理为指导；与国际接轨，尽可能采用国际上已成熟的诊断层和诊断特性；具有中国特色。

基于以上特点，中国土壤系统分类拟订了 11 个诊断表层、20 个诊断表下层、2个其他诊断层、25 个诊断特性。对人为土、富铁土、干旱土等土纲提出了新的科学表达，为我国特有土壤给出了科学界定。通过检索系统，将鉴定指标具体化，所有土壤在该检索系统中均有相应且唯一的分类位置，从而避免了土壤发生分类中各土类边界模糊不清的弊端。因此，中国土壤系统分类是立足于我国土壤科学发展实情的定量化诊断分类系统。

（2）分类原则

中国土壤系统分类以发生学理论为指导思想，以诊断层和诊断特性为基础，注重分类标准的可定量化。

（3）分类级别及划分依据

中国土壤系统分类的分类级别为六级分类制：土纲、亚纲、土类、亚类、土族、土系。前四级为高级分类单元，土族、土系为基层分类单元（表10-2）。

表10-2　中国土壤系统分类土纲划分依据

土纲名称	主要成土过程或影响成土的性状	主要诊断层、诊断特性
有机土（Histosols）	泥炭化过程	有机表层
人为土（Anthrosols）	水耕或旱耕人为过程	水耕表层、耕作淀积层和水耕氧化还原层或灌淤表层、堆垫表层、泥垫表层、肥熟表层
灰土（Spodosols）	灰化过程	灰化淀积层
火山灰土（Andosols）	影响成土过程的火山灰物质	火山灰特性
铁铝土（Ferralosols）	高度铁铝化过程	铁铝层
变性土（Verlosols）	土壤扰动过程	变性特征
干旱土（Aridosols）	干旱水分状况下，弱腐殖化过程，以及钙化、石膏化、盐化过程	干旱表层、钙积层、石膏层、盐积层
盐成土（Halosos）	盐渍化过程	盐积层、碱积层
潜育土（Gleyosols）	潜育化过程	潜育特征
均腐土（Isohumoslos）	腐殖化过程	暗沃表层、均腐殖质特性
富铁土（Ferroslos）	富铁铝化过程	富铁层
淋溶土（Argosols）	黏化过程	黏化层
雏形土（Cambosols）	矿物蚀变过程	雏形层
新成土（Primoslos）	无明显发育	淡薄表层

资料来源：龚子同等，1999。

①土纲　最高级别，根据主要成土过程产生的或影响主要成土过程的性质（即诊断层或诊断特性）进行划分。

②亚纲　土纲的辅助级别，主要根据影响现代成土过程的控制因素所反映的性质（如水分、温度和岩性特征）划分。

③土类　亚纲的续分，根据主要成土过程强度或次要成土过程或次要控制因素的表现性质划分。

④亚类　土类的辅助级别，主要根据是否偏离中心概念，是否具有附加过程的特性和是否具有母质残留的特性划分。

⑤土族　基层分类单元，是在亚类范围内，主要反映与土壤利用管理有关的土壤理化性质发生明显分异的续分单元。

⑥土系　最低级别（基层）分类单元，同一土系的土壤组成物质、所处地形部位及水热状况相似，在一定垂直深度内，土壤的特征土层、生产利用适宜性大体一致。

（4）命名方法

中国土壤系统分类采用分段连续命名方式。土纲、亚纲、土类、亚类为一段。其名称结构以土纲为基础，前面叠加反映亚纲、土类、亚类性质的术语，分别构成亚纲、土类和亚类的名称。一般土纲名称3个字，亚纲5个字，土类7个字，亚类9个字。土族命名采用在土壤亚类名称前冠以土壤主要分异特性的连续名，土系则以地名或地名加优势质地名称命名。

（5）土壤系统分类表

中国土壤系统分类共有 14 个土纲 39 个亚纲 138 个土类 588 个亚类（表 10-3）。

（6）检索方法

土壤系统分类的各个类别通过有诊断层和诊断特征的检索系统进行确定。只需根据土壤诊断层或诊断特性的表征，按照检索顺序，自上而下逐一排除那些不符合某一土壤要求的类别，就能找到该土壤的正确分类位置（表 10-4）。

表 10-3　中国土壤系统分类表（修订方案，1995）

土 纲	亚 纲	土 类
有机土	永冻有机土	落叶永冻有机土、纤维永冻有机土、并腐永冻有机土
	正常有机土	落叶正常有机土、纤维正常有机土、半腐正常有机土、高腐正常有机土
人为土	水耕人为土	潜育水耕人为土、铁渗水耕人为土、铁聚水耕人为土、简育水耕人为土
	旱耕人为土	肥熟旱耕人为土、灌淤旱耕人为土、泥垫旱耕人为土、土垫旱耕人为土
灰土	腐殖灰土	简育腐殖灰土
	正常灰土	简育正常灰土
火山灰土	寒冻火山灰土	寒冻寒性火山灰土、简育寒冻火山灰土
	玻璃火山灰土	干润玻璃火山灰土、湿润玻璃火山灰土
	湿润火山灰土	腐殖湿润火山灰土、简育湿润火山灰土
铁铝土	湿润铁铝土	暗红湿润铁铝土、黄色湿润铁铝土、简育湿润铁铝土
变性土	潮湿变性土	钙积潮湿变性土、简育潮湿变性土
	干湿变性土	钙积干润变性土、简育干润变性土
	湿润变性土	腐殖湿润变性土、钙积湿润变性土、简育湿润变性土
干旱土	寒性干旱土	钙积寒性干旱土、石膏寒性干旱土、黏化寒性干旱土、简育寒性干旱土
	正常干旱土	钙积正常干旱土、石膏正常干旱土、盐积正常干旱土、黏化正常干旱土、简化正常干旱土
盐成土	碱积盐成土	龟裂碱积盐成土、潮湿碱积盐成土、简育碱积盐成土
	正常盐成土	干旱正常盐成土、潮湿正常盐成土
潜育土	永冻潜育土	有机永冻潜育土、简育永冻潜育土
	滞水潜育土	有机滞水潜育土、简育滞水潜育土
	正常潜育土	有机正常潜育土、暗沃正常潜育土、简育正常潜育土
均腐土	岩性均腐土	富磷岩性均腐土、黑色岩性均腐土
	干润均腐土	寒性干润均腐土、堆垫干润均腐土、暗厚干润均腐土、钙积干润均腐土、简育干润均腐土
	湿润均腐土	滞水湿润均腐土、黏化湿润均腐土、简育湿润均腐土
富铁土	干润富铁土	黏化干润富铁土、简育干润富铁土
	常湿富铁土	钙质常湿富铁土、富铝常湿富铁土、简育常湿富铁土
	湿润富铁土	钙质湿润富铁土、强育湿润富铁土、富铝湿润富铁土、黏化湿润富铁土、简育湿润富铁土
淋溶土	冷凉淋溶土	漂白冷凉淋溶土、暗沃冷凉淋溶土、简育冷凉淋溶土
	干润林溶土	钙质干润淋溶土、钙积干润淋溶土、铁质干润淋溶土、简育干润淋溶土

(续)

土纲	亚纲	土类
淋溶土	常湿淋溶土	钙质常湿淋溶土、铝质常湿淋溶土、简育常湿淋溶土
	湿润淋溶土	漂白湿润淋溶土、钙质湿润淋溶土、黏盘湿润淋溶土、铝质湿润淋溶土、酸性湿润淋溶土、铁质湿润淋溶土、简育湿润淋溶土
雏形土	寒冻雏形土	永冻寒冻雏形土、潮湿寒冻雏形土、草毡寒冻雏形土、暗沃寒冻雏形土、暗瘠寒冻雏形土、简育寒冻雏形土
	潮湿雏形土	叶垫潮湿雏形土、砂姜潮湿雏形土、暗色潮湿雏形土、淡色潮湿雏形土
	干润雏形土	灌淤干润雏形土、铁质干润雏形土、底锈干润雏形土、暗沃干润雏形土、简育干润雏形土
	常湿雏形土	冷凉常湿雏形土、滞水常湿雏形土、钙质常湿雏形土、铝质常湿雏形土、酸性常湿雏形土、简育常湿雏形土
	湿润雏形土	冷凉湿润雏形土、钙质湿润雏形土、紫色湿润雏形土、铝质湿润雏形土、铁质湿润雏形土、酸性湿润雏形土、简育湿润雏形土
新成土	人为新成土	扰动人为新成土、淤积人为新成土
	砂质新成土	寒冻砂质新成土、潮湿砂质新成土、干旱砂质新成土、干润砂质新成土、湿润砂质新成土
	冲积新成土	寒冻冲积新成土、潮湿冲积新成土、干旱冲积新成土、干润冲积新成土、湿润冲积新成土
	正常新成土	黄土正常新成土、紫色正常新成土、红色正常新成土、寒冻正常新成土、干旱正常新成土、干润正常新成土、湿润正常新成土

资料来源：黄昌勇等《土壤学》(第三版)，2010。

目前，土壤分类的发展趋势是定量化、标准化和国际化。我国土壤系统分类已历经数次修改，被众多的高教教材、辞书专著、科学期刊等广为推荐，在国内外土壤科学界产生巨大影响。

表 10-4　中国土壤系统分类中 14 个土纲检索简表（2001）

诊断层 和/或 诊断特征	土纲
1 有下列之一的有机土壤物质(土壤有机碳含量≥180 g/kg)或≥[120 g/kg+(黏粒含量 g/kg×0.1)]	有机土
2 其他土壤中有水耕表层和水耕氧化还原层；或肥熟表层和磷质耕作淀积层；或灌淤表层；或堆垫表层	人为土
3 其他土壤在土表下 100 cm 范围内有灰化淀积层	灰土
4 其他土壤在土表至 60 cm 或至更浅的石质接触面范围内 60% 或更厚的土层具有火山灰特性	火山灰土
5 其他土壤中有上界在土表至 150 cm 范围内的铁铝层	铁铝土
6 其他土壤中土表至 50 cm 范围内黏粒≥30%，且无石质或准石质接触面，土壤干燥时有宽度 > 0.5 cm 的裂隙，和土表至 100 cm 范围内有滑擦面或自吞特征	变性土
7 其他土壤有干旱表层和上界在土表至 100 cm 范围内的下列任一诊断层：盐积层、超盐积层、盐磐、石膏层、超石膏层、钙积层、超钙积层、钙磐、黏化层或雏形层	干旱土
8 其他土壤中土表至 30 m 范围内有盐积层，或土表至 75 cm 范围内有碱积层	盐成土

（续）

诊断层 和/或 诊断特征	土纲
9 其他土壤中土表至 50 cm 范围内有一土层厚度≥10 cm 有潜育特征	潜育土
10 其他土壤中有暗沃表层和均腐殖质特性，且矿质土表下 180 cm 或至更浅的石质或准石质接触面范围内盐基饱和度≥50%	均腐土
11 其他土壤中有上界在土表至 125 cm 范围内有低活性富铁层	富铁土
12 其他土壤中有上界在土表至 125 cm 范围内有黏化层或黏磐	淋溶土
13 其他土壤中有雏形层；或矿质土表至 100 cm 范围内有如下任一诊断层：漂白层、钙积层、超钙积层、钙磐、石膏层、超石膏层；或矿质土表下 20~50 cm 范围内有一土层（≥10 cm 厚）的 n 值 < 0.7；或黏粒含量 < 80 g/kg，并有机表层；或暗沃表层；或暗瘠表层；或有永冻层和矿质土表至 50 cm 范围内有滞水土壤水分状况	雏形土
14 其他土壤	新成土

资料来源：龚子同等，2002。

10.1.2.4　我国现行的土壤发生分类与土壤系统分类参比

（1）参比的必要性

中国土壤发生分类是第二次土壤普查工作的重要理论与实践指南，普查成果得到广泛而长期的应用推广。两个土壤分类系统互有交叉，又彼此独立，形成了当前我国土壤系统分类和发生分类并存的状态。进行这两个系统的比较是为了更好地了解两个系统的差异原因，以便更好地应用土壤资料，对推动我国土壤科学的发展，进一步加强国际交流有着重要的现实意义。

（2）参比过程中的注意事项

土壤发生分类以地带性学说为基础，以生物气候条件为依据，当生物气候条件发生变化时，土壤类型也会发生相应的改变。土壤系统分类则是根据土壤属性进行分类，生物气候条件作为参照条件在划分土壤类型时加以考虑。两个系统的分类依据不同，对它们的参比并非简单的比较，实际上更接近于一个近似参比。

①参比基础　土壤系统分类与发生分类各有特点，也相互联系，只要了解了诊断层与诊断特性，就可以找出进行参比的各土类的共性与特殊性。因而，诊断层和诊断特性是参比的基础。

②把握特点　系统分类的重点是土纲这一最高分类级别，发生分类更注重土类这一高级基本单元。因此，对两者的参比，目前多接受以发生分类的土类与系统分类的亚纲或土类进行比较的观点。

③占有必要的资料　土壤调查所获具体资料是两个分类系统参比的根据，掌握资料越充分，参比就越具体，所得结果越确切。

④着眼典型土类　土壤发生分类的中心概念明确而边界模糊，存在很多发育较低的幼年土亚类，或具有附加成土过程的非典型亚类。这些亚类在性质上差异明显，但若从系统分类上看可能属于土纲水平上的差异。因此，两个系统在土类级别上参比时，以反映中心概念的类型进行参比更恰当。

⑤按次序检索　具体参比时，只能根据诊断层和诊断特性，按检索程序从土纲开始逐

一往下检索(表10-5)。

参比的目的是为了更好地了解和应用中国土壤系统分类，参比应避免简单化与生搬硬套。发生分类中的一个土类可能相当于系统分类中的若干土纲、亚纲或土类，切不可简单地将两者划等号，更不是简单地换个名词。

表 10-5 中国土壤分类系统(1993)与中国土壤系统分类(CST)的近似参比

中国土壤分类系统 （GSCC）	主要土壤系统分类类型 （CST）	中国土壤分类系统 （GSCC）	主要土壤系统分类类型 （CST）
砖红壤	暗红湿润铁铝土	漂灰土	暗瘠寒冻雏形土
	简育湿润铁铝土		漂白冷凉淋溶土
	富铝湿润富铁土		正常灰土
	黏化湿润富铁土	灰化土	腐殖灰土
	铝质湿润雏形土		正常灰土
	铁质湿润雏形土	灰黑土	黏化暗厚干润均腐土
赤红壤	强育湿润富铁土		暗厚黏化干润均腐土
	富铝湿润富铁土		暗沃冷凉淋溶土
	简育湿润铁铝土	灰褐土	简育干润淋溶土
红壤	富铝湿润富铁土		钙积干润淋溶土
	黏化湿润富铁土		黏化简育干润均腐土
	铝质湿润淋溶土	黑土	简育湿润均腐土
	铝质湿润雏形土		黏化湿润均腐土
	简育湿润雏形土	黑钙土	暗厚干润均腐土
黄壤	铝质常湿淋溶土		钙积干润均腐土
	铝质常湿雏形土		简育干润均腐土
	富铝常湿富铁土	栗钙土	钙积干润均腐土
燥红土	铁质干润淋溶土		简育干润雏形土
	铁质干润雏形土	黑垆土	堆垫干润均腐土
	简育干润富铁土		简育干润均腐土
	简育干润变性土	棕钙土	钙积正常干旱土
黄棕壤	铁质湿润淋溶土		简育正常干旱土
	铁质湿润雏形土	灰钙土	钙积正常干旱土
	铝质常湿雏形土		黏化正常干旱土

（续）

中国土壤分类系统 （GSCC）	主要土壤系统分类类型 （CST）	中国土壤分类系统 （GSCC）	主要土壤系统分类类型 （CST）
黄褐土	黏磐湿润淋溶土	灰漠土	钙积正常干旱土
	铁质湿润淋溶土	灰棕漠土	石膏正常干旱土
棕壤	简育湿润淋溶土		简育正常干旱土
	简育正常干旱土		灌淤干润雏形土
	灌淤干润雏形土	棕漠土	石膏正常干旱土
褐土	简育干润淋溶土		盐积正常干旱土
	简育干润雏形土	盐土	干旱正常盐成土
暗棕壤	冷凉湿润雏形土		潮湿正常盐成土
	暗沃冷凉淋溶土	碱土	潮湿碱积盐成土
白浆土	漂白滞水湿润均腐土		简育碱积盐成土
	漂白冷凉淋溶土		龟裂碱积盐成土
灰棕壤	冷凉常湿雏形土	紫色土	紫色湿润雏形土
	简育冷凉淋溶土		紫色正常新成土
棕色针叶林土	暗瘠寒冻雏形土		—
火山灰土	简育湿润火山灰土	砂姜黑土	砂姜钙积潮湿变性土
	火山渣湿润正常新成土		砂姜潮湿雏形土
黑色石灰土	黑色岩性均腐土	亚高山草甸土和 高山草甸土	草毡寒冻雏形土
	腐殖钙质湿润淋溶土		暗沃寒冻雏形土
红色石灰土	钙质湿润淋溶土	亚高山草原土和 高山草原土	钙积寒性干旱土
	钙质湿润雏形土		黏化寒性干旱土
	钙质湿润富铁土		简育寒性干旱土
磷质石灰土	富磷岩性均腐土	高山漠土	石膏寒性干旱土
	磷质钙质湿润雏形土		简育寒性干旱土

（续）

中国土壤分类系统 （GSCC）	主要土壤系统分类类型 （CST）	中国土壤分类系统 （GSCC）	主要土壤系统分类类型 （CST）
黄绵土	黄土正常新成土	高山寒漠土	寒冻正常新成土
	简育干润雏形土	水稻土	潜育水耕人为土
风沙土	干旱砂质新成土		铁渗水耕火为土
	干润砂质新成土		铁聚水耕火为土
粗骨土	石质湿润正常新成土		简育水耕火为土
	石质干润正常新成土	塿土	除水耕人为土以外 其他类别中的水耕亚类
	弱盐干旱正常新成土	灌淤土	土垫旱耕人为土
草甸土	暗色潮湿雏形土		寒性准淤旱耕人为土
	潮湿寒冻雏形土		灌淤干润雏形土
	简育湿润雏形土		灌淤湿润砂质新成土
沼泽土	有机正常潜育土		淤积人为新成土
	暗沃正常潜育土		肥熟旱耕人为土
	简育正常潜育土		肥熟旱耕人为土
泥炭土	正常有机土	菜园土	肥熟土垫旱耕人为土
潮土	淡色潮湿雏形土		肥熟富磷岩性均腐土
	底锈干润雏形土		

资料来源：龚子同等，2002。

10.2　土壤分布规律

　　土壤的形成与地理空间环境密切相关。我国地域广阔，自然环境条件复杂多样，所形成的土壤类型丰富多样。各种土壤都是其所处地理空间的气候、生物、地质、水文及人类活动等诸多因素相互联系、相互影响、相互作用的综合产物。地表环境在不同纬度、不同经度、不同海拔上均有显著差异，因此所形成的土壤也随之变化，表现为一定的空间分布特征。

10.2.1　土壤的地理分布规律

10.2.1.1　土壤地理分布规律的原因

根据道库恰耶夫的土壤地带性学说，土壤是自然成土因素——气候、生物、地形、母质、时间综合作用的产物。地球表面的气候、生物因素具有明显的地带性规律，主要表现为不同纬度太阳辐射能的差异导致沿纬度方向上热量的规律性变化，同一纬度带内的海陆分布、地形起伏引起的沿经度方向上水分的规律性变化，以及山区随海拔的增加温度与湿度的相应变化，由此必然产生与之相适应的生物植被类型的规律性分布。因此，土壤类型也呈现随地理位置、海拔高度变化而有规律更替的现象，这就是土壤的地理分布规律。

10.2.1.2　土壤地理分布规律的表现

土壤的地理分布具有与生物气候条件相适应的广域的水平分布与垂直分布，称土壤的地带性分布规律；也有因局部区域内水文地质、母质类型、人为活动等条件相适应的地域分布或微域分布，称土壤的非地带性分布规律。这种空间分布格局的有规律变化，称为土壤空间分异规律。

我国地域辽阔，地形起伏，南北地跨 5 个温度带，东西干湿状况差异明显，土壤具有明显的空间分布规律。主要为沿水平方向的纬度、经度地带性表现，垂直高度上的表现，也有一定时空范围内的土壤组合。

对土壤分布规律的认识和分析是与一定的土壤分类系统相联系的。目前，我国的土壤分类是两种分类系统并存，对土壤分布的认识为：土壤发生分类下的土壤地带性分布规律，土壤系统分类下的土壤空间组合分布规律。

10.2.2　土壤地带性分布规律

土壤地带性分布主要包括土壤水平地带性、土壤垂直地带性和土壤地域性分布。

10.2.2.1　土壤水平地带性分布规律

由于地表生物气候条件的变化主要受纬度与经度的控制，因此，土壤的水平分布也表现为沿纬度或经度变化的，与生物气候变化相一致的地带性分布规律(图 10-3)。

我国土壤水平地带性分布规律，主要受水热条件的控制。气候具有明显的季风特点，热量由南向北逐渐降低，湿度由西北向东南逐渐增加。气候带由北向南依次为寒温带、温带、暖温带、亚热带、热带；由东南向西北依次为湿润、半湿润、半干旱、干旱区。由此形成我国土壤的水平地带分布规律，即东部沿海的湿润海洋土壤地带谱，西部干旱内陆性地带谱。

（1）土壤的纬度地带性分布规律

土壤的纬度地带性分布是指地带性土壤类型沿经线方向由东向西的延伸，按纬度方向由南向北依次更替，呈大致平行于纬度的规律性带状变化规律。

任一土壤带内，能综合反映当地的气候—生物特点的优势土类，称为地带性土壤或显域土，土壤带则以该土类的名称命名。受局部区域自然条件影响形成的土类，则称为非地带性土壤或隐域土。

产生纬度地带性分布规律的原因，主要是由于大气温度随纬度而有规律变化，引起生物植被类型的相应变化，受生物气候条件影响而形成的地带性土壤也呈规律性变化。这种分布规律在我国东部沿海湿润地区表现明显，从南向北沿纬度方向分别有砖红壤—赤红壤—红壤（黄壤）—黄棕壤—棕壤—暗棕壤与漂灰土—棕色针叶林土（表 10-6、图 10-3）。

表 10-6　中国气候、生物、土壤纬度地带谱

气候带	植被类型	土壤类型
寒温带湿润	针叶林	棕色针叶林土
温带湿润	针叶与落叶阔叶混交林	暗棕壤
暖温带湿润半湿润	落叶阔叶林	棕壤
暖温带半湿润	森林灌木	褐土
北亚热带湿润	常绿与落叶阔叶混交林	黄棕壤
中亚热带湿润	常绿阔叶林	红壤（黄壤）
南亚热带湿润	季雨林	赤红壤
热带湿润	雨林与季雨林	砖红壤

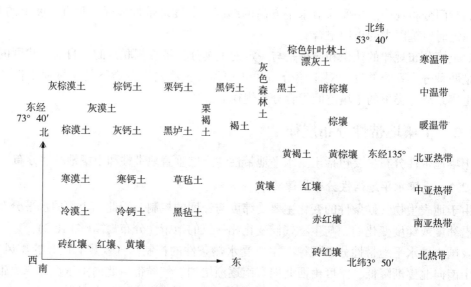

图 10-3　中国土壤水平地带谱示意

（资料来源：孙向阳《土壤学》，2005）

（2）土壤的经度地带性分布

土壤的经度地带性分布是指地带性土壤类型沿纬线方向由南向北的延伸，按经度方向由东向西依次更替，呈大致平行于经度的规律性带状变化规律。

这一规律在我国主要是受距海远近及大气环流的影响，形成了由东到西基本平行于经度的海洋性气候、季风气候、大陆干旱气候等不同湿度带，使生物植被类型与土壤类型产生相应的规律性变化。在我国的温带西部干旱的内陆性土壤带谱，从东北到宁夏，分布着

表 10-7　中国气候、生物、土壤经度地带谱

气候带	植被类型	土壤类型	气候带	植被类型	土壤类型
温带湿润、半湿润	草原化草甸、草甸	黑土	暖温带干旱	荒漠草原	灰钙土
温带半干旱、半湿润	草甸草原	黑钙土	温带极干旱	荒漠	灰漠土
温带半干旱	干草原	栗钙土	暖温带极干旱	荒漠	棕漠土
温带半干旱	荒漠草原	棕钙土	—	—	—

暗棕壤—黑土—黑钙土—栗钙土—棕钙土—灰漠土—灰棕漠土(表 10-7、图 10-3)。在暖温带分布着棕壤—褐土—栗褐土—黑垆土与黄绵土—灰钙土—棕漠土。

10.2.2.2　土壤垂直地带性分布规律

（1）土壤的垂直地带性

土壤随海拔的增高而呈有规律更替的表现，称土壤垂直分布规律。产生这一规律性变化的原因主要是随山体海拔高度的增加，在一定高度范围内表现气温下降，湿度升高，生物植被类型相应变化，土壤类型也相应变化(图 10-4)。

我国是多山的国家，山地类型多样，土壤垂直地带性分布规律在山区均有表现。

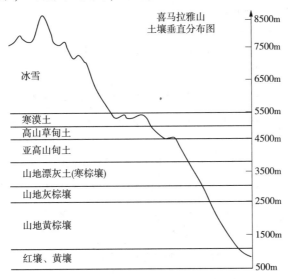

图 10-4　喜马拉雅山土壤垂直带示意

(资料来源：熊毅等中国土壤(第二版)，1987)

（2）土壤垂直地带性的特点

①土壤垂直地带性分布的带谱随山体所处的地理位置、山体高度及山地坡向的不同而不同。土壤垂直带谱由基带土壤开始，基带土壤与山体所处地理位置的地带性土壤相对应。山体越高大，垂直带谱越完整(表 10-8)。

②土壤的垂直分布规律类似于山体所在地以北的纬度地带性分布规律，但由于特殊的水热状况、植物群落、地形特点，山地土壤在发生特征和利用情况上与水平地带性土壤有所不同。

表 10-8　我国主要山地垂直地带谱

地带	地区	土壤垂直地带谱
热带	湿润地区	<400 m 砖红壤 400 m 山地砖红壤 800 m 山地黄壤 1200 m 山地黄棕壤 1600 m 山地灌丛草甸土 1879 m（海南五指山东北坡）
	半干旱地区	燥红土—山地褐红壤—山地红壤—山地黄壤—山地黄棕壤—山地灌丛草甸土（海南五指山西南坡）
南亚热带	湿润地区	100 m 赤红壤 800 m 山地黄壤 1500 m 山地黄棕壤 2300 m 山地棕壤或山地暗棕壤 2800 m 山地草甸土 3600 m（台湾玉山西坡）
	半湿润地区	<300 m 赤红壤 300 m 山地赤红壤 700 m 山地黄壤 1300 m（广西十万大山马尔夹南坡）
	半干旱地区	500 m 燥红土 1000 m 山地赤红壤 1600 m 山地红壤 1900 m 山地黄壤 2600 m 山地黄棕壤 3000 m 山地灌丛草甸土 3054 m（云南哀牢山）
中亚热带	湿润地区	<700 m 红壤 700 m 山地黄壤 1400 m 山地黄棕壤 1800 m 山地灌丛草甸土 2120 m（江西武夷山西北坡）
	半湿润地区	褐红壤—山地红壤—山地棕壤—山地暗棕壤—山地漂灰土—高山草甸土—高山冰雪（四川木里山）
	半干旱地区	燥红土—山地褐红壤—山地红壤—山地棕壤—山地暗棕壤—高山草甸土（四川鲁南山）
北亚热带	湿润地区	<750 m 黄棕壤 750 m 山地棕壤 1350 m 山地灌丛草甸土 1450 m（安徽大别山）
	半湿润地区	600 m 山地黄褐土 1100 m 山地黄棕壤 2300 m 山地棕壤和山地灌丛草甸土 2570 m（大巴山北坡）
	半干旱地区	灰褐土—山地褐土—山地棕壤—山地暗棕壤—高山草甸土（松潘山原）
暖温带	湿润地区	<50 m 棕壤 50 m 山地棕壤 800 m 山地暗棕壤 1100 m（辽宁千山山脉）
	半湿润地区	<600 m 褐土 600 m 山地淋溶褐土 900 m 山地棕壤 1600 m 山地暗棕壤 2000 m 山地草甸土 2050 m（河北雾灵山）
	半干旱地区	1000 m 黑垆土—山地栗钙土—（阳坡）山地褐土—山地草甸草原土 2500 m（甘肃云雾山）
	干旱地区	2600 m 山地棕漠土 3500 m 山地棕钙土 4200 m 亚高山草原土 4500 m 高山漠土 5200 m（昆仑山中段）
温带	湿润地区	<800 m 白浆土 800 m 山地暗棕壤 1200 m 山地漂灰土 1900 m 高山寒冻土 * 2170 m（长白山山坡）
	半湿润地区	<1300 m 黑钙土 1300 m 山地暗棕壤 1900 m 山地草甸土 2000 m（大兴安岭黄岗山）
	半干旱地区	<1200 m 栗钙土 1200 m 山地栗钙土或山地褐土（阳坡）1700 m 山地淋溶褐土（阴坡）或山地黑钙土（阳坡）2200 m（阳木乌拉山北坡）

（续）

地带	地区	土壤垂直地带谱
温带	干旱地区	<800 m 山地栗钙土 1200 m 山地黑钙土 1800 m 山地灰黑土 2400 m 高山寒冻土＊ 3300 m(阿尔泰山、布尔津山区)
寒温带	湿润地区	<500 m 黑土 500 m 山地暗棕壤 1200 m 山地漂灰土 1700 m(大兴安岭北坡)

＊原称山地冰沼土、山地寒漠土，现暂归高山寒冻土一类。

资料来源：黄昌勇《土壤学》(第三版)，2010。

③山地坡向对土壤垂直带谱的构成有明显影响。通常山下的基带建谱土壤类型不同，向上逐渐趋于一致，带幅宽窄受山体特点制约等。

10.2.2.3　土壤地域性分布规律

土壤地域性分布规律是在土壤地带性分布规律的基础上，由于中、小地形与水文地质等成土因素的差异，以及人类生产活动影响，形成有别于地带性土壤的地方性土壤类型，并与地带性土壤形成镶嵌分布。如广泛分布于滇、桂、黔的岩成石灰土，与当地的地带性土壤红、黄壤形成镶嵌分布。

①隐域土　受局部的地形、母质、水文地质条件影响而形成的非地带性土壤。如草甸土、盐碱土。

②泛域土　成土时间段的土壤。如风沙土、冲积土。

10.2.3　土壤空间组合分布规律

与土壤地理发生分类的分布规律不同，中国土壤系统分类相对应的土壤分布规律是土壤类型的空间组合分布规律，即土壤规则性连续分布、地域性间断分布和垂直分布的空间组合规律。

10.2.3.1　土壤的规则性连续分布

土壤规则性连续分布取决于土壤成土过程中产生的诊断层和诊断特征。受大地形和季风气候的影响，我国大陆土壤的水平分布规律可呈 3 大土壤系列表现(图 10-5)。

(1)东南湿润土壤系列

分布于大兴安岭—太行山—青藏高原东部边缘一线以东的广大地区，气候湿润，温度由南向北随纬度逐渐降低，由南向北依次出现的主要土壤组合为：湿润铁铝土—湿润富铁土、湿润富铁土—湿润铁铝土、湿润富铁土—常湿雏形土、湿润淋溶土—潮湿雏形土、冷凉淋溶土—湿润均腐土、寒冻雏形土—正常灰土。

该区是我国农业重点区，也是主要林区。

(2)西北干旱土壤系列

位于内蒙古西部—贺兰山—念青唐古拉山一线西北的地区，距海较远，海洋季风影响微弱，气候干旱，由南向北依次出现的土壤组合是：(钙积/石膏/简育)寒性干旱土—永冻寒冻雏形土、(钙积/石膏/盐积/简育)正常干旱土—干旱正常盐成土。

受水分限制，该区是灌溉农业发展区，也是畜牧业区。

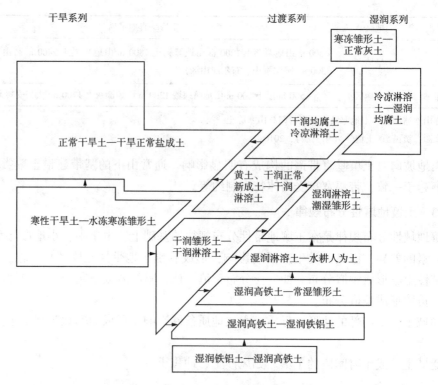

图 10-5 中国土壤系统分类主要土纲分布模式

（资料来源：孙向阳《土壤学》，2005）

（3）中部干润土壤系列

该土壤系列属上述两个土壤系列之间的过渡区，半湿润与半干旱气候条件，以草原植被为主，自西南向西北依次出现的土壤组合为：干润淋溶土—干润雏形土、（黄土/干润）正常新成土—干润淋溶土、干润均腐土—冷凉淋溶土。

该区为以旱地为主的节水农业生产区，水田斑块分布。

另外，我国南方沿海各岛屿，土壤一般由低到高依次分布：湿润铁铝土—湿润富铁土—常湿淋溶土，分布模式的完整与否与岛屿位置和高度有关，海南岛具有该模式最完整的分布表现。

10.2.3.2 土壤的地域性间断分布

土壤的地域性间断分布是在土壤规则性连续分布基础上，由于母质、地形、水文条件，以及时间和人为活动等的影响，土壤发生相应变异，并隔断成若干大小不等，彼此相隔的分布区。在空间上表现为条带状、星点状、棋盘状和斑块状，与规则性连续分布土壤呈镶嵌组合。

例如，沿河谷两岸、湖滩地伸展的冲积母质受水分影响发育的各类潜育土呈条带状分布；各地近代火山活动区火山碎屑上发育形成的火山灰土呈星点状分布；长期人为耕作形成的各类田地呈棋盘状分布；因水土流失或土壤退化而呈现不同规模的斑块状分布的新成土。

10.2.3.3　土壤的垂直分布

土壤垂直分布是因地形高耸，生物气候条件和土壤性质发生变化而形成的垂直带谱。

垂直带谱的结构随山体位置、山体高度及山体坡向的不同而不同（图 10-6、图 10-7）。山体所在位置不同，其基带土壤随之不同；山体越高，相对高差越大，土壤的垂直带谱越完整；山体坡向对土壤垂直分布的影响在秦岭太白山南北坡也有最好的表现。

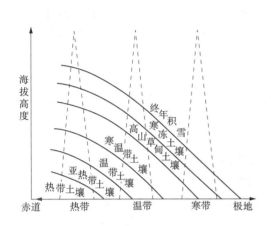

图 10-6　土壤垂直地带性与水平地带性关系示意

（资料来源：东北林业大学《土壤学》（下册），1981）

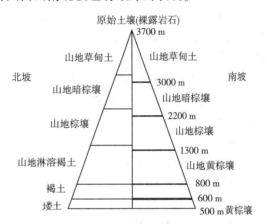

图 10-7　秦岭南北坡土壤垂直带谱

（资料来源：张凤荣《土壤地理学》，2002）

10.2.4　中国森林土壤的分布

10.2.4.1　决定森林土壤分布的主要因素

森林土壤的分布取决于气候、地形、母质、植被和人为因素等条件，尤以气候影响为最。我国森林土壤的分布主要受三大因素，即季风（经度）、纬度和地形地貌的影响。

（1）季风

森林土壤的形成需要一定的湿度，多是湿润气候的产生。因所处经度不同，各地受季风影响也不同，其对应的降雨与湿度也有所不同。我国是典型的季风气候国家，主要的水汽来源是夏季风。东半部受东南季风的控制，西南地区则主要受西南季风的控制。凡是季风水汽供应较多的湿润地区，即是我国森林土壤的主要分布地区，这就是我国森林土壤面积的绝大部分分布在东部、东南部和西南部的主要原因。越向内陆，特别是我国的北半部，由于水汽供应不足，逐渐转变为半湿润、半干旱和干旱气候，森林土壤也迅速缩小面积或完全消失。此外，干湿程度不但决定森林土壤面积的大小，也决定着森林土壤的类型。

（2）纬度

在北半球，气候上形成了从北向南与纬度平行的热量带，故植被和土壤也产生了地带性分布的规律，森林土壤也如此，如我国的寒温带主要分布棕色针叶林土，温带主要分布暗棕壤，暖温带主要分布棕壤和褐土，亚热带主要分布红壤、黄壤、黄棕壤和砖红性红壤，热带主要分布砖红壤等。

（3）地貌

在比较平坦的地面上，森林土壤的分布主要取决于水分条件和热量条件，即季风和纬度，但是地面起伏可以对水分和热量条件进行再分配，这样就显著影响森林土壤的垂直分布。例如，在我国西部地区，特别是广阔的青藏高原，因地势过高，高原面上很少有森林和森林土壤的分布，而在高原的东北、东、东南和南部边缘则形成独特的高山森林土壤垂直带谱。

10.2.4.2　中国森林土壤的分布

中国沿大兴安岭—吕梁山—六盘山—青藏高原东缘一线可以大体分为东南和西北两部分。东南半部是湿润季风区，也是各种类型森林土壤的主要分布区；西北半部季风影响微弱，气候干燥，森林土壤分布甚少。

(1)中国东南部森林土壤的纬度地带性

在我国东南部，由于地势不高，森林土壤的纬度地带性分布明显。大体上可分为：寒温带棕色针叶林土带、温带暗棕壤带、暖温带棕壤及褐土带、亚热带森林土壤带和热带砖红壤带。

①寒温带棕色针叶林土带　分布在大兴安岭北部的北纬50 ℃以北地区，属寒温带气候，土壤主要是棕色针叶林土，植被以兴安落叶松林为主，有小片的樟子松林。

②温带暗棕壤带　位于小兴安岭、张广才岭和长白山脉为主要组成部分的东北东部山地，属于温带湿润气候，土壤主要为暗棕壤，植被以红松阔叶林为多。

③暖温带棕壤及褐土带　包括辽东半岛和华北东部地区，属暖温带湿润和半湿润气候，生长森林的土壤主要是棕壤和淋溶褐土，植被为落叶栎类与其他阔叶树组成的落叶阔叶林，及油松、赤松、侧柏等组成的针叶林。

④亚热带森林土壤带　为秦岭—淮河以南直到南岭的广大地区，包括西南、华中、华东和华南北部。东部因受东南季风的影响，又可分为以常绿、落叶阔叶混交林为主的北亚热带黄棕壤带，以常绿阔叶林为主的中亚热带红壤、黄壤带，以及以季风常绿阔叶林为主的南亚热带砖红壤性红壤带。西部(包括云南的大部分)主要受西南季风的影响，夏湿冬干，包括以常绿阔叶林为主的中亚热带红壤带，此带云南松占较大面积，以及以季风常绿阔叶林为主的南亚热带砖红壤性红壤带，此带思茅松和细叶云南松占很大面积。

⑤热带砖红壤带　位于海南、广东、广西、云南和台湾的南部。属热带湿润季风气候，常有较明显的干季。土壤以砖红壤为主，植被为热带季雨林、雨林。

(2)温带西部森林土壤的零星分布

我国温带地区由东向西沿经度方向呈现明显的干湿变化，且随着气候由湿润变为半湿润、半干旱和干旱，森林土壤面积也越向西面积越小。总的来说，在湿润地区以西，即大致由东北平原西部以及内蒙古高原和黄土高原的东部边界向西，森林土壤只有零星分布，且主要分布在较高的山地，如贺兰山、天山、阿尔泰山等的一定高度上，土壤有灰褐色森林土、灰色森林土等，或者分布于干旱地区的特有森林，如荒漠区的胡杨林土壤。

(3)青藏高原边缘的森林土壤分布

青藏高原因地势高寒，其高原面上很少有森林和森林土壤的分布，而在高原的南、东南、东、东北和北部边缘，分布有类型复杂的高山峡谷森林土壤。如在藏东南形成以热带砖红壤为基带的高山峡谷森林土壤群；在云南北部，形成以亚热带红壤为基带的高山峡谷森林土壤群。在东部边缘的南半部形成以干暖河谷灌丛褐红壤和常绿阔叶林黄壤为基带的高山峡谷森林土壤群，北半部则是以干暖河谷灌丛褐土为基带的高山峡谷森林土壤群。东北缘，如东祁连山一带，则以温带荒漠土壤灰棕壤为基带，上部的森林土壤则以灰褐色森林土为主。在青藏高原边缘的森林土壤中，除藏东南阔叶林下的土壤占较大比重外，其余则以针叶林下的土壤为主，如棕壤、暗棕壤、灰褐色森林土和棕色暗针叶林土。

案例分析

案例 10.1　砖红壤在土壤系统分类中的归属

土壤分类是土壤科学交流的媒介，是土壤科学水平的体现。中国土壤系统分类是以土壤诊断层与诊断特性为基础，具有明确定义和定量指标，与全国第二次土壤普查的土壤发生分类系统同时并存但差异较大。发生分类体系中的某一个土壤类型并非单纯的全部相当于系统分类中的某个土壤类型，这给两种土壤分类体系的并用带来一定麻烦。为阐明两种土壤分类体系间土壤类型的相互关系，便捷应用两种土壤分类体系，促进国内外土壤信息交流，对两种土壤分类体系进行参比的研究与实践工作一直在进行。中国科学院南京土壤研究所的陈志诚等研究人员将我国南方 14 个砖红壤土壤剖面的形态特征和理化性质与《中国土壤系统分类（修订方案）》逐一检索（表 10-9），结果表明，这些砖红壤虽然都是热带生物气候条件下形成的产物，但因其成土因素的差异，所处的风化成土阶段并不一致，具有不同的诊断层与诊断特性，因而这些砖红壤归属于系统分类中的不同土纲（图 10-8）。同时指出，在对土壤发生分类与系统分类进行类比或名称转换时，除考虑类型中心概念外，还应尽量根据单个土体实际具有的诊断层和诊断特性，通过检索，以获得确切的相互关系。

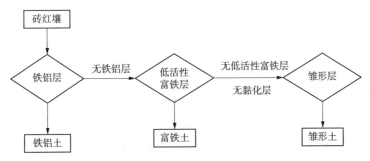

图 10-8　一些砖红壤在体系分类中土纲归属略图

表 10-9　土壤发生分类中 14 个砖红壤剖面的成土条件简况、诊断层和诊断特性及其对应的系统分类归属

编号	发生分类	地点	海拔（m）	母岩、母质	植被、利用	诊断层和诊断特性	系统分类
1	砖红壤	海南澄迈	100	玄武岩坡积物	胶园隙地灌木草类	铁铝层，湿润土壤水分状况，2.5YR 或更红色调，高含量游离 Fe_2O_3	普通暗红湿润铁铝土
2	砖红壤	海南文昌	50	浅海沉积物	稀树灌木	铁铝层，湿润土壤水分状况	普通简育湿润铁铝土

（续）

编号	发生分类	地点	海拔(m)	母岩、母质	植被、利用	诊断层和诊断特性	系统分类
3	砖红壤	海南澄迈	100	石英闪长岩洪积物	胶园隙地灌木草类	铁铝层，湿润土壤水分状况，氧化还原特征	斑纹简育湿润铁铝土
4	砖红壤	云南西双版纳	710	洪积物	常绿季雨林	铁铝层，湿润土壤水分状况，腐殖质特性	腐殖简育湿润铁铝土
5	砖红壤	海南儋县	200	花岗岩坡积物	胶园隙地灌木草类	低活性富铁层，湿润土壤水分状况，富铝特性，黏化层	黏化富铝湿润富铁土
6	砖红壤	广东海康	—	浅海沉积物	稀疏草类	低活性富铁层，湿润土壤水分状况，富铝特性	普通富铝湿润富铁土
7	黄色砖红壤	海南陵水	180	花岗闪长岩残-坡积物	常绿季雨林	低活性富铁层，偏向常湿润的湿润土壤水分状况，黏化层，腐殖质特性，至少B层上不呈7.5YR或更黄色调	黄色—腐殖黏化湿润富铁土
8	黄色砖红壤	海南琼海	20	花岗岩坡积物	灌木草类	低活性富铁层，偏向常湿润的湿润土壤水分状况，黏化层，至少B层上不呈7.5YR或更黄色调，网纹层	网纹—黄色黏化湿润富铁土
9	褐色砖红壤	海南乐东	170	花岗岩残-坡积物	灌木草类	低活性富铁层，偏向半干润的湿润土壤水分状况，黏化层	普通黏化湿润富铁土
10	黄色砖红壤	海南琼海	25	砂页岩洪积物	稀树灌木	雏形层，偏向常湿润的湿润土壤水分状况，铝质现象，至少B层上不呈7.5YR或更黄色调，氧化还原特征	斑纹—黄色铝质湿润雏形土
11	砖红壤	广东湛江	—	玄武岩风化物	常绿阔叶林	雏形层，湿润土壤水分状况，铝质现象，2.5YR或更红色调	暗红铝质湿润雏形土
12	砖红壤	海南通什	320	花岗岩风化物	常绿阔叶林	雏形层，湿润土壤水分状况，铁质现象，氧化还原特征	斑纹铁质湿润雏形土
13	褐色砖红壤	海南乐东	150	石英砂岩坡积物	胶园林地	雏形层，偏向半干润的湿润土壤水分状况，铁质特性，5YR或更红色调	红色铁质湿润雏形土
14	褐色砖红壤	海南东方	80	砂页岩坡积物	甘蔗农地	雏形层，偏向半干润的湿润土壤水分状况，铁质特性，5YR或更红色调	红色铁质湿润雏形土

资料来源：陈志诚等，1999。

案例10.2 太白山北坡成土因素及不同土壤垂直带谱的比较

秦岭是我国南北最重要的地理景观及亚热带与暖温带气候的分界线。秦岭主峰太白山地处东经107°19′~107°58′和北纬33°40′~34°10′，东西长约61 km，南北宽约39 km，山体近东西走向。最高海拔3767 m，是我国青藏高原以东的第一高峰。山体高大雄伟，在垂直方向上具有明显的自然景观演替现象（图10-9），地质、气候和植被等成土因素的带状更替导致土壤类型垂直分布。雷梅、陈同斌等学者在系统考察了太白山北坡主要成土因素及土壤特征［土壤剖面特征及土壤发生层（A+AB）的理化性质］的基础上，总结了土壤发生分类和系统分类两种分类体系划定的太白山北坡土壤垂直带谱（表10-10、图10-11）。并表明：两种体系有密切的联系，均以成土因素为依据，以土壤发生学为理论基础。相比之下，土壤系统分类不仅能反映出山地土壤成土因素的垂直变化趋势，也避免了太白山北坡土壤类型鉴定上的许多歧义。

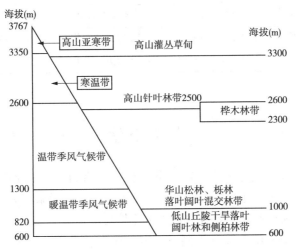

图 10-9　太白山北坡植裙景观

（资料来源：雷梅等，2001）

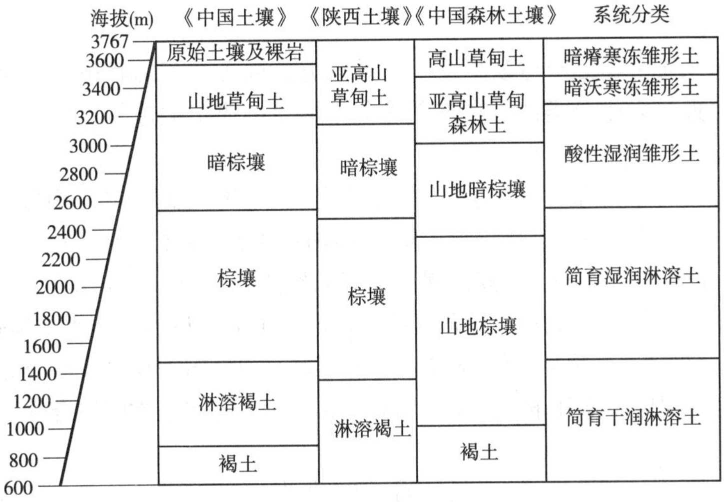

图 10-10　太白山北坡土壤垂直带谱

（资料来源：雷梅等，2001）

表 10-10　太白山土壤剖面的诊断层、诊断特性及类型归属

编号	诊断表层	诊断表下层	诊断特性			土壤类型
			土壤温度状况	土壤水分状况	盐基饱和度	
1	暗瘠表层	雏形层	寒冻土壤温度状况	湿润土壤水分状况	盐基不饱和	普通暗瘠寒冻雏形土
2	暗沃表层	雏形层	寒冻土壤温度状况	湿润土壤水分状况	表层盐基饱和	普通暗沃寒冻雏形土
3	暗瘠表层	雏形层	寒冻土壤温度状况	湿润土壤水分状况	盐基不饱和	普通酸性湿润雏形土
4	淡薄表层	黏化层	温性土壤温度状况	湿润土壤水分状况	盐基不饱和	普通简育湿润淋溶土

（续）

编号	诊断表层	诊断表下层	诊断特性			土壤类型
			土壤温度状况	土壤水分状况	盐基饱和度	
5	淡薄表层	黏化层	温性土壤温度状况	半干润土壤水分状况	盐基饱和	普通简育干润淋溶土
6	淡薄表层	黏化层	温性土壤温度状况	半干润土壤水分状况	盐基饱和	普通简育干润淋溶土

资料来源：雷梅等，2001。

本章小结

　　土壤分类简单的说，就是按照一定的分类标准，将自然界的各种土壤进行区分和归类。土壤发生分类是立足于土壤的成土条件、成土过程和土壤属性的土壤分类。土壤系统分类是建立在土壤诊断层和诊断特性基础上的土壤分类。

　　中国土壤分类系统采用七级分类制：土纲、亚纲、土类、亚类、土属、土种和亚种。土纲是具有共性的土类的归并，土类为基本单元，土种为基层单元。中国土壤系统分类为六级分类制：土纲、亚纲、土类、亚类、土族、土系。前四级为高级分类单元，土族、土系为基层分类单元。

　　目前，我国土壤分类是土壤发生分类与系统分类处于并存的状态，两个系统的分类依据不同，但可以通过发生分类的土类与系统分类的亚纲或土类进行比较，诊断层和诊断特性是参比的基础。

　　土壤的形成与地理空间环境密切相关，土壤类型呈现随地理位置、海拔高度变化而有规律更替的地理分布规律。目前，我国的土壤分类是两种分类系统并存，对土壤分布的认识也如此，土壤发生分类下的地理分布规律属于土壤地带性分布规律，土壤系统分类下的地理分布规律是土壤空间组合分布规律。土壤地带性分布规律主要包括土壤水平地带性（纬度、经度）、土壤垂直地带性和土壤地域性分布；土壤空间组合分布规律是土壤类型的空间组合分布规律，即土壤规则性连续分布、地域性间断分布和垂直分布的空间组合规律。

复习思考题

　　1. 基本概念

　　诊断层　诊断特性　诊断现象　单个土体　土壤分布规律　地带性土壤　隐域土　泛域土　土壤纬度地带性　土壤经度地带性　土壤垂直地带性　土壤带谱　基带土壤　土壤空间分异规律　土壤空间组合规律

　　2. 试述我国现阶段土壤分类的状况以及土壤分类的意义。

　　3. 土壤发生分类与系统分类的理论依据。

　　4. 在进行我国土壤发生分类与土壤系统分类的参比时，应注意哪些问题？

　　5. 土壤系统分类和土壤发生分类各有哪些优缺点？

　　6. 试分析产生土壤地带性分布规律的原因。

7. 简述土壤的地带性分布规律及土壤地带性分布规律在我国的表现。

8. 简述我国现行土壤发生分类制的原则及各分类单元的划分依据。

9. 试述土壤的地域性分布规律并举例说明。

本章推荐阅读书目

1. 中国土壤(第 2 版). 熊毅，李庆逵. 北京：科学出版社，1987.

2. 土壤发生与系统分类. 龚子同，等. 北京：科学出版社，2007.

3. 中国土壤系统分类——理论·方法·实践. 龚子同，等. 北京：科学出版社，1999.

第 **11** 章

南方主要森林土壤类型简介

我国南方地区地域辽阔，在长江流域以南的东部、中部、西部，以及低海拔、高海拔地区均属这一范围。由于这一区域的中低海拔地区气候上普遍高温多湿，岩石风化彻底，富含 Fe^{3+}、Al^{3+}、H^+ 等阳离子，森林土壤多半呈红、黄色调，酸性至强酸性反应，主要分布着砖红壤、赤红壤、红壤、黄壤等典型地带性土壤。而在海拔较高地区，气候或温凉或冷湿，常有棕壤、暗棕壤、漂灰土等分布。

11.1 南方中低海拔地区的森林土壤

我国南方地区主要指江南地区、华南地区和西南地区。南至海南、北至长江流域、东至上海及江浙地区、西至川滇藏。本区域海拔高度差异大，东部、南部大多为平原、低山丘陵区；中部、西部大多为中高山区。分布的主要森林土壤有热带雨林区的砖红壤、南亚热带季雨林区的赤红壤、中亚热带常绿阔叶林区的红壤和黄壤、北亚热带及中海拔地区常绿落叶阔叶林的黄棕壤。

11.1.1 砖红壤

11.1.1.1 分布

砖红壤主要分布在海南、雷州半岛、云南西双版纳和台湾南部，大体上位于北纬22°以南的热带高温多雨地区。垂直分布海拔较低，通常在600 m以下的低山丘陵地带。

11.1.1.2 形成条件

砖红壤形成于热带多雨地区，年平均气温 22~24 ℃，≥10 ℃年总积温达 8000 ℃，最冷月平均气温 15~19 ℃，年极端最低气温 2~5 ℃；年降水量 1800~2000 mm，全年多雨，林内湿度大。原生植被为热带雨林或季雨林，雨林下凋落物每年可达 11.55 t/hm²；次生林下凋落物每年也可达 10.2 t/ hm²，显示出砖红壤地区林下有机质积累丰富。

11.1.1.3　主要成土过程

砖红壤地区的主要成土过程表现为强烈的铁铝化过程，岩石经长期的风化和淋溶，形成厚达数米至十几米的酸性至强酸性铁铝风化层。在森林砖红壤中，有丰富的有机质积累过程，其厚度可达 15~25 cm，有机质含量高达 8%~10%，腐殖质以富里酸为主，较少为胡敏酸。

11.1.1.4　土壤性状

砖红壤的表土为暗色或淡色的 A 层，其下为 B 层具铁铝特性。全剖面常呈棕红到暗红色调，也有的为黄棕或黄色。黏土矿物主要是高岭石、三水铝石和赤铁矿，黏粒的阳离子交换量（CEC）小于 5 cmol/kg，土壤呈强酸性反应，盐基饱和度一般为 10%~30%。

砖红壤包括砖红壤、黄色砖红壤、褐色砖红壤 3 个亚类。

11.1.1.5　砖红壤案例分析

以云南省大围山自然保护区的砖红壤为例。大围山自然保护区位于云南省河口县、屏边县境内，东南邻越南老街省。保护区内砖红壤发育于热带高温多湿地区，年平均气温达22 ℃，年降水量达 1700 mm 以上，发生强烈的铁铝化作用，岩石经长期风化和淋溶，可形成厚达数米至十几米的酸性至强酸性铁铝风化层。原生植被为热带雨林或季雨林，在天然植被下有机质的矿质化过程和腐殖化过程均非常旺盛，由花岗岩、片岩、石英岩、千枚岩、泥岩、石英砂岩等岩石经风化作用形成的土壤以高岭石、含水氧化物为主，土层深厚，多呈强酸性反应。保护区砖红壤位于海拔 600 m 以下，所占保护区总面积小，其剖面性态见表 11-1。

表 11-1　砖红壤的剖面性态特征

采样点	层次（cm）	颜色	质地	结构	紧实度	湿度	根系状况（%）
麻-108-主，海拔 380 m	0.5~12	棕黑	轻壤	核状	稍紧	稍润	40
	12~29	暗黄红	中壤	核状	稍紧	润	15
	29~45	黄红	重壤	核状	稍紧	润	10
	45~78	黄红	重壤	块状	紧	润	5
麻-108-主，海拔 280 m	1~18	棕黑	中壤	核状	稍紧	稍润	30
	18~45	浅棕红	重壤	块状	紧	润	15
	45~95	黄红	黏土	块状	紧	润	5

资料来源：西南林学院《大围山自然保护区综合科考报告》（内部资料）。

由表 11-1 可见，砖红壤分布海拔低，表层土壤较深厚、暗色、根量多、土壤质地较轻，疏松多孔。全剖面以黄红色为主，红色调不典型。土壤淀积层质地黏重，土壤紧实，根量少。

由于大围山受季风影响强烈，以针铁矿为主，淀积层土壤为黄红色调，土层深厚，土壤紧实，核块状结构，质地黏重，该区砖红壤为黄色砖红壤亚类，硅质砖红壤土属。

表 11-2 为保护区砖红壤的主要养分状况。由表 11-2 可见，砖红壤表层有机质含量较高，在 60~80 g/kg，说明重要的热带雨林区森林土壤，林内有机质归还量还是较为正常，但在亚表层及下层有机质含量则逐渐下降，尤其是下层（淀积层）有机质含量不足 20 g/kg。土壤全剖面呈现为强酸性反应，pH 值大多在 4.5，可见降水淋溶非常强烈，盐基离子大量

表 11-2　砖红壤主要养分状况

采样点	层次 (cm)	有机质 (g/kg)	pH	全氮 (g/kg)	全磷 (g/kg)	水解性氮 (mg/kg)	速效磷 (mg/kg)	速效钾 (mg/kg)
麻-108-主, 海拔 380 m	0.5~12	80.5	4.41	2.94	0.60	173.36	12.26	187.8
	12~29	22.8	4.53	0.31	0.44	29.95	11.34	65.6
	29~45	16.5	4.30	1.07	0.63	15.51	7.11	51.4
	45~78 以下	13.6	4.46	1.08	0.46	160.68	11.98	20.2
麻-108-主, 海拔 280 m	1~18	62.4	4.56	2.26	0.40	175.71	15.21	67.4
	18~45	20.3	4.82	1.24	0.11	230.33	2.13	39.1
	45~95	14.5	4.61	1.95	0.26	45.55	7.31	50.1

资料来源:西南林学院《大围山自然保护区综合科考报告》。

淋失,致酸离子相对量较高。砖红壤表层全氮量、水解性氮含量、速效钾含量都很高,说明土壤表层中氮素、钾素丰富,但随着土层深度增加,各养分指标大幅度下降。土壤全磷量、速效磷量全剖面则普遍都不高,较缺乏。

本保护区 600 m 以下区域,从水热条件来看,应该生长着热带雨林。但因人为干扰,热带雨林几乎已开垦为农地,并种植菠萝、香蕉或其他热带水果,部分已成荒草坡,由野牡丹、算盘子、铁芒箕、蕨类及其他杂草所占据,要恢复成热带雨林的森林景观已经很难。

从我国整个热带地区来看,保存较好的热带雨林主要分布在海南岛海拔 900 m 以下的区域,植被几乎全是常绿阔叶树,包括樟科、山毛榉科、无患子科、龙脑香科、柿树科、桑科等阔叶树种,森林生长茂盛,林木生长良好,但林相大多不整齐,应加强林分保护。

11.1.2　赤红壤

11.1.2.1　分布

赤红壤主要分布在南亚热带海拔 1000 m 以下的广大低山丘陵地区,相当于北纬 21°~25°区域。包括东部地区的台湾、闽南、粤南、桂南,以及西部地区的滇南。东部地区以低山丘陵为主,年平均气温比西部地区高 2~3 ℃。

11.1.2.2　形成条件

赤红壤分布地区年平均气温 21~22 ℃,≥10 ℃年总积温达 6000~8000 ℃,最冷月平均气温 10~15 ℃,年极端最低气温-5~2 ℃;年降水量 1600~1700 mm,原生植被为南亚热带季雨林。东部地区较湿润,西部地区则相对干旱且雨量偏少。

11.1.2.3　主要成土过程

赤红壤的主要成土过程是铁铝化作用和有机质积累作用。铁铝化过程强弱取决于区域内热量高低和年降水量多少,赤红壤分布区的平均热量水平和降水量均比热带地区低,比中亚热带高,故南亚热带赤红壤区的富铝化过程弱于热带砖红壤区,但却强于中亚热带红壤区。而生物积累过程则与林内植被盖度、微生物活动有关。森林中植被盖度大,凋落物归还量大，生物积累作用就旺盛，就我国的森林土壤而言，赤红壤的森林植被总体上优于砖红壤的热带雨林地区，这与热带雨林地区森林植被遭受更严重的破坏有关，故赤红壤区的生物积累作用总体上强于砖红壤区。

11.1.2.4　土壤性状

赤红壤黏粒矿物以高岭石为主，黏粒阳离子交换量（CEC）为 5~16 cmol/kg，黏粒硅铝率为 1.7~2.0，一般土壤质地较轻，速效磷含量较低，有机质含量依生物积累多少而定，若是森林植被保护完好，枯落物丰富，土表层厚，有机质含量就高；若森林植被保护欠缺，地表土壤侵蚀严重，则有机质含量就低。全剖面以红色为主，酸性至强酸性反应，盐基饱和度小于 35%。

赤红壤分为 3 个亚类，即赤红壤、黄色赤红壤、赤红壤性土。

11.1.2.5　赤红壤案例分析

大围山自然保护区赤红壤是砖红壤与红壤之间的过渡类型，发育于南亚热带气候类型，年平均气温仅低于热带，年降水量为 1600~1700 mm，故有较强的铁铝化作用。黏土矿物以高岭石为主，黏粒阳离子交换量 5~10 cmol/kg，盐基饱和度小于 35%。

由于大围山具有典型的季风气候，降水量大，终年湿度大，土壤中铁矿黄化现象较严重，区内仅发育形成有黄色赤红壤亚类。土层深厚，土壤质地以中壤土为主；表层土壤暗色，结构多为团粒状，土壤疏松多孔，根量较多；下层结构为块状、紧实、黄红色（表 11-3）。

表 11-3　赤红壤的剖面性态特征

采样点	层次(cm)	颜色	质地	结构	紧实度	湿度	根系状况(%)
16-主，海拔 880 m	1~17	暗棕	中壤	团粒	松	湿	30
	17~30	棕黄	中壤	核状	稍紧	湿	15
	30~58	黄红	中壤	块状	紧	湿	5

资料来源：西南林学院《大围山自然保护区综合科考报告》。

大围山自然保护区赤红壤表层有机质含量高，全氮、水解性氮、全磷量均较高，但表层土壤速效钾中等，速效磷含量极低，强酸性反应，pH 值 4.5~5.0（表 11-4）。土壤氮、磷全量明显地比本区砖红壤要高。但速效养分分布十分不平衡，水解性氮相当高，而速效磷又极低，速效钾处于中量水平。

表 11-4　赤红壤主要养分状况

采样点	层次(cm)	有机质(g/kg)	pH 值	全氮(g/kg)	全磷(g/kg)	水解性氮(mg/kg)	速效磷(mg/kg)	速效钾(mg/kg)
16-主，海拔 880m	1~17	51.1	4.41	3.86	2.94	413.9	2.04	58.8
	17~30	35.0	4.75	2.22	4.99	201.8	0.68	48.1
	30~58	19.2	4.57	1.69	0.853	190.4	0.83	34.7

资料来源：西南林学院《大围山自然保护区综合科考报告》。

保护区中赤红壤所占面积大约是 11.4%，植被主要是南亚热带季雨林和季风常绿阔叶林，接近于海拔 1100m 的赤红壤上，植被覆盖度较大，植物种类丰富，主要是樟科、大戟科、木兰科、梧桐科、无患子科等；常见树种如岭南酸枣、野油桐、木瓜红、马尾树、麻栎、假卫茅、毛坡垒、双龙眼、西南桦、重阳木、羊蹄甲、紫荆柳、尖叶榕等。但在较低海拔的赤红壤，人为活动频繁，有大片林地被开垦为农用，或为荒草坡，或为次生灌木林，原生植被已被大量破坏，林相残破。

11.1.3 红壤与黄壤

11.1.3.1 分布

红壤与黄壤同属中亚热带的主要土类，在水平方向上的分布范围基本一致。主要分布于长江以南广阔低山、丘陵地区，包括江西、浙江、台湾、湖南、贵州大部分，云南、广东、广西、福建等省（自治区）的中部及北部，安徽、四川、重庆的南部。相对而言，红壤分布面积较大。

红壤分布区内气候较干旱，为湿润、半湿润气候区，土壤中含大量 Fe_2O_3，淀积层呈明显的红色。而黄壤在贵州、四川、重庆占有较大面积，属湿润、多雨气候区，湿度大，土壤有明显的黄化现象。

11.1.3.2 形成条件

红壤与黄壤形成区域气候温暖，雨量充沛，无霜期达 240~280d，年平均气温 18~24 ℃，≥10 ℃年总积温达 5000~6500 ℃，最冷月平均气温 4~10 ℃，年极端最低气温 -10~5 ℃；年降水量在 1000mm 以上，黄壤地区年降水量更多，甚至达 2000 mm。黄壤区的雾日比红壤区多，日照率则比红壤少 30%~40%。

红壤的原生植被为亚热带常绿阔叶林，以壳斗科植物占优势。黄壤的原生植被主要有3 个类型：①亚热带常绿阔叶林；②常绿-落叶阔叶混交林；③热带山地湿性常绿阔叶林。

11.1.3.3 主要成土过程

红壤与黄壤的主要成土过程是富铝化作用和生物循环作用。富铝化作用是红壤形成的基础，但这一过程比砖红壤和赤红壤弱。富铝化过程是红壤所进行的一种地球化学过程，在这一过程中，矿物岩石强烈分解，硅和钠、钾、钙、镁等淋失，铁、铝的氧化物从风化体到土体有明显聚积，同时又生成次生黏土矿物，故又称为脱硅富铝化过程。黄壤铁铝化作用稍弱于红壤，但有机质积累与盐基淋溶作用均强于红壤，土壤湿度大，土壤中的氧化铁铝水化作用明显，铁在多水条件下呈黄色，从而使土壤剖面中出现有一鲜黄色层次。换句话说，黄壤还有一个典型的"黄化"过程。

红壤与黄壤的生物循环作用，是在常绿阔叶林下，由于气候条件暖湿，动植物种类丰富，生长季长，生物生长旺盛。常绿阔叶林不断地从土壤中摄取各种养分合成有机体，并以凋落物的形式归还土壤。因此，在红壤与黄壤地区的天然林下，森林植物对土壤的培肥作用十分明显，在天然植被长期覆盖下，这两类土壤的肥力水平还是很高的。但是，由于中亚热带水热条件好，微生物活动旺盛，凋落物分解快，即有机质矿质化活动旺盛，在降雨的淋失作用下，养分流失也快，土壤中养分富集与淋失并存。因此，要保护森林土壤养分处于良好状态，就必须维持森林植被的旺盛生长及其凋落物的不断归还土壤，形成良性循环。

11.1.3.4　土壤性状

红壤具暗或弱腐殖质表层，及铁铝特性的心土层，剖面以红色调为主，质地大多较黏重，以高岭石为主，黏粒硅铝率 1.8~2.2，黏粒阳离子交换量（CEC）为 16~24 cmol/kg，酸性至强酸性反应，盐基饱和度为 30%~40%。

红壤分为 4 个亚类，即红壤、暗红壤、黄红壤和褐红壤亚类。

黄壤全剖面为黄色，因其氧化铁类以水化氧化铁（如针铁矿、褐铁矿、多水氧化铁）占优势，并含大量 $Al_2O_3 \cdot 3H_2O$；而红壤是以赤铁矿为主，而大量 $Al_2O_3 \cdot 3H_2O$ 较少。但中亚热带黄壤中的黏土矿物仍以蛭石或水云母为主，高岭石次之；南亚热带和热带的山地黄壤中则以高岭石占优势。黄壤中黏粒阳离子交换量（CEC）为 16~24 cmol/kg，盐基饱和度为 10%~30%，pH 值较低，一般为 4.5~5.5。

黄壤分为 3 个亚类，即黄壤、表潜黄壤、灰化黄壤亚类。

11.1.3.5　红壤案例分析

红壤与黄壤的成土条件类似，相比之下，红壤年均温稍高，年降水量略少，雾日也不如黄壤多，土壤较干燥。黏土矿物以高岭石为主，氧化铁类矿物以赤铁矿为主，剖面多半呈红色或黄红色。本例选择两个自然保护区的黄红壤亚类，即大围山自然保护区和澜沧江自然保护区的黄红壤。

大围山自然保护区红壤只有一个亚类，即黄红壤亚类。位于大尖山海拔 2150 m 以下的西南坡方向，分布面积大约占保护区面积的 1%。由于西南坡较干燥，降水较少，故赤铁矿水化现象不太严重，土壤剖面以红色为主，稍带黄色，是黄壤与红壤之间过渡的一个亚类。土壤紧实、质地黏重，表层暗棕色，草根含量多，心土层呈黄红色（表 11-5）。

表 11-5　大围山与澜沧江黄红壤的剖面性态特征

采样点	层次（cm）	颜色	质地	结构	紧实度	湿度	根系状况（%）
大围山， 海拔 1830m	1~7	暗棕	轻壤	核状	紧	潮	30
	7~55	黄红	重壤	块状	紧	潮	10
澜沧江， 海拔 2198 m	3~22	黑褐	轻壤	团粒	稍紧	潮	40
	22~50	暗红	中壤	核状	稍紧	潮	25
	50~90	黄红	重壤	块状	稍紧	潮	10

资料来源：西南林学院《大围山及澜沧江自然保护区综合科考报告》。

澜沧江保护区的黄红壤亚类主要分布于海拔 2000~2200m 的范围，区内降水量比较丰富。

土体结构多为 $A_0-A_1-AB-B-C$ 型，母岩多为花岗岩、泥页岩等。林内凋落物丰富，腐殖质积累量较多，表土层厚，土壤质地轻，根量多（表 11-5）。

大围山黄红壤表土层薄，但土壤有机质含量极高，全氮量，水解性氮的含量均十分丰富，但速效磷含量非常低。澜沧江自然保护区黄红壤表层有机质含量、全氮量、水解性氮含量均较高，土壤速效磷含量高于大围山黄红壤（表 11-6）。

表 11-6 大围山与澜沧江黄红壤的主要养分状况

采样点	层次 (cm)	有机质 (g/kg)	pH 值	全氮 (g/kg)	全磷 (g/kg)	水解性氮 (mg/kg)	速效磷 (mg/kg)	速效钾 (mg/kg)
大围山， 海拔 1830m	1~7	134.6	4.54	4.53	2.07	376.8	0.85	120.3
	7~55	26.9	4.91	1.53	0.16	283.2	1.43	28.9
澜沧江， 海拔 2198 m	3~22	98.6	5.01	1.83	—	283.9	5.80	77.9
	22~50	50.0	5.20	1.03	—	178.9	4.35	37.5
	50~90	18.3	4.63	0.45	—	43.5	4.42	51.3

资料来源：西南林学院《大围山及澜沧江自然保护区综合科考报告》。

两个保护区黄红壤地段森林植被都十分丰富，比较而言，澜沧江自然保护区更好些。植被多为截头石栎、云南樟、野生古茶、杜鹃、华山松等山地湿性常绿阔叶林。

11.1.3.6 黄壤案例分析

黄壤在水平地带上属于中亚热带气候类型，往往与红壤并存，区别只在黄壤要求更多的降雨，雾日多，湿度大。在垂直地带上的情形与水平方向上类似。黏土矿物主要是水云母、高岭石及水化氧化铁、剖面呈现明显的黄色特征，土壤呈酸性至强酸性反应。

大围山自然保护区的黄壤共有两个亚类，即黄壤亚类和表潜黄壤亚类。总的来看，本区黄壤的土层一般深为 60~70 cm，属中等厚度水平，土壤表层质地轻、团粒结构、厚度大；淀积层较黏重、紧实，多呈块状结构。总体上土壤通体黄色明显，土壤紧实而潮湿（表 11-7）。

表 11-7 大围山黄壤的剖面形态特征

采样点	层次（cm）	颜色	质地	结构	紧度	湿度	根系状况（%）
太-101-主， 海拔 1300m	2~19	暗灰黄	轻壤	团粒	稍紧	润	20
	19~30	棕黄	中壤	核状	紧	润	15
	30~56	黄	重壤	核状	紧	润	5
太-101-主， 海拔 1830 m	2~12	黑棕	轻壤	块状	紧	潮	5
	12~34	棕黄	中壤	块状	紧	潮	10
	34~85	黄	重壤	块状	紧	潮	5
太-101-主， 海拔 2080 m	8~28	暗棕	轻壤	团粒	松	湿	10
	28~40	黄棕	重壤	块状	稍紧	潮	5
	40~70	黄	重壤	块状	紧	潮	5
太-101-主， 海拔 1250 m（表潜黄壤）	6~28	暗灰	中壤	团粒	稍紧	潮	50
	28~68	暗青灰	黏土	块状	稍紧	润	20

资料来源：西南林学院《大围山自然保护区综合科考报告》。

由表 11-8 可以看出，保护区黄壤的养分全量都很高，但速效磷、速效钾普遍偏低。黄壤亚类与表潜黄壤亚类相比，表潜黄壤的水解氮、速效磷含量相对较高，而全氮、全磷、速效钾含量相对较低。由保护区有机质含量高可以看出，在黄壤分布区域植被保存完好，凋落物丰富，故有机质归还量多，微生物活动旺盛。

黄壤是大围山保护区的主要土类，占整个保护区面积的 85%。植被主要是季风常绿阔叶林和中山湿性常绿阔叶林，集中了保护区的大多数树种，植被保存良好，覆盖度高。保护区腹地部分，人迹罕至，植被得到较好保护，处于原始状态。但有些沟谷或缓坡地带植被依然受到不同程度的破坏，或种草果或作别的用途。植被的保存程度与黄壤的形成演化与性质特征表现都有明显的关系。黄壤发育地段水湿条件好，雾日多，土壤肥力较好，各种树木长势良好。生物多样性是大围山保护区的一大特色，应充分给予重视。这一地段树木种类繁多，如石栎、杜英、刺栲、红花荷、福建柏、草鞋木、杯状栲、鸡毛松、柔毛木荷、厚壳桂、无患子、琼楠、大叶石栎、毛叶润楠、木莲、西南桦等。

表 11-8　黄壤的主要养分状况

采样点	层次 (cm)	有机质 (g/kg)	pH 值	全氮 (g/kg)	全磷 (g/kg)	水解性氮 (mg/kg)	速效磷 (mg/kg)	速效钾 (mg/kg)
16-主， 海拔 1300m	2~19	66.2	4.18	1.95	0.74	126.0	3.37	64.2
	19~30	46.8	4.51	1.78	0.21	175.9	8.13	46.5
	30~56	14.9	4.79	1.41	0.32	49.58	3.08	25.5
太-101-主， 海拔 1830m	0~12	83.7	4.76	4.89	3.80	334.4	1.74	173.6
	12~34	28.7	4.91	1.70	0.81	159.0	0.11	49.1
	34~85	22.5	4.98	1.71	0.91	96.50	0.99	35.4
太-101-主， 海拔 2080m	8~28	147.6	4.18	3.96	13.6	287.7	7.06	74.8
	28~40	52.2	4.60	2.42	6.21	116.9	0.10	38.0
	40~70	16.6	4.80	1.69	3.38	164.6	0.10	27.8
太-101-主， 海拔 1250 m	6~28	52.8	4.28	1.69	0.36	314.7	6.47	32.3
	28~68	29.9	4.80	1.17	0.17	335.6	12.62	14.4

资料来源：西南林学院《大围山自然保护区综合科考报告》。

11.1.4　黄棕壤

11.1.4.1　分布

黄棕壤是北亚热带的土类，分布范围大体在北纬 23°~34°，主要分布于长江中下游沿岸、湖北北部、陕西南部和河南西南部的低山丘陵地区，是南北过渡的土类，也分布于西南地区垂直海拔在 2200~3000 m 的山地中。

11.1.4.2　形成条件

黄棕壤分布区域年平均气温 14~17 ℃，≥10 ℃年总积温达 4200~5200 ℃，最冷月平均气温 0~4 ℃，年极端最低气温 -20~-10 ℃，无霜期约为 220~250 d；年降水量 800~

1300 mm。黄棕壤原生植被为常绿—落叶阔叶混交林。林内常见的植物有栓皮栎、麻栎、水青冈、女贞、石楠、冬青、山胡椒、竹类以及槭属、枫杨属的部分植物。

11.1.4.3　主要成土过程

黄棕壤是南北过渡的土壤，也即是棕壤向黄壤过渡的土类，具有有机质积累、盐基淋溶、黏化、硅铝化、弱富铝化过程。在较高温度和较多降水的常绿落叶阔叶林下，黄棕壤的生物循环和母质风化比较强烈，自然植被下积累较多的凋落物，经微生物分解，形成薄而不连续的枯落物层，形成有机质积累。在温度和降水共同作用下，原生矿物分解、形成次生黏土矿物，使黏粒含量大为增加，并在降水的作用下，盐基离子发生较强烈的淋溶作用。在这一过程中，铁、铝、锰、氢离子含量相对增加。

11.1.4.4　土壤性状

森林植被下的黄棕壤凋落物层很薄，腐殖质层一般为 $10 \sim 20$ cm，呈灰棕色，全剖面呈黄棕色，表土为暗腐殖质层，心土具铁硅铝过渡特性，黏土矿物以水云母和蛭石为主，硅铝率>2.4，黄棕壤中黏粒阳离子交换量（CEC）>40 cmol/kg，酸性至弱酸性反应，盐基饱和度 $40\% \sim 60\%$。

黄棕壤分为5个亚类，即黄棕壤、黏盘黄棕壤、黄褐土、暗黄棕壤、白浆黄棕壤。

11.1.4.5　黄棕壤案例分析

本案例选择云南省滇东北乌蒙山自然保护区的黄棕壤。保护区内黄棕壤只有一个亚类，即山地黄棕壤亚类。黄棕壤的土体构型为 $A_0 \text{-} A_1 \text{-} B \text{-} C$ 型，母岩多为玄武岩、砂岩等。林内温凉，湿度较大，未腐烂的凋落物丰富，表土层薄，整个土层也较薄，大多不超过 50 cm，土壤中由于生长较多的竹类植物，故植物根系丰富，土壤潮湿。现以三江口黄棕壤剖面（编号：1–10，$103°54'22''E$，$28°14'10''N$）为例（表11-9）。土壤表层棕黑色，质地轻，疏松多孔，剖面植物根量丰富。

由表11-10可见，乌蒙山保护区黄棕壤土层薄，强酸性反应。土壤全剖面有机质含

表 11-9　黄棕壤的剖面形态特征

采样点	层次(cm)	颜色	质地	结构	紧实度	湿度	根系状况(%)
大围山，	4~15	棕黑	轻壤	团粒	疏松	潮	40
海拔2314m	15~37	黄棕	轻壤	核状	稍紧	潮	25

资料来源：西南林学院《乌蒙山自然保护区综合科考报告》。

表 11-10　黄棕壤主要养分状况

采样地点 (2314m)	层次 (cm)	有机质 (g/kg)	pH 值	全氮 (g/kg)	全磷 (g/kg)	水解性氮 (mg/kg)	速效磷 (mg/kg)	速效钾 (mg/kg)
103°54'22''E	A₁ 4~15	519.3	4.01	6.04	23.9	1900.5	3.176	624.11
28°14'10''N	B 15~37	279.5	4.36	5.80	31.5	1160.4	0.593	303.60
平均值	A₁	356.8	4.34	3.52	23.5	1368.1	3.117	538.69
	B	206.0	4.45	4.45	26.3	896.0	0.420	268.09

资料来源：西南林学院《乌蒙山自然保护区综合科考报告》。

量、全磷量、水解性氮量、速效钾含量都非常高，这说明黄棕壤林地环境好，植被保护完好。土壤剖面的全氮量、速效磷含量较低。总之，本区黄棕壤的养分丰富而全面，土壤肥力高。保护区黄棕壤的主要植被为滇青冈、包石栎、高山栎、麻栎、华山松等为主的中山温凉湿润常绿落叶阔叶林。林内潮湿、雾多、温度低，土壤有黄化现象。

11.2　南方高海拔地区的森林土壤

森林土壤地带性分布包括水平地带性和垂直地带性。对于淋溶土纲的棕壤、暗棕壤、漂灰土，在我国主要分布在北方东部地区，但在南方高海拔地区也有分布，通常海拔在3000 m 以上。

11.2.1　棕壤

11.2.1.1　分布

棕壤水平分布在暖温带湿润区，纵跨辽东半岛与胶东半岛的山地丘陵区和山前平原，大约分布于北纬32°~43°。此外，在北方的燕山、太行山、华山、嵩山、伏牛山、吕梁山、中条山、太白山、秦岭等；在南方的大别山、武当山、川西及滇东北、滇西北、藏南，相应的垂直带谱上有分布，纬度高则分布于海拔较低的山地，1000 m 左右；纬度低则分布于海拔较高的山地，2500~3000 m。

11.2.1.2　形成条件

水平地带上的棕壤的形成受暖温带海洋性季风气候的影响，夏季温热多雨，冬季寒冷干燥。年平均气温 6~15 ℃，≥10 ℃年总积温达 3200~4000 ℃，最冷月平均气温-10~0 ℃，年极端最低气温-30~-20 ℃，无霜期为 160~220 d；年降水量 600~1200 mm。原生植被为落叶阔叶林和常绿—落叶—针叶混交林。

11.2.1.3　主要成土过程

棕壤的形成主要是有机质积累、淋溶黏化和硅铝化过程。在棕壤水平分布区域，人口密度大，人为干扰较严重，原始森林多不复存在，仅以次生林为特点；而在西南山地海拔在3000~3500 m 垂直带上有少部分原始林。因此，土壤中有机质积累较少，但因气候温凉干冷，林内凋落物分解也是较慢的。棕壤由于夏季暖热多雨，母质风化较深，形成大量的黏土矿物，并释放出游离铁和活性二氧化硅，黏土矿物在水的反复淋洗下，使棕壤淀积层黏粒含量高，质地黏重，呈现出黏化过程。土壤风化释放出的游离铁，常与二氧化硅结合，形成硅铁酸盐黏土矿物，或以次生氧化铁形态存在于土体中，这些含铁氧化物均呈棕色。

11.2.1.4　土壤性状

森林植被保护较完整的棕壤，表层有机质含量丰富，表层土壤颜色较深暗，具鲜棕色或黄棕色心土层，厚薄不一，酸性、弱酸性、中性反应，pH 5.5~7.5。棕壤表土层盐基饱和度 60%~70%，有的也在 80%以上；下层 pH 值要低一些，盐基饱和度低于 50%，土壤硅铝率 3.1~3.3，黏粒阳离子交换量（CEC）一般在 20~30 cmol/kg，最高可达 50%。

棕壤分为 4 个亚类：棕壤、草甸棕壤、棕黄土和潮棕黄土。

11. 2. 1. 5 棕壤的案例分析

以云南省碧塔海森林公园棕壤为例。棕壤原是暖温带湿润低山丘陵地区的地带性土壤，在云南省出现于低纬度高原湿润、半湿润的山地垂直土壤带中，其分布的海拔范围各地略有差别，在碧塔海森林公园棕壤的海拔范围为 2390~3200 m。气候属暖温带季风气候，6~9 月温暖多雨，10 月至翌年 5 月寒冷干旱，年平均气温为 7~11 ℃，≥10 ℃ 的年积温为 3000~4000 ℃，最冷月平均气温 1~3 ℃，最热月平均气温 16~18 ℃，年降水量 800~1100 mm。植被以暖温性针叶林及温凉性针叶林为主，植被覆盖度较好，地表凋落物较多，土壤有机质含量较高。

棕壤在干湿交替明显、温暖多湿和土壤酸性溶液的作用下，土壤黏化作用明显，土壤中原生矿物经物理、化学风化作用产生的硅、铝、铁等氧化物，经转化合成，形成次生黏土矿物，聚积于土壤剖面的上部层次中，使土壤表层的黏粒含量较为丰富；其次，在夏秋季节，温暖湿润，雨量集中，土壤的淋溶作用旺盛，土壤中易溶盐类和碳酸盐类物质，绝大多数均被淋失，土壤呈酸性至微酸性反应，盐基不饱和，土壤表层的黏粒和活性铁、铝等元素，均有向下移动和聚积的趋势，说明土壤的淋溶作用是明显的；再次，由于植物生长旺盛，有机物质的分解和积累均较强烈，土壤表层的有机质也较丰富，表现为明显的生物物质循环过程。

棕壤的土体构型一般为 O—A—B—C 型或 O—A—AB—B—C 型，在坡度大或土壤侵蚀严重的地区，O 层很薄甚至消失。棕壤剖面颜色以棕色为主，表层有机质丰富时为暗棕色，在地面滞水时为灰棕色。棕壤表土层有机质一般均比较丰富，平均可达 8.56%。保护区棕壤的有机质、全氮、全磷、水解性氮、速效钾等的含量都很丰富，全钾量中等，而速效磷含量稍低(但在森林土壤当中算是高的)，土壤呈酸性反应，pH 值为 5~6。其理化性状见表 11-11。

表 11-11 碧塔海棕壤理化性状统计表

层次	质地	pH 值	有机质 (g/kg)	全氮 (g/kg)	全磷 (g/kg)	全钾 (g/kg)	水解性氮 (mg/kg)	速效磷 (mg/kg)	速效钾 (mg/kg)
A	轻壤	5.57	85.6	3.8	1.8	16.2	272.7	8.63	225.4
AB	轻壤	5.65	51.0	2.3	1.5	18.1	185.3	6.60	146.6
B	中壤	5.76	28.3	1.4	1.2	18.8	125.4	4.60	141.5
BC	中壤	5.85	19.1	1.1	2.2	16.2	73.92	3.18	83.25

资料来源：西南林学院《碧塔海森林公园综合科考报告》。

碧塔海森林公园是我国成立最早的森林公园，各类植被保护良好。主要植被类型有：在海拔 2400~2800 m 地带分布着以华山松为主的暖温性针叶林；在海拔 2800~3200 m 地带分布着以高山松为主的温凉性针叶林；在海拔 3200~3700 m 地带分布着以麦吊云杉为主的寒温性针叶林；在海拔 3700~4150 m 地带分布着以长苞冷杉为主的寒温性针叶林；在海拔 3700~4100 m 地带分布着与云杉、冷杉混生的大果红杉林；在海拔 2400~3800 m 地带分布着寒温山地硬叶常绿栎林，此类林分的面积小，多分布在那些植被遭受严重破坏，水土流失，土壤退化的阳坡。另外，云杉、冷杉林被强度采伐后，在土壤水湿条件较好的地段往往形成以红桦、糙皮桦为主的次生落叶阔叶林。在各海拔地带低凹、平坦地段，常年或季节性积水，一般都分布有草甸和矮小的杜鹃灌丛。

11.2.2　暗棕壤

11.2.2.1　分布

暗棕壤是温带湿润地区分布的土壤，主要分布在我国东北大兴安岭东坡、小兴安岭、张广才岭、完达山、长白山地等。在大兴安岭东坡分布在海拔 600 m 以下，小兴安岭分布在 800 m 以下，在长白山地则分布在 1100 m 以下，在青藏高原边沿及滇西北暗棕壤分布在海拔 3200~3700 m，在秦岭南坡、湖北神农架分布在海拔 2000~3000 m。

11.2.2.2　形成条件

暗棕壤带年平均气温 -1~5 ℃，≥10 ℃年总积温达 1600~3400 ℃，最冷月平均气温 -30~-10 ℃，年极端最低气温 -48~-30 ℃，年降水量 600~1100 mm。暗棕壤原生植被为针阔混交林，在东北林区以红松、云杉、冷杉、蒙古栎、榆、椴、桦为主，在西南高山林区则以云杉、冷杉为主。

11.2.2.3　主要成土过程

暗棕壤区主要成土过程也是有机质积累和硅铝化过程。暗棕壤具有冷性土温状况，即年均土温小于 8 ℃，生物积累作用明显，森林凋落物累积量大，腐殖化作用强，土壤溶液中钙镁较多，铁铝量少，还原性强，亚铁离子多，在季节性下渗水流作用下，与黏粒一起向剖面中部轻度淀积，成为盐基饱和的硅铝化淀积层，即所谓硅铝化过程。

11.2.2.4　土壤性状

暗棕壤剖面发育明显，具有 O、A、B 和 C 层，A 层是厚的暗色腐殖质层，B 层为棕色的、盐基饱和的硅铝土层。土壤酸性至中性反应，盐基饱和度在 70% 以上，但有的土壤盐基饱和度低至 50%，黏土矿物以水云母为主，棕色心土层黏粒硅铝率 2.8。

暗棕壤分为 3 个亚类：草甸暗棕壤亚类、潜育暗棕壤亚类、白浆化暗棕壤亚类。

11.2.2.5　暗棕壤案例分析

云南省碧塔海森林公园的暗棕壤分布在海拔 3200~3700 m 的亚高山地带，气候冷凉湿润，年平均气温 4~5 ℃，年降水量在 800 mm。暗棕壤表层有较厚的腐殖质层，全剖面呈棕色或暗棕色。碧塔海森林公园暗棕壤的母质类型主要有基性结晶岩类、泥质岩类和紫色岩类的坡积、残积物。发育在基性结晶岩类的暗棕壤，酸度小，黏粒含量稍多；发育在泥质岩类的暗棕壤，质地稍细，偏酸，土层中夹有一定量的母质碎块，土层较为深厚；发育在紫色岩类的暗棕壤，除表层有机质富集颜色稍暗外，表层以下都带有不同程度的紫色或紫棕色，土层薄，碎石含量较高。

碧塔海森林公园暗棕壤的形成特点主要表现为在山地温带针阔混交林下，弱酸性的腐殖质的高度积累和轻度的淋溶与黏化现象。其淋溶过程，仅表现为游离的钙、镁和一部分铁铝的移动上，程度比较弱。原因是在夏季温暖多雨，土壤水分较稳定，经常保持湿润，矿物易于分解。暗棕壤的次生黏土矿物中以蛭石、水云母为主。土壤多呈酸性至弱酸性反应，pH 值为 5.0~6.0，向下酸度增大。表层有机质丰富，剖面层次呈逐渐过渡状态，既无明显的强灰化层，也无明显的铁、铝淀积层。一般土体构型为 O—A—B—C 型，A 层为暗棕或黑棕色，质地多为轻壤至中壤，其下 B 层为灰棕或棕色，质地稍黏重，在土体自然结构表面附有一薄层不明显的铁锰胶膜淀积。

暗棕壤表层、亚表层土壤有机质含量丰富，水解性氮、速效钾含量也十分丰富，甚至速效磷含量也是很高的，pH 值 5.0。土壤有一定的淋溶作用，盐基不饱和，从上到下，盐基饱和度逐渐降低，黏粒有下移聚积的趋势。其理化性状见表 11-12。

表 11-12　碧塔海暗棕壤理化性状统计表

层次	质地	pH 值	有机质 (g/kg)	全氮 (g/kg)	全磷 (g/kg)	全钾 (g/kg)	水解性氮 (mg/kg)	速效磷 (mg/kg)	速效钾 (mg/kg)
A	轻壤	5.0	153.1	6.4	1.4	13.9	411.4	13.46	236.0
AB	轻壤	5.0	89.4	3.1	1.1	16.7	225.9	5.56	130.5
B	中壤	5.3	64.7	2.5	1.0	19.8	175.7	2.81	69.51

资料来源：西南林学院《碧塔海森林公园综合科考报告》。

碧塔海森林公园暗棕壤上分布着以麦吊云杉为主的寒温性针叶林，天然林保护完好，林下凋落物归还量多，形成良好的生物小循环，土壤质地轻，疏松多孔。

11.2.3　漂灰土

11.2.3.1　分布

漂灰土主要分布在我国东北大兴安岭北端的寒温带及青藏高原东部、南部边沿的高山亚高山垂直带上。

11.2.3.2　形成条件

漂灰土形成的气候条件为北温带：年平均气温 -5~0 ℃，≥10 ℃年总积温小于 1600~1700 ℃，最冷月平均气温小于 -30 ℃，年极端最低气温小于 -48 ℃，年降水量 400~500 mm，原生植被为针叶林。在大兴安岭北端主要是杜鹃—落叶松林或樟子松林，在西南高山亚高山地带以杜鹃—冷杉林为主。

11.2.3.3　主要成土过程

漂灰土的成土特点就是灰化过程。主要原因是森林凋落物层或苔藓层分解过程中，有机酸在随水下渗过程中所起的螯合淋溶与淀积作用，导致剖面明显分化，上部有漂白层，下部有灰化淀积层。西南高山林区漂灰土分布海拔在 3500 m 左右，气候温度比相应的寒温带要高一些，年降水量达 1000 m，气候冷湿，腐殖质的淋溶淀积作用强烈，灰化淀积层明显。

11.2.3.4　土壤性状

西南高山林区漂灰土主要有腐殖质淀积漂灰土亚类和棕色针叶林土亚类。腐殖质淀积漂灰土亚类全剖面以棕色为主，地面凋落物层深厚，其下有棕黑色腐殖质层，滞水性强，下接明显灰白色调的漂白层，再下为棕黑色的灰化淀积层，土层浅薄，多含石砾。

漂灰土分为 4 个亚类：腐殖质淀积漂灰土亚类、漂灰土亚类、棕色针叶林土亚类和棕色暗针叶林土亚类。黏土矿物以水云母为主，呈强酸性反应，盐基饱和度低。棕色针叶林土亚类在西南林区也有分布，比如在碧塔海森林公园。剖面较浅薄，质地粗，灰化作用弱。

11.2.3.5　漂灰土案例分析

碧塔海森林公园棕色针叶林土属于漂灰土的一个亚类。在寒冷湿润的气候条件和以云、冷杉为主的寒温性针叶林植被条件综合影响下，发育形成的一个特殊土壤类型，常与暗棕壤在同一土壤带内，但其上、下限均比暗棕壤略高。在本区的分布范围为 3400~4000 m。年平均气温 3~6 ℃，最冷月平均气温-5 ℃，极端最低气温可达-30 ℃，≥10 ℃的积温持续期在 100 d 左右；年降水量 800~1200 mm，相对湿度 70%以上，土壤表层绝大多数时间处于湿润状态，有季节性淋溶作用；植被以冷杉为主，其次为云杉，林下有杜鹃或箭竹灌丛，凋落物层较厚。

云南的棕色针叶林是指在冷杉或云杉纯林下形成的土壤。由于冷杉林要求冷湿的气候条件，林中空气湿度大，土壤表层过度湿润，林木枝条上挂满寄生植物，地表上密集地生长着苔藓植物，致使冷杉林下枯枝落叶层较厚，腐殖化过程比较明显，故有机质的积累非常丰富。同时，由于暗针叶林的有机残体丰富，且含单宁物质较多，所形成的有机酸不能全部被盐基所中和，土壤溶液呈酸性至强酸性反应。有机质组成中以富里酸为主，表层丰富的有机残体，在真菌的作用下，有机质的矿质化和腐殖化过程同时进行，但矿质化比较缓慢，所释放出的盐基不足以中和所形成的酸类，土壤溶液中出现了游离的有机酸和一些无机酸，这些酸液在下淋时与土壤发生作用，以致在有机质非常丰富的 A_1 层下出现了一个被有机酸淋洗的淡色土层 A_2 层，即灰化层。但是，由于本区地处低纬度高海拔地区，土体表层常有冻层出现，淋溶作用相对减弱，故灰化层不如我国东北地区明显，成土过程尚处于隐灰化或弱灰化阶段。

棕色针叶林土，层次分异明显，其土体构型一般为 O—A_1—A_2—B—C 型。A_2 层(灰化层)是本土类的主要特征之一，但本保护区的棕色针叶林土的灰化过程较弱，因此这一层次较薄。棕色针叶林土有机质含量丰富，且有一定的腐殖质淋溶现象，即不但 A_1 层有机质丰富，而且 A_2 层、B 层都含有较为丰富的有机质，这与其他土类的有机质具有明显的表聚性特点显著不同。土壤通体呈酸性至强酸性反应，阳离子代换量低，盐基饱和度小。其理化性状见表 11-13。

表 11-13　碧塔海棕色针叶林土理化性状统计表

层次	质地	pH 值	有机质 （g/kg）	全氮 （g/kg）	全磷 （g/kg）	全钾 （g/kg）	水解性氮 （mg/kg）	速效磷 （mg/kg）	速效钾 （mg/kg）
A_1	轻壤	4.55	158.1	6.6	2.4	15.6	394.7	16.98	229.3
A_2	轻壤	4.73	96.5	4.1	1.5	15.8	198.0	4.52	94.3
B	中壤	5.3	120.1	5.1	2.1	17.5	233.1	7.41	100.8

资料来源：西南林学院《碧塔海森林公园综合科考报告》。

由表 11-13 可见，本区棕色针叶林土的质地轻，疏松多孔，土壤酸性至强酸性反应。土壤全剖面有机质含量高，速效养分含量高，全氮量、全磷量也是较高的。总的来说，棕色针叶林土的理化特性均有益于森林的生长。

本章小结

我国南方地区的土壤以铁铝土纲的砖红壤、赤红壤、红壤、黄壤为主。分布在中低山及丘陵区，所占面积大，是主要的森林土壤类型。而黄棕壤是南北过渡的地带性土壤，在北亚热带分布多，在山区相应的垂直带谱上也有不少分布。淋溶土纲的棕壤、暗棕壤、漂灰土应该说是我国北方东部地区的主要土壤类型，但我国南方也是多山地区，在中高山相应的海拔上也有分布。目前，分布于低海拔的砖红壤、赤红壤，人为破坏较严重，较大面积开垦为农用地，以砖红壤、赤红壤为基础的森林土壤面积较小，而以红壤、黄壤为基础的森林土壤面积较大。在中高山相应的海拔上也分布着黄棕壤、棕壤、暗棕壤、漂灰土，这些森林土壤远离人类聚居区，天然林保护较好，主要体现在自然保护区的土壤上，也是我国南方森林土壤的重要类型。森林土壤，只要仍然作为林业用地，保护林内植被，林下凋落物归还正常，土壤养分是十分丰富的，具有森林土壤微生物类群多样及活动旺盛、多根、疏松多孔、高肥力的特征。森林土壤是可贵的自然资源，应该珍惜、好好利用与保护，这也是生态文明建设的重要环节。

复习思考题

1. 我国南方地区的主要森林土壤类型主要有哪些？
2. 砖红壤与赤红壤的分布状况怎样？
3. 南方地区的红壤、黄壤的形成条件怎样？两者之间的差别主要体现在哪些方面？
4. 森林土壤中棕壤、暗棕壤的分布海拔的差异状况如何？对土壤形成有什么影响？
5. 漂灰土的成土条件是怎样的？漂灰土的理化特性如何？

本章推荐阅读书目

1. 土壤学 . 孙向阳 . 中国林业出版社，2004.
2. 土壤地理学(第3版). 李天杰 . 高等教育出版社，2004.

第五篇
土壤退化及管理

第*12*章
森林土壤退化与森林土壤管理

全球共有 $20×10^8$ hm² 土壤资源受到土壤退化的影响，我国是受土壤退化影响最严重的国家之一，且以森林土壤退化所带来的问题最为突出，给国家和人民造成了巨大的经济损失。了解我国森林土壤退化的现状，分析森林土壤退化的原因及其防治对策，提供相关科学依据保证森林土壤资源的持续合理利用，对于森林土壤退化防治与修复，及区域经济与社会的可持续发展具有重要意义。

12.1　森林土壤退化概述

世界范围内土壤退化的面积日益增多，已严重影响人类的生产与生活，故了解土壤退化的基本概况，以及退化的主要类型与强度十分必要。

12.1.1　土壤退化

土壤退化是指由于人类活动引起的林地养分耗竭、退化或农林耕地被占用，包括土壤侵蚀、土壤性质恶化和非农林占地 3 个方面。土壤退化可根据其性质特征分为：土壤物理性退化、土壤结构性退化、土壤营养性退化和土壤化学性退化。

（1）土壤物理性退化

土壤物理性退化主要指土壤物理性质的退化，例如，土壤质地、土壤颗粒、土壤颜色、土壤剖面等部分物理性质的改变及恶化，并造成土壤养分、有机质含量下降。

（2）土壤结构性退化

由于水稳定性改变造成团聚体不稳定，从而导致土体丧失持水和通气适宜比例。土壤风蚀、有机质含量低和易溶性盐的积累是土壤结构退化的基本原因。

（3）土壤营养性退化

由于侵蚀、淋溶、挥发等作用，使得土壤中的养分元素，如氮、磷、钾等流失或使土壤中能直接或经转化后被植物根系吸收的矿质营养成分减少。

（4）土壤化学性退化

由于不合理的土壤利用方式，造成土壤 pH 值、有机质、缓冲性能、盐基饱和度、氧化—还原反应等化学指标变化，从而带来土壤盐化、酸化、沙化等问题。

12.1.2　森林土壤退化

森林土壤是在森林植被长期影响下形成的土壤，能为植被生长提供必需的营养物质和水分，是树木生长和森林生态系统重要的物质基础。森林土壤退化是指在自然环境变化、人类不合理利用等情况下，导致森林土壤质量下降，土壤生产力逐渐丧失的过程。具体表现为表土流失、土壤性质恶化、肥力下降、生产力衰退、土壤生物的生活环境恶化等。无论自然土壤或人为土壤都有退化的可能。

12.1.3　我国森林土壤退化的机理

森林土壤退化是一个非常综合和复杂的，具有时间上的动态性和空间上的各异性，以及高度非线性特征的过程。由于自然条件的改变以及人类过去和现在对森林的改造和利用，天然林和人工林都存在地力下降的问题(图 12-1)。

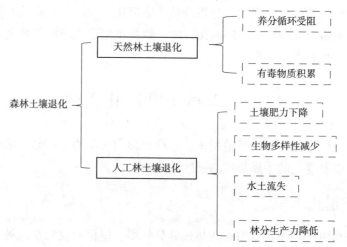

图 12-1　森林土壤退化机理

12.1.3.1　天然林土壤退化

一般天然林下的土壤很少发生退化，这主要是由于生长周期长、多种树混交，每年大量的凋落物回归地表，以及母质养分供给等，使天然林下土壤有着很强的自肥能力，保证了其土壤退化现象较少发生。但若因气候、水文、地质条件等自然因素的改变，在变化量长期累积作用下，天然林下土壤也会出现诸如氮的挥发损失、生物固氮减弱、磷素随地表径流、淋溶进入水体等问题，最终导致土壤养分的逐渐降低。由于主要受自然因素的影响，天然林土壤退化具有发展缓慢、时期长、范围广等特性。

（1）养分循环受阻

森林生态系统作为地球上面积最大、结构和功能最复杂的陆地生态系统，养分循环是影响森林生产力的一个重要因子，也是维系有机物质生产的重要过程之一。随着全树利用热的兴起，树木的根、干、枝、叶、花、果等都被加以利用，林木的利用效率得到了较大提高。但同时全树利用也使得林木生长过程中吸收积累的大量营养元素不能归还林地，并最终导致土壤养分循环中断，肥力下降。

（2）有毒物质积累

有毒物质的积累，是造成天然林土壤退化的一个重要原因。许多树种在连续栽种后，会致使土壤中多酚氧化酶活性随连栽次数的增加而增加，与此同时，土壤中的有机质含量大量减少。因酚类物质随时间累积不断增多，易发生土壤中毒，造成地表生长的植物大量死亡，土壤肥力严重降低，最终导致地力衰退。

12.1.3.2 人工林土壤退化

在集约经营的工业人工林中，由于林木对养分的吸收，以及森林采伐引起的水土流失等原因，已使林地土壤肥力退化和生产力下降成为不争的事实。

（1）土壤肥力下降

林地土壤的有机质主要来源于凋落物的分解。在热带、亚热带次生阔叶林或灌丛草地更新为人工林的过程中，由于采用砍、烧、机耕整地等传统造林方式，使得长期积累的枯枝落叶层被灰化，致使长期形成的有机物和养分库在瞬间被破坏。其中，枯落物中的氮素以氨挥发等形式释放到大气中，磷和钾及其他矿质元素以灰分和挥发形式损失于生态系统之外，其余部分进入土壤表面，以地表径流的形式流失。另外，有机质的减少还导致土壤理化性质、微生物和酶活性恶化，造成人工林的土壤肥力下降。

（2）生物多样性减少

一般地说，在稳定的顶极群落中，虽然针叶树占有不同程度的优势，但仍有相当数量的阔叶树及灌木草本伴生。人工林生态系统树种单一、结构简单，由于组成树种生长习性、吸收特性、生态位、与外界物质和能量的交换特性高度一致，造成生态系统多样性下降、缓冲能力弱；此外，人工林反馈调节系统的构造简单，导致某些生态因子的强度持续增强或减弱。人工林的简单群落结构形成了独特的林下生态环境，随着凋落物成分和林下植被的减少，其土壤动物和微生物的种类、数量也相应减少，反过来影响了凋落物的分解速率，从而导致人工林土壤生产力的逐代下降。

（3）水土流失

水土流失是造成人工林土壤退化的重要原因。在水流的作用下，土壤被剥离与搬运，使部分土壤养分元素在雨季中大部分被淋失，土壤肥力严重下降。此外，人工造林的第二道工序为整地，通过整地可以改善立地条件、清除灌木、杂草和采伐剩余物，故而在造林前后的一段时间里，增加了直接投射到地面的透光度，还可以改变小地形，使透光度增加或减少。然而，不适当的整地方式将改变土壤物理性质，造成土壤侵蚀与水土流失。

(4)林分生产力降低

人工造林通常追求短轮伐期,这无疑增加了林地压力,长期经营将严重影响林分生产力。一般地,幼年林木边材与心材、林冠生物量与树干生物量比例较大,并随林龄增加比例减少。因边材所含营养物质数量大大高于心材,故轮伐期越短,采伐单位木材带走的养分则越多,由此连栽的地力下降则越严重。

12.2　森林土壤退化的原因及其防治

森林土壤在自然因素和人为活动的综合作用下,其理化性质、生物学特性及物质组成等均会发生改变,并可能出现土壤理化性质恶化、土壤质量下降和土壤污染发生等土壤退化现象。分析森林土壤退化的原因并探究其防治措施,是森林土壤资源的可持续利用的基础。

12.2.1　森林土壤退化的原因

根据内外因,将森林土壤退化的原因分为自然和人为两个方面,自然因素为土壤退化提供了基础条件,是土壤退化的内因;而人为活动则加剧了土壤退化的发展,是土壤退化的外因。

12.2.1.1　自然因素

引起森林土壤退化的自然因素主要有:成土母质、气候条件、生物因素、地形情况、自然灾害等。

(1)成土母质

岩石和母质的性质特征对土壤的肥力有重要影响。不同岩性母质发育的土壤退化差异较大,体现了岩石和母质对土壤退化的主导作用,是土壤退化的关键性因素。

不同的成土母质在风化作用下将分解产生不同的黏土矿物,黏土矿物的差异又将影响土壤的保肥和供肥能力。土壤中的黏土矿物以高岭石为主时,其阳离子交换量小,土壤保肥性能和供肥能力较低,土壤肥力主要依靠快速的生物循环来维持;而土壤中的黏土矿物主要是蒙脱石和伊利石时,其阳离子交换量远远大于高岭石,土壤具有较高的保肥性能。

我国热带、亚热带地区广泛分布的发育于石灰性紫色砂页岩母质的紫色土,由于其母质物理风化强烈,易于崩解和侵蚀,尽管土壤中矿质养分含量丰富,但土层浅薄,易发生水土流失而造成土壤退化。我国亚热带湿润地区发育于石灰岩母质上的石灰岩土,淋溶作用不充分,土壤中钙离子较多,呈微酸性到微碱性,土层薄,岩石碎屑多,且石灰土地区一般山地陡峭,坡度大,土层薄,不合理的开垦和水土保持措施的缺乏易造成严重的水土流失。我国黄土高原地区广泛分布的黄土,是第四纪时期形成的土状堆积物,由黄灰色或棕黄色的尘土和粉沙细粒组成,其物理性质表现为疏松、多孔隙、垂直节理发育、极易渗水且有许多可溶性物质,遇水易崩解,抗冲、抗蚀性能很弱,易被流水侵蚀形成沟谷,在水土流失过程中细颗粒物质流失易造成土壤养分流失、质地粗化和结构改变等现象。

（2）气候条件

气候条件控制了土壤的水热状况，并从一定程度上影响着森林凋落物的分解速率，进而影响土壤质量。

①土壤水分　气候条件影响地球表面的水量平衡，降水入渗造成土壤表面含水率高，而土面蒸发或植物蒸腾又从土壤中提取水分，持续反复的降水和土壤水分蒸发使表层土壤一直处于干湿循环的动态变化中，最终导致持水能力下降，渗透性能降低，地表径流增加，并加剧土壤侵蚀，造成土壤贫瘠、障碍层高位。同时，土壤水分中的养分迁移也受到影响，造成植物和土壤生物难以得到正常的水分和养分补给，无法生存，进而影响土壤肥力。

②土壤温度　气候变化会导致土壤温度上升，加快土壤有机质分解，并造成理化性质改变与贫瘠化。同时，温度变化可造成植被生长期增长，并通过加快蒸发加剧土壤的干旱化。

③凋落物分解速率　凋落物分解速率呈现明显的气候地带性，各气候带中凋落物的分解速率顺序为：热带>亚热带>温带>寒温带。热带原始林的物质和能量储备主要在地上部分，凋落物分解快，分解形成的腐殖质中，富里酸含量大于胡敏酸，而富里酸易溶于水，并呈强酸性，对矿物岩石具有强烈的溶解作用，并且富里酸的各价离子盐均能溶于水，因此，在雨量较多的热带和亚热带地区，土壤的腐殖质和养分容易随土壤径流而流失。在东北地区的森林土壤中，凋落物一般分解较慢，分解形成的腐殖质中以胡敏酸为主，胡敏酸的二价和三价离子盐不易溶于水，主要沉淀于表层的土壤中，土壤的腐殖质含量较高，因此，东北地区的森林土壤不仅具有较高的保肥和供肥能力，而且具有较大的缓冲性能。

（3）生物因素

引起森林土壤退化的生物因素主要有群落结构、林分组成和树种特性。

①群落结构　植物群落是特定空间生境下，具有一定的植物种类组成和空间结构，各植物之间及植物与环境之间彼此影响、相互作用的植物群体集合体。当植物群落的垂直结构和水平结构都比较简单时，由于组成树种生长习性、吸收特性、与外界物质和能量的交换特性高度一致，生态位高度重叠，生态系统的多样性下降，缓冲能力和反馈调节能力较弱等因素，可导致整个生态系统失去相对平衡，并影响植物生长，进而造成森林土壤退化。

②林分组成　当林分组成以针叶林为主，尤其是针叶林纯林时，通常对土壤的养分循环起积极作用的土壤动物、微生物总量会变少；同时，相对于阔叶林而言，针叶林凋落物较少且分解速率较慢，使得林下凋落物不断积累，并易形成酸性粗腐殖质，导致土壤酸化。

③树种特性　首先，速生树种（杉木、落叶松、马尾松等）具有吸收养分多、不易掉落枝叶、营养物质归还少等特点，加之连栽和轮伐期短，系统养分入不敷出，会改变土壤的理化性质，导致土壤的容重增加，板结现象愈加明显，并直接影响土壤的透水性以及透气性。其次，一些树种的某些器官在分解过程中以及这些树种的根际微生物在其生命活动过程中均存在、产生和分泌某些物质，进而影响土壤质量。例如，落叶松成熟林非根际土壤多酚氧化酶活性明显低于幼龄林，故而影响腐殖质的形成；杉木连栽后多酚氧化酶活性随

着连栽次数增多而增强，有机质减少，酚活性增强，酚类物质积累增多造成土壤中毒；蒙古栎根分泌物、桉树叶淋洗液、云杉针叶浸提液均会导致树种自身天然更新困难。

（4）地形情况

地形可通过对地表物质、水热条件的再分配间接作用于土壤，从而改变土壤的理化性质。由于温度、降水和湿度均随着地势升高呈现垂直变化，故而形成不同的气候和植被带，并导致土壤的组成成分和理化性质发生显著的垂直地带分化。

在陡坡上，重力作用和地表径流的侵蚀力往往加速疏松地表物质的迁移，土壤侵蚀严重，造成土壤浅薄，养分缺失；而平地土壤侵蚀少沉积多，使土壤深厚，养分充足。阳坡太阳辐射多于阴坡，土壤温度较高，但水分状况比阴坡差；而阴坡蒸发量少，土壤水分状况较好，但土壤温度状况较差。

（5）自然灾害

林火、极端天气、地质灾害、病虫害等自然灾害是森林生态系统重要的干扰因子，以上因素可通过改变森林植被、土壤理化性质、土壤生物状况影响森林土壤质量。

①林火　火烧会对土壤水分含量、容重、孔隙度、pH 值、有机质含量等理化性质产生影响，且影响程度与过火面积、火烧强度、可燃物类型以及土壤受热程度等因素有关。森林火灾发生后，地表的枯枝落叶层被烧毁，土壤失去这一天然保护层后，可导致矿质土外露，加上受雨水冲刷、林地郁闭度减小等作用影响，可致使土壤结构改变，并随之出现容重增大、持水量降低、pH 值升高等土壤结构退化和速效养分下降等土壤肥力退化，同时出现渗透性和抗冲性能减弱等土壤功能退化。

②极端天气　极端天气（如冰雪、洪涝、干旱等）会对森林土壤生态系统产生较大干扰。冰雪灾害的发生会改变土壤团聚体的大小和稳定性，影响土壤结构；同时，其造成的大量林窗对有明显避光性的土壤节肢动物有抑制作用，大中型土壤动物多度显著下降，且由于微生物对外界环境变化的反应更敏感，土壤微生物群落的丰富度、多样性和均匀度下降明显。洪涝灾害使得山区坡地经暴雨冲刷后，土层变浅，底土裸露，养分流失加剧；而且洪水夹带而来的泥沙和污染物还会影响土壤结构，阻断表层土壤与大气相通，使土壤微生物数量急剧减少、活性降低。干旱灾害发生后，土壤含水量的下降，会导致碱解氮、有机质含量下降，土壤微生物总数减少，细菌比例相对降低。

③地质灾害　地震、山体崩塌、滑坡、泥石流和土体断裂及掩埋等地质灾害发生后，会对森林土壤性状、土壤肥力和土壤微生物多样性产生影响，使森林生态系统功能下降。地质灾害会造成土壤碱性增强、密度升高，并且土壤黏粒含量大幅度降低，砂粒和粉粒明显增多，导致土壤透水能力下降，地表径流和水土流失危险增大；同时，土壤全氮、碱解氮、有效磷、速效钾、有机质含量降低，土壤肥力下降，阳离子交换量减少，导致土壤保肥能力减弱；另外，土壤细菌和真菌数量减少，导致凋落物分解也受到影响。

④病虫害　病虫害通过影响森林土壤性质和植被生长状况，而造成森林土壤退化。病虫害除对土壤湿度、温度、呼吸速率造成一定影响，从而直接影响森林土壤质量外，还可导致森林植被生长不良，产量、质量下降，甚至引起林木枯死和生态条件的严重恶化，间接影响森林土壤质量。

12.2.1.2　人为活动

引起森林土壤退化的人为活动主要包括：森林经营管理、采矿活动、垃圾填埋、城市生产生活等方面。

（1）森林经营管理

在森林经营管理过程中，不合理的采伐利用方式和营林措施是造成森林土壤退化的重要人为因素。

①采伐利用方式　木材利用率的提高常导致树木枝、根、叶中的营养元素不能归还森林土壤，致使土壤养分循环中断，有机质含量减少，土壤肥力下降。同时，枯枝落叶层的缺失会导致林下降雨直接溅击裸露土壤，造成土壤侵蚀和地表径流增加，并极容易发生水土流失。另外，采伐、集材过程中，土壤被压实，土壤结构被破坏，也容易产生地表径流，且大强度的地表径流不仅导致养分流失，而且对表层土壤的结构产生直接破坏。

②营林措施　炼山是人为控制火烧来清理林地的一种营林措施，炼山后凋落物的减少导致土壤物质循环减弱，同时，土壤有机质和养分大量损失，土体团聚能力减弱，土壤水稳性团聚体含量降低，土壤渗透性能下降，土壤结构性能明显恶化，并进一步导致林地保水蓄水功能降低。整地是人工造林的工序之一，不适当的整地（如南方的全垦整地）易导致破碎的土体直接受雨水打击和径流水冲刷，造成水土和营养元素流失。因此，根据实际情况选择合适的整地方式尤为重要。幼林抚育促使及早郁闭，但如果郁闭前林地因炼山而植被稀少，或扩穴、松土、锄草等措施使得表土层松散，均会造成土壤抗蚀能力降低，若遇大雨、暴雨则必然产生地表径流，造成严重的水土流失。

（2）采矿活动

矿山采掘、剥离、开采改变了矿区的地质、地貌、植被等环境条件及自然风貌，松散的泥土和暴露的岩石，会加剧土壤的侵蚀和风化，并可引发地震、崩塌、滑坡、泥石流等次生地质灾害，毁坏森林，影响森林土壤。

表层土壤的剥离和机械设备的重压，可造成矿区植被、土壤动物、微生物种类和数量大幅下降，导致土壤板结、有机质含量下降，这既不利于植物生长，也不利于动物定居。

另外，采矿活动常导致很多重金属进入土壤，并在土壤的吸附、络合、沉淀等作用下残留于土壤内，若其含量超过背景值，可能造成土壤重金属污染，并抑制矿区植物的生长。伴生硫化物的采出或硫化矿的开采以及尾矿的排弃还会造成土壤酸化，并影响土壤生物活性，降低养分有效性。

（3）垃圾填埋

在众多垃圾处理方法中，填埋法因其技术工艺简单、投资少、处理量大、运行费用低等优势而被世界上大部分国家采用。然而，垃圾填埋场内形成的渗滤液中含有高浓度有机物及金属离子等多种污染物，具有较大的污染风险。由于渗滤液污染物浓度变化范围很大，一般的废水处理方法很难使其水质达到排放标准，当其随降水进入周边土壤后，重金属和难降解的有机污染物会在土壤内富集，造成周边森林土壤重金属污染和有机污染，破坏土壤微生物的生存环境，影响土壤结构。

（4）城市生产生活

城市森林土壤本就存在土壤剖面层次被破坏、土体侵入体多、有机质含量低、物理性状差的问题，而在人类日常生产生活的影响下，更易造成土壤理化性状改变，土壤质量降低。

由于人为践踏和机械施工易造成城市森林土壤压实，使得土壤容重增大、比重减小、孔隙度下降、含水率降低，进而影响微生物的自然生存环境，造成微生物的多样性减少、群落结构发生变化。而绿地凋落物的日常清理使土壤养分循环减弱，养分缺乏也限制了大量土壤动物和微生物的生存和活动。

城市工业生产、交通运输、垃圾堆放、污水灌溉和园林农药施用也易造成城市森林土壤的重金属污染和有机污染，阻碍土壤微生物和植物的生命活动，影响土壤营养物质和能量的转化。

12.2.2　森林土壤退化的防治

12.2.2.1　开展低效林改造，改善土壤理化性质

不同生物措施对土壤肥力以及土壤酶活性有不同的影响，利用物种多样性、相克相生、互利共生及生物链结构等原理，开展低效林改造，调整林分结构，优化森林土壤生态系统，有利于改善土壤理化性质，促进土壤微生物和酶活性，提高土壤自肥能力。

（1）调整林分密度

通过抚育间伐，调整林分密度，减小林分郁闭度，提高透光度，可促进林下植物的生长发育，提高土壤有机质、全氮、速效氮、速效钾等指标的含量，以及土壤酶活性和微生物数量。

（2）营造混交林

营造针阔混交林，实现乔、灌、草合理搭配，可防止物种结构单一，有利于凋落物总量和养分含量的提高，并可改善营养元素生物小循环，以及土壤的物理化学性质和生物化学特性，并有利于土壤微生物生长繁殖，以及土壤硝化细菌、好氧性固氮菌的数量增加。

（3）适地适种

当人工林出现"小老头树""矮次林"等情况，或经济林种植超出生态适宜范围，或同等立地条件下有更加速生、高产、优质的树种选择时，应根据"适地适种"的原则，调整造林树种。在造林树种选择上，应按照不同的土壤类型选择最适宜生长的树种，如棕色针叶林土以栽植红松、红皮云杉、臭冷杉为主，暗棕壤以营造针阔混交林或阔叶林为主，草甸土和泥炭土宜栽植耐涝的落叶松、水曲柳等。

（4）间种绿肥植物

绿肥是重要的有机肥料，其种类多、适应性强、分布广泛、易栽培。目前，间种绿肥植物以防止地力衰退的研究已有很多，如在人工林内栽植绿肥植物可全面提高土壤肥力。绿肥翻入土壤后，不仅能增加土壤有机质，还可改善土壤结构，提高土壤的保水保肥能力和供肥能力；另外，绿肥有茂盛的茎叶覆盖地面，能有效减少水、土、肥的流失。常用的绿肥作物品种有豆科的紫花苜蓿、白花三叶草、紫云英以及十字花科肥田萝卜等。

12.2.2.2 改善经营管理方式，加速土壤养分循环

调整采伐、整地、抚育等经营管理措施，能够加速森林土壤养分循环，增加林草盖度，减少水土流失。

（1）改变采伐方式

采伐方式由皆伐改为间伐或择伐，在中等立地条件下，可保证林下植被盖度较高，使土壤有机养分、无机养分含量和微生物数量增多，土壤生物化学活性明显增强。

（2）采伐剩余物利用

采伐剩余物是土壤有机质的重要来源，对土壤的熟化过程和维护土壤肥力具有非常重要的作用。在清理造林地时，应尽量保存采伐剩余物，可将小径木、大枝桠等取出后的剩余部分平铺于采伐迹地上，增加有机质来源，促进森林土壤的物质循环。

（3）调整整地、抚育方式

整地时尽量不要全垦整地，可采用带垦、穴垦、块状垦，减少对表层土壤的扰动。在造林初期抚育，尽可能保留不妨碍幼林生长的草本、灌木，增加地表覆盖度，减少水土流失。

12.2.2.3 水土保持综合治理，控制土壤侵蚀

通过采取水土保持综合治理措施，将工程措施与生物措施相结合，可有效控制土壤侵蚀，防治水土流失，保护和合理利用水土资源，防止森林土壤退化。

（1）工程措施

工程措施主要包括截水沟、截流沟及水窖等坡面治理工程以及谷坊、淤地坝等沟道工程。坡面治理工程能够改变坡长，拦蓄地表径流，并将其排至蓄水工程中，起到截、缓、蓄、排等调节径流的作用，减少土壤冲刷。沟道工程能够拦截洪水泥沙，防止山洪危害，保护坡面不受侵蚀。

（2）生物措施

生物措施主要是造林种树以及绿化荒山的水土保持林草措施，此措施需充分考虑水资源的承载能力，因地制宜，因水制宜，宜林则林，宜灌则灌，宜草则草。通过生物措施不仅能增加地面覆被率，起到涵养水源、减缓地表径流、增强土壤抗蚀能力的作用，还可改良培肥土壤，提高土壤生产力。

12.2.2.4 加强灾害防治，防止土壤性质恶化

火灾、地质灾害及病虫害对森林植被和土壤质量均有较大影响，做好灾害防治工作，不仅有利于保护森林植被，还可减少土壤扰动，防止森林土壤性质恶化。

（1）火灾防治

通过严格管理各种野外火源、加大宣传力度、建立智能预警系统等方式进行预防，并利用生物防护林带、降低林分燃烧性等方式降低火灾蔓延的风险。

（2）地质灾害防治

地质灾害隐患巡查排查工作是地质灾害防治的首要工作，在地质灾害隐患点和易发区，应开展截排水设施修建、削坡减载的工程措施以改善边坡稳定性，并利用植树造林、种草护坡等生物措施改善自然环境条件，减少灾害发生。同时，生产建设项目严格按照方案做好水土保持、地质环境保护与恢复治理、土地复垦等工作，也能有效减少地质灾害的发生。

（3）病虫害防治

病虫害主要可以通过生物技术、化学技术、物理技术进行防治。生物技术主要通过使用微生物制剂、引种病虫的天敌昆虫、保护和促进益鸟繁殖等方式，控制病虫害的密度；化学技术是在搞好预测预报的情况下正确使用杀虫剂（爱福丁、吡虫啉等）和杀菌剂（多菌灵、百菌清等）对病虫害进行防治；物理技术则利用人工捕杀、高温处理的方式消灭害虫或通过上胶环和捆毒绳等方式来阻隔害虫上树。

12.2.2.5 发展清洁生产，预防土壤污染

制定和贯彻落实土壤污染防治相关法律法规，建立监测和评价系统是预防土壤污染的重要前提。发展清洁生产则能够更有效的减少污染物的排放和扩散，从污染源预防土壤污染。

（1）"三废"控制

在生产建设过程中应严格控制"三废"排放，大力推广无毒工艺，实现"三废"的综合利用，对于不能综合利用的"三废"则应净化处理，以达到国家规定的排放标准。例如，垃圾处理厂做好渗滤液的收集处理，矿山减少尾矿、矸石、废石的堆存。

（2）控制农药化肥施用

对于人工林而言，应控制农药化肥的使用，除因土因植施肥外，还应采用安全无公害的农药，以防止农药、化肥造成的污染。

（3）预防二次污染

提高森林覆盖率，利用植被对污染大气的净化作用，减少由大气污染引起的土壤二次污染。

12.2.2.6 增强环保意识，保护城市森林土壤

增强环保意识，逐步改变人类生产生活方式，才能更好地保护城市森林土壤，防止城市森林土壤的退化。

（1）设置围栏和提醒标识

公园、小区绿地可加设绿地围栏等防护措施，同时设置提醒标识，减少人类活动对土壤的压实及有害有毒垃圾对土壤的污染，有利于保护城市森林土壤。

（2）园林绿化技术革新

应从环保的角度开展园林绿化管理，减少杀虫剂、除草剂等农药的使用，减少污水灌溉或采取一定的预处理手段使其达到灌溉水质标准，降低土壤污染的风险。道路交通绿地可以通过铺装透气砖，增加透气性，加速养分转化，提高土壤供肥能力。同时，应将植物凋落物归还土壤，用以熟化土层，使土壤性质和肥力朝着良性方向发展。

12.2.3 退化森林土壤的修复

当经济价值高或集约经营度高的苗圃、用材林、经济林、果园、城市绿地等森林土壤出现较为严重的土壤退化时，可采取相应技术手段对此部分退化森林土壤进行修复。

12.2.3.1　性质恶化土壤修复

（1）化学修复

①施用肥料、城市污泥　在土壤理化性质极其恶化地区，为加速土壤修复速度，在初期可施用肥料、城市污泥等进行土壤改良，以提高土壤肥力，促进树木的生长和发育。施用肥料时应合理配比有机肥（如农家肥、绿肥、腐殖酸类肥等）和无机肥（如氮肥、钙镁磷肥等），把握好施肥时间。城市污泥需严格按照环境法、环境行政法规及城市污泥处置相关标准进行预处理后，达标施用。

②施用土壤改良剂　施用土壤改良剂可增加土壤有机质并全面提高土壤肥力。例如，沙化土壤可采用土壤胶结剂（腐殖酸等）促进分散土粒团聚，改善土壤结构；酸化土壤可采用土壤调酸剂（石灰石和菱镁矿、脱硫石膏等）调节土壤酸碱度；干旱土壤可采用土壤保水剂（PVA 系高吸水树脂等）保持土壤水分。

（2）植物修复

针对土壤理化性质不佳和肥力退化的采矿废弃地等，可采取人工植被恢复，重建区域植物群落。修复时选择适合当地特点的树种，一般遵循"适地适树"的原则选择乡土树种，也可选择根系发达、萌芽力强的先锋树种，还可利用生物生态位理论进行选择和搭配，进行乔灌草的立体配置，建立稳定的生态群落。

（3）微生物修复

通过施用微生物菌剂或培养丛枝菌根，不仅可有效增加土壤微生物数量，还可促进土壤团粒结构的形成，加快土壤物质循环，促进植物对土壤中矿质元素的吸收。例如，以地衣芽孢杆菌、侧孢芽孢杆菌为主的微生物菌剂，可增强土壤缓冲能力、保水保湿；以枯草芽孢杆菌为主的微生物菌剂，可改善土壤团粒结构，消除土壤板结，中和酸碱度，提高保水保肥能力；以解磷菌和解钾菌为主的微生物菌剂，可迅速分解土壤中难溶的磷钾化合物为速效养分，提高土壤肥力。

12.2.3.2　污染土壤修复

（1）物理修复

物理修复是根据物理学原理，采用一定的工程技术，对退化土壤进行恢复或重建的方法，主要包括客土、换土、深耕翻土和土壤淋洗等。

①客土、换土、深耕翻土法　通过客土、换土和深耕翻土与污土混合，可以降低土壤中污染物的含量，减少对植物系统产生的毒害。深耕翻土用于轻度污染的土壤，而客土和换土则是用于重度污染区的常见方法。

②土壤淋洗　土壤淋洗是指用淋洗剂去除土壤中重金属污染物的过程，选择高效的淋洗助剂是淋洗成功的关键。影响土壤淋洗效果的因素主要有淋洗剂种类、淋洗浓度、土壤性质、污染程度、污染物在土壤中的形态等。土壤淋洗后淋洗液的处理是一个关键的技术问题，转移络合、离子置换和电化学法是目前主要采取的技术手段。

（2）化学修复

化学修复就是向土壤投入改良物质，通过对吸附、氧化还原、颉颃或沉淀作用，以降低污染物的生物有效性，主要包括固化/稳定化和离子颉颃技术等。

①固化/稳定化　固化/稳定化是指向污染土壤中加入某一类或几类固化/稳定化药剂，通过物理/化学过程防止或降低土壤中有毒污染物释放的一组技术。固化是通过添加药剂将土壤中的有毒物质包被起来，形成相对稳定性的形态，限制土壤污染物的释放；稳定化是在土壤中添加稳定化药剂，通过对吸附、沉淀（共沉淀）、络合作用来降低污染物在土壤中的迁移性和生物有效性。

②离子颉颃技术　土壤中某些离子间存在颉颃作用，当土壤中某种元素浓度过高时，可以向土壤中加入少许对作物危害较轻的颉颃性离子，进而减少该离子对作物的毒害作用，达到降低生物毒性的目的。

（3）植物修复

植物修复是指通过利用植物忍耐或超量吸收积累某种或某些化学元素的特性，或利用植物及其根际微生物将污染物降解转化为无毒物质的功能，利用植物在生长过程中对环境中的某些污染物的吸收、降解、过滤和固定等特性来净化环境污染的技术。植物对于重金属污染土壤和有机污染土壤均能起到较好的修复效果，但其修复机理有一定差异。

①重金属污染土壤修复　植物进行重金属污染土壤修复主要有提取、固定和挥发3种方式。植物提取分为2类：一类是持续型植物萃取，直接选用超富集植物吸收积累土壤中的重金属；另一类是诱导性植物提取，在种植超积累植物的同时添加某些可以活化土壤重金属的物质，提高植物萃取重金属的效率。植物固定是指利用植物根系或根系分泌物吸收积累、吸附土壤重金属的过程，能降低土壤中重金属的移动性和生物有效性，阻止重金属向地下水和空气的迁移及其在食物链的传递。植物挥发是指利用植物根系分泌的一些特殊物质或微生物使土壤中的 Se、Hg、As 等转化为挥发形态以去除其污染的一种方法。

②有机污染土壤修复　植物主要利用植物自身、根系分泌物、根际微生物进行有机污染土壤修复。一般来说，植物能够从土壤中直接吸收有机污染物，将其代谢分解，并经过木质化作用使其成为植物的一部分，或通过矿化作用使其彻底分解为 CO_2 和 H_2O，或利用植物的挥发、蒸腾作用释放到大气中去。植物根系分泌物（包括一些酶类）进入到土壤中，可加速土壤的生化反应，促进有机污染物的修复。植物及其根际微生物可通过其生理代谢特性有效分解、富集和稳定污染物。

（4）微生物修复

微生物修复是指利用天然存在的或所培养的功能微生物（主要有土著微生物、外来微生物和基因工程菌），在人为优化的适宜条件下，促进微生物代谢功能，从而达到降低有毒污染物活性或将其降解成无毒物质的技术。

①重金属污染土壤修复　利用土壤中某些微生物如细菌、真菌和藻类对重金属的吸附、沉淀、氧化—还原等作用，降低污染土壤中重金属的毒性。细菌及其代谢产物因具有阴离子的性质而与金属阳离子产生吸附作用，从而固定土壤中的重金属；根据不同的目的接种不同种类的菌根真菌，能够从提高植物修复效率（提高植物对重金属的吸收）和提高植物对重金属的抗性（抑制植物对重金属的吸收）两种途径修复重金属污染土壤。

②有机污染土壤修复　微生物能以有机污染物为碳源和能源或与其他有机物进行共代谢而将其降解。我国现已构建了有机污染物高效降解菌筛选技术、微生物修复剂制备技术

和有机污染物残留微生物降解田间应用技术。

（5）动物修复

动物修复是指利用土壤动物的直接作用（如吸收、转化和分解）或间接作用（如改善土壤理化性质、提高土壤肥力、促进植物和微生物的生长）而修复土壤污染的过程。

土壤动物的生命代谢活动对外界条件依赖度很高，不适宜用来去除土壤中的重金属，但对于土壤中的有机污染物有净化作用。例如，土壤中的一些大型土壤动物（如蚯蚓和某些鼠类），能吸收或富集土壤中的残留有机污染物，并通过其自身的代谢作用，把部分有机污染物分解为低毒或无毒产物；而土壤中的小型动物群（如线虫纲、蜈蚣目、蜘蛛目等），均对土壤中的有机污染物存在一定的吸收和富集作用，能促进土壤中有机污染物的去除。

12.3　森林土壤资源的合理利用

12.3.1　我国五大林区森林土壤的合理利用

我国森林面积较大，现居世界第 5 位，人工林面积居世界第 1 位。全国的森林分布广泛，主要分为 5 大林区，分别是东北林区、内蒙古林区、东南低山丘陵林区、西南高山林区、西北高山林区和热带林区。各林区因立地条件，气候特征和林分类型的不同，其森林土壤的类型、特点和利用方式也存在差别。

（1）东北、内蒙古林区土壤利用

在东北、内蒙古林区，常见的树种有兴安落叶松、樟子松、红皮云杉、鱼鳞云杉等。其中，兴安落叶松为最多见的树种，该树种位于土层深厚、排水良好的北坡，喜光，对水分要求较高。在位于海拔 400～900 m 山地及海拉尔以西、以南的沙丘地区则宜种植樟子松；在山谷地区则适宜种植土层深厚、湿润、肥沃、排水良好的红皮云杉、鱼鳞云杉。

在大兴安岭中，部分为天然次生林，对于此类林分的改造，可通过择伐、渐伐、小面积皆伐来实现，也可通过补植 1000～1500 株/hm² 适生针、阔叶树种，以形成不一样的林层混交林、块状混交林、人工混交林和针阔混交林等。

（2）东南低山丘陵林区土壤利用

目前，中国东南部低山丘陵地区植被稀疏，森林多以人工林为主（占总面积的 60%），如杉木、马尾松和毛竹纯林。在亚热带地区，人工林主要为针叶纯林，经营方式为重茬。该林区应以实现纯林向混交林的过渡为前题开展土壤的培肥与利用。

（3）西南高山林区土壤利用

西南高山林区主要适宜种植冷杉。如在四川西部的岷江流域、金川流域以及康定折多山的东坡等地，树种多为岷江冷杉；在云南西北部，树种主要是长苞冷杉，分布区域为大理、宾川、云龙、剑川、鹤庆、碧江、中甸、贡山等地。在西南南部，具体为西藏自治区林芝市和西藏东南部波密县，主要种植急尖长苞冷杉。

对于天然次生林来说，适宜补植针阔叶树种，并逐渐形成树种多样、异林龄的人工混交林。以提高生物多样性和水源林地涵养功能，改良土壤性质。

（4）西北高山林区土壤利用

甘肃的白龙江林区，位于青藏高原东北部甘南山地，海拔 1600~3700 m 为其主要的森林分布地带，主要树种为云杉，并可营造针叶树种和阔叶树种的混交林。在白龙江林区的中山亚高山区，其主要植被为杜鹃—冷杉林，适合该地区生长的树种为岷江冷杉和巴山冷杉。

秦岭是我国气候带的关键分界线，林区森林覆盖率高（占 46%），且秦岭以南、以北均为混交林带。秦岭以南主要是常绿阔叶林和落叶阔叶林，在山地黄棕壤林区，则适合营造青冈属等常绿阔叶树与栓皮栎等落叶阔叶树混交林；秦岭以北的山地棕壤林区适宜种植以栎类为主的针、阔混交林，如华山松和锐齿栎混交。

（5）热带林区土壤利用

我国热带林区总面积为约为 $0.265×10^8$ hm^2，包含云南南部、海南、西藏南部、桂沿海。土壤类型为砖红壤，土层厚实，质地黏重。为了有效利用水、热、土资源，可着重发展特种经济林和珍贵用材林。

12.3.2 不良立地条件下森林土壤的合理利用

为了开发不良立地条件下的土壤资源，创造优良的生态、经济、社会效益，应该积极构建健康生态林业，努力实现人与自然和谐共处的模式。

12.3.2.1 水土流失区森林土壤资源的合理开发利用

水土流失是指在水力、风力、重力及冻融等自然营力和人类活动作用下，水土资源和土地生产力的破坏和损失，包括土地表层侵蚀及水的损失。

当前，我国水土流失面积约有 $295×10^4$ km^2，约占陆地表面积的 31%。森林与河流紧密联系，乱砍滥伐森林，不仅使涵养水源功能丧失，还可导致河流泛滥成灾。据 2011 年第一次全国水利普查成果，长江流域源区内水土流失总面积 62 397km²，占土地面积的44.51%。经过多年的封山育林、退耕还林等治理和预防措施，长江流域水土流失面积已减少了 $14.62×10^4km^2$，水土保持效果明显，为改善周边的生态环境夯实了基础。

（1）不良立地条件的形成原因

①自然因素　地形、降雨、地面物质组成和植被类型均会影响水土流失的发生。第一，地形。沟谷发育，陡坡；坡面长度越长，地表径流量越大，冲刷力也随之越强。坡度越大，地表径流的流速则越快，对土壤的冲刷侵蚀力也就越大。第二，降雨。可以形成水土流失的降雨，均属于雨量较大的暴雨，并且雨强高于土壤入渗强度才会产生地表径流，造成对土地表面的冲刷侵蚀。第三，植被。一般而言，郁闭度越高的林草植物土壤侵蚀强度越小，水土保持能力越强。第四，地面物质组成。

②人为因素　随着经济的发展，人类对土地高强度、不合理的利用，破坏了地面原有的植被和较为稳定的地形地貌，这样的结果常造成严重的水土流失。人为因素有植被的破坏、不合理的耕作制度及开矿活动等。

（2）不良立地区的合理开发利用

①修筑小型蓄水用水工程　小型蓄水用水工程就是利用多种集水工程技术手段拦蓄截留降雨径流，并合理利用这些水资源，以解决干旱区人畜生活用水和部分灌溉用水，获得

控制水土流失和保收增收效果。小型蓄水工程主要有拦蓄坡面径流的水窖、捞地、水凼，以及拦蓄沟道径流的蓄水池、小型水库和抽水提水工程。

②改坡为梯　最常见的梯田种类有水平梯田、坡式梯田、隔坡梯田。第一，改坡为梯，可拦蓄降水，减少水土流失；第二，可改善立地条件，保水保土保肥。

③人工造林种草　对于宜林宜草的水土流失区域，通过人工造林种草的技术和方法，增加地面植被恢复，防止水蚀、风蚀，提高生态环境和农业条件，达到合理利用林草资源的目的。

12.3.2.2　沙漠化区域森林土壤资源的合理开发利用

沙漠化土地是一个独特的土地类型。人类物质需求日益增大，并通过经济和技术等各种手段不断地向自然界索取资源，沙漠化土地的形成，表现出了人类过度开发自然系统的结果。

我国荒漠化问题比较突出，因此，从 1978 年开始，我国先后启动了若干个国家级防沙治沙工程，抑制了荒漠化持续蔓延。例如，内蒙古锡林格勒盟多伦县，采用人工封山育林以提高植被覆盖率，运用乔、灌、草复合固沙，藻类新材料固沙等技术，当前植被覆盖率增高 20%，草地产量增高 20%，土壤风蚀强度降低 18%。在内蒙古赤峰市敖汉旗，一望无际的沙地上成功种植了樟子松。这些成功的案例，为沙地的修复提供了技术支撑。

(1) 不良立地条件的形成原因

①土地利用不合理　中华人民共和国成立以来，由于早期的人口生育政策，人口数量大幅提升，人均耕地数量急剧减少。为了满足当地人民群众的物质需求，便把大量的优质草原开垦为耕地，破坏了原有的自然植被、生态系统，使得很多草原变为沙地。尤其在 1960—1970 年，强调以粮为纲，地方政府无节制的开垦大片品质优良的林地、草地，这些被垦土地在风的作用下逐渐形成流动沙丘。

②过度放牧　在我国沙漠面积不断扩大的主要因素是过度放牧。由于无计划的开垦，已经导致草场面积的减少，但是某些地方为了经济的发展，反而增加牲畜数量，结果导致草场超载，畜均草场占有面积降低，草场迅速退化。我国草场超载现象较为常见，平均超载率为 120%，最高地区达到 300%。

③植被破坏　沙区经济欠发达，公共交通不便，当地的燃料只能就地取材，大量燃料都是木柴，但沙区薪炭林每年提供的木柴较为有限(占实际消耗量的 15%)，农牧民为了生存，迫不得已只能砍伐森林来解决炭火紧缺的问题，致使大量植被遭到破坏，沙化加剧。

④水资源无序利用　根据调查，农业用水在沙区占了当地用水量的 80%，但实际的利用率却仅为 20%，这说明沙区的水资源利用率极其低下。同时，上游过量灌溉造成土地次生盐渍化，并使下游河流流量减少甚至断流，河流下游因水资源匮乏，地下水不足等原因，致使植被衰退枯死，造成土地进一步沙化。

(2) 不良立地的合理开发利用

①植被修复　植被修复主要指在沙漠化区域种植耐旱植被，防止沙漠化进一步扩散和恶化。沙漠环境较为恶劣，初期治理应选植被主要为沙生植物。这一类型的植物

对沙地的适应性较好，抗风沙能力较强。沙生植物主要为百合科、禾本科、十字花科和蝶形花科等。待沙生植物种植达到一定规模后，可根据治理区域的条件现状，土壤水含量等信息，制订沙地治理计划，种植部分耐旱的乔木、灌木等，初具规模的还可建造防沙林。

②激活水源　沙漠之中最突出的问题就是水资源的稀缺。沙漠常年干旱，降水稀少，可利用的水资源十分有限，主要的水源为少量降水、地下水、河道中的水。地下水虽然潜藏较深，但水量相对丰富，具有一定的稳定性。同时，降水量的多少影响着地下水量。在沙漠地区，降水量不稳定，沙漠地区降水本身就较为稀少，每个年份、每个季节都有所不同。

③设置沙障　沙会随着风到处飘移和扩散，在强风的作用下，甚至会造成灾害，这是沙化最典型的特征，故治沙最根本的办法就是将其固定下来，使风力对其的影响降到最低。固沙最常见的方法就是设置沙障，而沙障最常见的形式则是防护林或是相对密集的栅状设施。草方格、篱笆、黏土式沙障、平铺式沙障、立体式沙障等是用于固沙最可取的几种措施。

④提高沙区农牧民的环保素质和综合素质　在发展经济的时候，要树立科学的发展观，在资源的利用上要走可持续发展的路线，要在资源与环境相协调的情况下，提高农牧民对环境的保护意识和治理沙地的认识，提醒农牧民保护沙区的生态环境，增强防治土地沙漠化的紧迫感，动员全社会攻坚克难，做好防沙治沙工作。

12.3.2.3　盐碱区域森林土壤资源的合理开发利用

我国盐碱地的形成，均与土壤中硫酸盐或碳酸盐的含量有着很大的关系。根据联合国教科文组织和联合国粮农组织的不完全统计，全世界盐碱地的面积为 $9.54×10^8 hm^2$，其中我国约占了十分之一（约 $9913×10^4 hm^2$）。

（1）不良立地条件的形成原因

①气候条件　在我国北方的干旱、半干旱地区，由于降水量少，蒸发量大，使得溶解在水中的盐分多积聚在土壤表层。雨季，在北方半干旱地区，积聚在土壤表层的可溶性盐可随雨水下渗或流走，这称为"脱盐"；而到了春季，地表蒸发强烈，地下水中的盐分随地下水位的上升而又一次聚集在土壤表层，使得土壤中的盐分增大，这称为"返盐"。而我国西北内陆地区，干旱少雨，土壤盐分则不会出现"脱盐"和"返盐"的现象。

②地理条件　盐碱土的形成受地形的高低分布影响很大，因为地势的高低起伏可以影响地表水和地下水的运动，同时受影响的还有土壤中的可溶解盐。通常，土壤中的可溶性盐会随水在重力的作用下由高处往低处移动，并积聚在地势低洼的地带，因此，盐碱土主要分布在内陆地区的盆地及山间洼地和平坦且排水不畅的平原区。从局部范围来看，盐分都积聚在局部的小凸处。

③土壤质地和地下水　土壤中地下水的流动速度和地下水高度与土壤质地的粗细有着密切联系。一般来说，砂土和黏土的地下水流速和地下水位高度相对其他壤质类土壤要更快和更高。地下水位的高低及地下水矿化度也能对土壤的盐碱度产生影响，一般地下水位越高，矿化度越大，越容易积盐，反之则越少。

④河流和海水的影响　由于河水侧渗，使河流及渠道两旁的地下水位抬高，则使河流及渠道两旁的土地容易积盐。而沿海地区，海水长时间浸渍土壤，便形成了滨海盐碱土。

⑤耕作管理的不当　有些地方在进行农田灌溉时使用漫灌，甚至在一些地势低洼的地区就干脆只灌不排，这样一来，就使这些地区的地下水位上升较快，而土壤中的可溶性盐随着地下水位来到土壤表层，使原有土地变成盐碱地，此为次生盐渍化。为了防止次生盐渍化，首先在水利设施建设时，就必须将排水和灌水相配套；其次，在灌溉时禁止大水漫灌，并在灌水后及时对土地进行耕锄。

(2) 不良立地的合理开发利用

①摸底调查　我国不同地区盐碱土，有着不一样的成因，分布及程度，因此要针对不同地区采取不同的治理措施，因地制宜，对症下药。盐碱地的治理要采取工程措施与非工程措施相结合；把综合治理同环境保护、水资源利用、生态建设相结合；把盐碱治理同洪涝渍旱治理相结合。

②统筹规划　根据盐碱地的类型、盐碱的程度进行统筹规划。宜林则林、宜草则草、宜粮则粮。综合利用土壤、水及气候条件。充分发挥植物自身对盐碱的适应特性，尽量合理利用土地资源，并使农民增收。

③水旱兼顾　根据当地生产实际和水力资源全面考虑，确保种植结构合理。

④合理施肥　施肥要科学合理。依据盐碱土的理化特性和作物的生长发育规律，制定科学的施肥技术及方法。

12.3.3　我国森林土壤可持续利用对策

(1) 建立森林土壤质量评价体系

我国森林面积较大，各大林区的立地条件和土壤质量也不尽相同，因此，需要对立地条件和壤质量进行综合评价。在评价体系中，要求数据真实有效，方法切合实际，指标选择实用、通用，可操作性强。

(2) 研究森林土壤退化原因，提出治理途径

长期以来，我国学者针对森林土壤的退化现状、退化类型、特点、防治等方面进行了深入的研究与探索，并开展了大量的科研与实践工作。开展土壤退化防治，必须明确森林土壤退化的原因和特点，并合理调整技术方法，才能恢复和保护森林土壤资源。

(3) 建立全国各类森林土壤资源数据库

2015 年 8 月，国务院下发《国务院关于印发促进大数据发展行动纲要的通知》，要求到 2018 年底建成国家政府数据统一开放平台。伴随着大数据时代的到来，建立全国各类型森林土壤资源信息库，快速获得有价值的土壤信息，对森林土壤资源的研究、利用与保护十分重要。

构建我国森林土壤数据库，一方面可满足我国和区域发展需求；另一方面可为林业、生态及相关学科的发展提供基础数据，同时也为国家林业发展和有效应对全球气候变化决策提供科学依据。

案例分析

案例 12.1　整地方式调整对森林土壤退化的影响

整地是重要的人工营林措施之一，不适当的整地方式易导致水土流失和土壤退化。杨伟东等(1998)通过对雷州市多个林场桉树林的调查和采样，分析了不同造林整地方式(全垦与带垦)对土壤侵蚀、土壤养分和土壤物理性质的影响。结果显示：

(1)在造林当年，土壤侵蚀深度带垦整地(0.78 cm/a)比全垦整地(1.12 cm/a)浅，造成的土壤侵蚀量带垦整地[11.7 t/(hm^2·a)]比全垦整地[16.8 t/(hm^2·a)]减少了 30.4%。

(2)由于带垦整地减轻了水土流失和土壤侵蚀，因而带垦整地下的土壤养分(有机质、N、P、K、交换性 Ca、Mg 等)流失量也明显低于全垦整地。

(3)土壤颗粒组成方面，带垦整地与全垦整地相比，表土层的砂粒较少，黏粒较多，而底土层则砂粒较多，黏粒较少，带垦整地有效减轻了表土层的砂化和黏粒下移。

(4)土壤结构方面，带垦整地与全垦整地相比，土壤中>0.25 mm 水稳性团聚体数量增加，土壤容重略有降低，总孔隙度则略有增加，土壤结构有所改善。

(5)土壤水分方面，带垦整地下的土壤自然含水量、毛管持水量和田间持水量均高于全垦整地。

综上，造林整地方式由全垦改为带垦，能够有效减轻土壤侵蚀，有利于土壤养分的保存，同时能够改善土壤颗粒组成、土壤结构和土壤水分状况，对于防止人工林土壤退化有重要意义。

案例 12.2　重金属污染退化土壤的修复

森林土壤受重金属污染后，可利用化学修复、植物修复和微生物修复技术对其进行处理，许多学者已开展了研究并取得了大量成果。主要修复措施如下：

(1)化学修复(固化/稳定化、离子颉颃技术)

向土壤中投放石灰+硫化物混合药剂进行固定处理，固定后 Zn、Cu、Ni 离子不稳定形态含量显著下降(马利民等，2009)。由于 Zn 具有颉颃植物吸收 Cd 的作用，向 Cd 污染土壤中加入适量的 Zn，可以减少植物对 Cd 的吸收积累(周启星等，1994)。

(2)植物修复(植物提取、植物固定、植物挥发)

凤尾蕨属的大叶井口边草(*Pteris nervosa* Thunb.)是 As 的超富集植物，通过刈割可有效去除土壤中的 As(韦朝阳等，2002)。EDDS 和 EDTA 是强化植物提取重金属的高效螯合剂，添加后龙葵(*Solanum nigrum*)根、茎、叶 Zn 积累浓度均大幅提高(A. P. Marques 等，2008)。白羽扇豆(*Lupinus albus*)可以提高土壤的 pH 值，降低土壤中 As 和 Cd 的有效性，使其在植物根系中富集(S. Vázquez 等，2006)。种植烟草(*Nicotiana tabacum*)能使土壤中的汞转化为气态的汞(R. B. Meagher，2000)。

(3)微生物修复

接种丛枝菌根真菌可提高鬼针草(*Bidens pilosa*)和龙珠果(*Passiflora foetida*)对污染土壤

中 Cu、Pb 和 Zn 的吸收积累（T. Chiiching 等，2009）。

综上，修复重金属污染土壤方法多样，选择适当的修复方法能够节约成本，提高修复效率。

本章小结

森林土壤在成土母质、气候条件、生物因素、地形情况、自然灾害等自然因素和森林经营管理、采矿活动、垃圾填埋、城市生产生活等人为活动的共同作用下，容易发生土壤理化性质改变（土壤温度、土壤水分、土壤 pH 值、土壤结构等）、土壤肥力下降（土壤结构破坏、有机质、养分含量下降等）、土壤生物数量减少（土壤动物、土壤微生物等）、土壤污染发生（重金属污染、有机物污染等）等土壤退化过程。为防止森林土壤的退化，可通过低效林改造、改善经营管理方式、加强灾害防治、发展清洁生产、增强环保意识等形式实现。在森林土壤尚未出现退化或在退化初期，开展相应的防治措施减缓土壤退化。当经济价值高、集约经营度高的苗圃、用材林、经济林、果园、城市绿地等森林土壤出现较为严重的土壤退化时，需采取物理（客土、淋洗等）、化学（肥料、改良剂、固化等）、生物（植物、微生物、动物等）的相应技术手段对此部分退化森林土壤进行修复。

我国森林 5 大林区分别是东北及内蒙古林区、东南低山丘陵林区、西南高山林区、西北高山林区和热带林区，各林区因立地条件、气候特征和林分类型不同，故对其森林土壤进行开发利用时应具有针对性，特别是不良立地条件下的森林土壤利用更应结合其形成原因，提出具体的治理途径和利用方式。为保证我国森林土壤的可持续利用，应从摸清森林土壤现状出发，通过建立森林土壤质量评价体系和森林土壤资源数据库等方式，保证森林土壤的合理利用。

复习思考题

1. 简述天然林与人工林土壤退化差异。
2. 森林土壤退化的主要原因有哪些？如何防治森林土壤退化？
3. 退化土壤的修复技术主要有哪些？
4. 五大林区森林中，常见的树种分别有哪些？
5. 不良沙漠化区域森林土壤的利用途径有哪些？
6. 不良盐碱地区域森林土壤形成的原因。

本章推荐阅读书目

1. 污染土壤生物修复技术．张从，夏立江．中国环境科学出版社，2000.
2. 云南低效林改造技术．郑天水，高德祥．云南民族出版社，2014.
3. 水土保持监测理论与方法．郭索彦．中国水利水电出版社，2010.

参考文献

阿姆森 K A，1984. 森林土壤学：性质和作用[M]. 北京：科学出版社.

白文明，程维信，李凌浩，2005. 微根窗技术及其在植物根系研究中的应用[J]. 生态学报，25(11)：3076-3081.

北京林学院，1982. 土壤学(上册)[M]. 北京：中国林业出版社.

曹鹤，薛立，谢腾芳，等，2009. 华南地区八种人工林的土壤物理性质[J]. 生态学杂志，28(4)：620-625.

陈恩凤，关连珠，汪景宽，等，2001. 土壤特征微团聚体的组成比例与肥力评价[J]. 土壤学报，38(1)：49-53.

陈恩凤，周礼凯，武冠云，1994. 微团聚体的保肥供肥性能及其组成比例在评判土壤肥力水平中的意义[J]. 土壤学报，31(1)：18-25.

陈恩凤文集编委会，1990. 陈恩凤文集[M]. 沈阳：辽宁科学技术出版社.

陈红，冯云，周建梅，等，2013. 植物根系生物学研究进展[J]. 世界林业研究，26(5)：25-29.

陈璐，2015. 大兴安岭火烧迹地土壤抗冲性抗蚀性研究[D]. 哈尔滨：东北林业大学.

陈小云，刘满强，胡锋，等，2007. 根际微型土壤动物——原生动物和线虫的生态功能[J]. 生态学报，27(8)：3132-3143.

陈志诚，赵文君，1999. 砖红壤在土壤系统分类中的归属[J]. 土壤，31(2)：90-96.

程东升，1993. 森林微生物生态学[M]. 哈尔滨：东北林业大学出版社.

戴万宏，黄耀，武丽，等，2009. 中国地带性土壤有机质含量与酸碱度的关系[J]. 土壤学报，46(5)：851-860.

丁昌璞，徐仁扣，等，2011. 土壤的氧化还原过程及其研究法[M]. 北京：科学出版社.

丁昌璞，2008. 中国自然土壤、旱作土壤、水稻土的氧化还原状况和特点[J]. 土壤学报(1)：66-75.

东北林业大学，1981. 土壤学(下册)[M]. 北京：中国林业出版社.

傅庆林，罗永进，柴锡周，1995. 低丘红壤人工杉木林养分循环的初步研究[J]. 浙江农业学报(2)：30-33.

傅声雷，2007. 土壤生物多样性的研究概况与发展趋势[J]. 生物多样性，15(2)：109-115.

耿增超，戴伟，2011. 土壤学[M]. 北京：科学出版社.

龚伟，胡庭兴，等，2007. 川南天然常绿阔叶林人工更新后土壤团粒结构的分形特征[J]. 植物生态学报，31(1)：56-65.

龚子同，陈志诚，骆国保，等，1999. 中国土壤系统分类参比[J]. 土壤(2)：57-63.

龚子同，张甘霖，陈志诚，等，2002. 以中国土壤系统分类为基础的土壤参比[J]. 土壤通报，33(1)：1-5.

龚子同，1984. 中国的湿地土壤[J]. 土壤(6)：201-208.

龚子同，等，1999. 中国土壤系统分类——理论·方法·实践[M]. 北京：科学出版社.

龚子同，等，2007. 土壤发生与系统分类[M]. 北京：科学出版社.

关连珠，2000. 土壤肥料学[M]. 北京：中国农业科技出版社.

关连珠，2016. 土壤学[M]. 2版. 北京：中国农业出版社.

郭建钢，周新年，丁艺，等，1997. 不同集材方式对森林土壤理化性质的影响[J]. 浙江农林大学学报(4)：344-349.

郭淑红，薛立，2012. 冰雪灾害对森林的影响[J]. 生态学报，32(16)：5242-5253.

何光训，2002. 连栽杉木林地土壤肥力退化的症结[J]. 浙江农林大学学报，19(1)：100-103.

何腾兵，董玲玲，刘元生，等，2006. 贵阳市乌当区不同母质发育的土壤理化性质和重金属含量差异研究[J]. 水土保持学报，20(6)：157-162.

何毓蓉，黄成敏，宫阿都，等，2001. 金沙江干热河谷典型区(云南)土壤退化机理研究——母质特性对土壤退化的影响[J]. 西南农业学报，14(s1)：9-13.

何园球，赵其国，王明珠，等，1993. 我国热带亚热带森林土壤养分循环特点与成土过程研究[J]. 土壤(6)：292-298.

贺纪正，葛源，2008. 土壤微生物生物地理学研究进展[J]. 生态学报，28(11)：5571-5582.

贺庆棠，2010. 气象学[M].3版. 北京：中国林业出版社.

贺永华，沈东升，朱荫湄，2006. 根系分泌物及其根际效应[J]. 科技通报，22(6)：761-766.

侯光炯，1992. 土壤学(南方本)[M].2版. 北京：中国农业出版社.

胡波，王云琦，王玉杰，等，2013. 重庆缙云山酸雨区森林土壤酸缓冲机制及影响因素[J]. 水土保持学报，27(5)：77-83.

胡承彪，韦立秀，韦原连，等，1990. 不同林型人工林土壤微生物区系及生化活性研究[J]. 微生物学杂志(z1)：14-20.

胡慧蓉，2012. 土壤学实验指导教程[M]. 北京：中国林业出版社.

黄昌勇，徐建明，2010. 土壤学[M].3版. 北京：中国农业出版社.

黄昌勇，2000. 土壤学[M]. 北京：中国农业出版社.

黄成敏，何毓蓉，张丹，等，2001. 金沙江干热河谷典型区(云南省)土壤退化机理研究Ⅱ——土壤水分与土壤退化[J]. 长江流域资源与环境，10(6)：578-584.

黄建辉，韩兴国，陈灵芝，1999. 森林生态系统根系生物量研究进展[J]. 生态学报，19(2)：270-277.

黄天颖，高唤唤，等，2017. 黄浦江上游水源涵养林土壤团聚体组成及其碳、氮分布特征[J]. 上海交通大学学报(农业科学版)，35(6)：1-7.

黄益宗，郝晓伟，雷鸣，等，2013. 重金属污染土壤修复技术及其修复实践[J]. 农业环境科学学报，33(3)：409-417.

贾志清，郭宝贵，李昌哲，2004. 太行山石质山地植被结构优化评价[J]. 林业科学研究(2)：226-230.

雷梅，陈同斌，等，2001. 太白山北坡成土因素及不同土壤垂直带谱的比较[J]. 地理研究，20(5)：583-592.

李贵宝，尹澄清，林永标，等，2002. 城市污泥对退化森林生态系统土壤的人工熟化研究[J]. 应用生态学报，13(2)：159-162.

李立新，2012. 干旱对海河流域典型森林土壤生态系统演变的影响研究[D]. 吉林：东华大学.

李天杰，2004. 土壤地理学[M].3版. 北京：高等教育出版社.

李学垣，2001. 土壤化学[M]. 北京：高等教育出版社.

李治宇，庞勇，2011. 森林退化及其修复研究概述[J]. 四川林勘设计(1)：12-18.

梁成华，2002. 地质与地貌学[M]. 北京：中国农业出版社.

梁泉，廖红，严小龙，2007. 植物根构型的定量分析[J]. 植物学报，24(6)：695-702.

梁宇，郭良栋，马克平，2002. 菌根真菌在生态系统中的作用[J]. 植物生态学报，26(6)：739-745.

廖观荣，钟继洪，李淑仪，等，2003. 桉树人工林生态系统养分循环与平衡研究Ⅳ. 桉树林间种山毛豆对生态系统养分循环的作用[J]. 生态环境学报，12(4)：440-442.

廖人宽，杨培岭，任树梅，2012. 高吸水树脂保水剂提高肥效及减少农业面源污染[J]. 农业工程学报，28(17)：1-10.

林伯群，2010. 森林土壤六十年[M]. 北京：科学出版社.

林成谷，1996. 土壤学(北方本)[M].2版. 北京：科学出版社.

林大仪，谢英荷，2005. 土壤学[M]. 北京：中国林业出版社.

林大义，2002. 土壤学[M]. 北京：中国林业出版社.

凌华，陈光水，陈志勤，2009. 中国森林凋落量的影响因素[J]. 亚热带资源与环境学报，4(4)：66-71.

刘任涛，杨新国，等，2012. 荒漠草原区固沙人工柠条林生长过程中土壤性质演变规律[J]. 水土保持学报，26(4)：108-102.

陆欣，2002. 土壤肥料学[M]. 北京：中国农业出版社.

罗汝英，1992. 土壤学[M]. 北京：中国林业出版社.

罗汝英，1978. 江苏省的地质地貌与林业土壤的关系[J]. 土壤学报，15(1)：23-31.

罗汝英，1983. 森林土壤学(问题和方法)[M]. 北京：科学出版社.

马利民，唐燕萍，陈玲，等，2009. Zn, Cu 和 Ni 污染土壤中重金属的化学固定[J]. 高分子通报，28(1)：86-88.

孟伟庆，吴绽蕾，王中良，2011. 湿地生态系统碳汇与碳源过程的控制因子和临界条件[J]. 生态环境学报，20(8)：1359-1366.

缪松林，1984. 不同土壤质地对杨梅生长和结果的影响[J]. 中国果树，4(3)：7-10.

牟树森，青长乐，1991. 环境土壤学[M]. 北京：农业出版社.

彭达，张红爱，等，2006. 广东省林地土壤非毛管孔隙度分布规律初探[J]. 广东林业科技(22)：56-59.

邵明安，王全九，等，2006. 土壤物理学[M]. 北京：高等教育出版社.

佘济云，叶道碧，2010. 长沙市城乡交错带 4 种人工林土壤养分及其相关性研究[J]. 林业资源管理，4(2)：57-61.

宋乃平，吴旭东，等，2015. 荒漠草原人工柠条林对土壤质地演进过程的影响[J]. 浙江大学学报(农业与生命科学版)，41(6)：703-711.

宋青春，张振春，1996. 地质学基础[M]. 3 版. 北京：高等教育出版社.

宋小艳，张丹桔，等，2014. 马尾松人工林林窗对土壤团聚体及有机碳分布的影响[J]. 应用生态学报，25(11)：3083-3090.

苏波，韩兴国，渠春梅，等，2002. 森林土壤氮素可利用性的影响因素研究综述[J]. 生态学杂志(2)：40-46.

孙蓟锋，王旭，2013. 土壤调理剂的研究和应用进展[J]. 中国土壤与肥料(1)：1-7.

孙向阳，2005. 土壤学[M]. 北京：中国林业出版社.

王成，庞学勇，等，2010. 低强度林窗式疏伐对云杉人工纯林地表微气候和土壤养分的短期影响[J]. 应用生态学报，21(3)：541-548.

王改玲，王青杵，2014. 晋北黄土丘陵区不同人工植被对土壤质量的影响[J]. 生态学杂志，33(6)：1487-1491.

王介元，王昌全，1997. 土壤肥料学[M]. 北京：中国农业科技出版社.

王力，邵明安，王全九，2005. 林地土壤水分运动研究述评[J]. 林业科学，41(2)：147-153.

王清奎，汪思龙，高洪，等，2005. 土地利用方式对土壤有机质的影响[J]. 生态学杂志，24(4)：360-363.

王全波，肖洋，等，2015. 哈尔滨市森林绿地土壤机械组成特征[J]. 中国林副特产(3)：45-46.

王邵军，阮宏华，汪家社，等，2010. 武夷山典型植被类型土壤动物群落的结构特征[J]. 生态学报，30(19)：5174-5184.

王邵军，阮宏华，2008. 土壤生物对地上生物的反馈作用及其机制[J]. 生物多样性，16(4)：407-416.

王邵军，2015. 武夷山土壤动物群落生态特征及功能研究[M]. 上海：上海交通大学出版社.

王荫槐，1992. 土壤肥料学[M]. 北京：中国农业出版社.

王玉杰，王云琦，等，2006. 重庆缙云山典型林分土壤结构分形特征[J]. 中国水土保持科学，4(4)：39-46.

王政权，郭大立，2008. 根系生态学[J]. 植物生态学报，32(6)：1213-1216.

韦朝阳，陈同斌，黄泽春，等，2002. 大叶井口边草——一种新发现的富集砷的植物[J]. 生态学报，22(5)：777-778.

文启孝，1984. 土壤有机质的组成、形成和分解[J]. 土壤，16(4)：3-11.

翁轰，李志安，1993. 鼎湖山森林凋落物量及营养元素含量研究[J]. 植物生态学与地植物学学报，17(4)：299-304.

吴长文，王礼先，1995. 林地土壤孔隙的贮水性能分析[J]. 水土保持研究，2(1)：77-79.

肖辉林，1995. 土壤温度上升与森林衰退[J]. 热带亚热带土壤科学(4)：246-249.

肖辉林，2001. 大气氮沉降对森林土壤酸化的影响[J]. 林业科学，37(4)：111-116.

谢德体，2009. 土壤肥料学[M]. 北京：中国林业出版社.

熊顺贵，2001. 基础土壤学[M]. 北京：中国农业大学出版社.

熊毅，李庆逵，1987. 中国土壤[M]. 2版. 北京：科学出版社.

薛泉宏，同延安，2008. 土壤生物退化及其修复技术研究进展[J]. 中国农业科技导报，10(4)：28-35.

闫付荣，马美芹，等，2002. 土壤质地对带状毛白杨丰产林生长的影响[J]. 河北林业科技(1)：1-2，6.

杨承栋，焦如珍，孙启武，2004. 森林土壤学科研究进展[J]. 世界林业研究(2)：1-5.

杨弘，裴铁璠，2005. 森林流域非饱和土壤水与饱和土壤水转化研究进展[J]. 应用生态学报，16(9)：1773-1779.

杨金玲，汪景宽，张甘霖，2004. 城市土壤的压实退化及其环境效应[J]. 土壤通报，35(6)：688-694.

杨琼芳，2004. 城市园林植保污染与环境保护控制对策[J]. 环境科学导刊(a01)：135-137.

杨万勤，张健，胡庭兴，等，2006. 森林土壤生态学[M]. 成都：四川科学技术出版社.

杨伟东，廖观荣，1998. 桉树人工林地力衰退防治研究——改全垦为带垦[J]. 生态环境学报(3)：179-183.

杨永森，段雷，靳腾，等，2006. 石灰石和菱镁矿对酸化森林土壤修复作用的研究[J]. 环境科学，27(9)：1878-1883.

尹文英，1992. 中国亚热带土壤动物[M]. 北京：科学出版社.

尹文英，1998. 中国土壤动物检索图鉴[M]. 北京：科学出版社.

尹文英，2000. 中国土壤动物[M]. 北京：科学出版社.

于法展，李保杰，刘尧让，等，2006. 徐州市城区绿地土壤的理化特性[J]. 城市环境与城市生态(5)：34-37.

于天仁，1987. 土壤化学原理[M]. 北京：科学出版社.

喻德勇，郑艳波，2012. 浅析矿山开采对土壤环境影响及处理建议[J]. 科技与企业(7)：133.

曾思齐，佘济云，等，1996. 马尾松水土保持林水文功能计量研究[J]. 中南林学院学报，16(3)：22-25.

张从，夏立江，2000. 污染土壤生物修复技术[M]. 北京：中国环境科学出版社.

张凤荣，2002. 土壤地理学[M]. 北京：中国农业出版社.

张景略，徐本生，1985. 土壤肥料学[M]. 郑州：河南科学技术出版社.

张俊忠，2013. 我国林地土壤微生物研究进展[J]. 现代园艺(8)：199.

张猛，张健，2003. 林地土壤微生物、酶活性研究进展[J]. 四川农业大学学报，21(4)：347-351.

张敏，胡海清，等，2002. 林火对土壤结构的影响[J]. 自然灾害学报，11(2)：138-143.

张万儒，1991. 森林土壤研究的进展[J]. 土壤(4)：214-217.

张旭辉，李典友，潘根兴，等，2008. 中国湿地土壤碳库保护与气候变化问题[J]. 气候变化研究进展

（4）：202-208.

张艺，2015. 我国稻作技术演变对水稻单产和稻田温室气体排放的影响研究[D]. 南京：南京农业大学.

赵丽丽，钟哲科，史作民，等，2016. 汶川地震对四川理县典型受灾区岷江柏人工林土壤理化性质的影响[J]. 林业科学，52（3）：1-9.

赵其国，史学正，2007. 土壤资源概论[M]. 北京：科学出版社.

赵其国，2002. 中国东部红壤地区土壤退化的时空变化、机理及调控[M]. 北京：科学出版社.

赵洋毅，舒树森，2014. 滇中水源区典型林地土壤结构分形特征及其对土壤抗蚀、抗冲性的影响[J]. 水土保持学报，28（5）：6-11.

赵中秋，后立胜，蔡运龙，2006. 西南喀斯特地区土壤退化过程与机理探讨[J]. 地学前缘，13（3）：185-189.

郑路，卢立华，2012. 我国森林地表凋落物现存量及养分特征[J]. 西北林学院学报，27（1）：63-69.

郑顺安，常庆瑞，等，2006. 黄土高原不同林龄土壤质地和矿质元素差异研究[J]. 干旱地区农业研究，24（6）：94-97.

郑天水，高德祥，2014. 云南低效林改造技术[M]. 昆明：云南民族出版社.

郑有飞，石春红，吴芳芳，等，2009. 土壤微生物活性影响因子的研究进展[J]. 土壤通报（5）：1209-1214.

中国林业科学研究院林业研究所，1986. 中国森林土壤[M]. 北京：科学出版社.

周虎，吕贻忠，等，2009. 土壤结构定量化研究进展[J]. 土壤学报，46（3）：501-506.

周际海，袁颖红，朱志保，等，2015. 土壤有机污染物生物修复技术研究进展[J]. 生态环境学报（2）：343-351.

周启星，宋玉芳，2004. 污染土壤修复原理与方法[M]. 北京：科学出版社.

周启星，吴燕玉，熊先哲，1994. 重金属 Cd-Zn 对水稻的复合污染和生态效应[J]. 应用生态学报，5（4）：438-441.

朱鹤健，何宜庚，1992. 土壤地理学[M]. 北京：高等教育出版社.

朱祖祥，1996. 中国农业百科全书——土壤卷[M]. 北京：中国农业出版社.

朱祖祥，1983. 土壤学（上册）[M]. 北京：农业出版社.

庄卫民，东野光亮，李延，2000. 土壤地质与土地资源：中国土壤地质与土地资源可持续李延学术研讨会论文集[C]. 北京：地质出版社.

BEVER J D，1994. Feedback between plants and their soil communities in an old field community[J]. Ecology, 75, 1965-1977.

BEVER J D，2002. Host-specificity of AM fungal population growth rates can generate feedback on plant growth [J]. Plant and Soil, 244, 281-290.

BEZEMER T M，2004. Above- and belowground trophic interactions on creeping thistle (*Cirsium arvense*) in high- and low diversity plant communities: potential for biotic resistance[J]. Plant Biology, 6, 231-238.

BLOUIN M, ZUILY-FODIL Y, PHAM-THI A T, et al, 2005. Belowground organism activities affect plant aboveground phenotype, inducing plant tolerance to parasites[J]. Ecology Letters, 8, 202-208.

COPLEY J，2000. Ecology goes underground[J]. Nature, 406, 452-454.

DE KROON H, VISSER E J, 2003. Root Ecology[M]. Germany, Springer.

GILL R A, JACKSON R B, 2000. Global patterns of root turnover for terrestrial ecosystems[J]. New Phytologist, 147, 13-31.

COLEMAN D C, WHITMAN W B，2005. Linking species richness, biodiversity and ecosystem function in soil systems[J]. Pedobiologia, 49, 479-497.

CHII-CHING T, WANG J Y, LEI Y, 2009. Accumulation of copper, lead, and zinc by in situ plants inoculated with AM fungi in multicontaminated soil[J]. Communications in Soil Science & Plant Analysis, 40(21-22): 3367-3386.

DEDEYN G B, CORNELISSEN J H C, BARDGETT R D, 2008. Plant functional traits and soil carbon sequestration in contrasting biomes[J]. Ecology Letters, 11, 516-531.

DEDEYN G B, Van DER PUTTEN W H, 2005. Linking aboveground and belowground diversity[J]. Trends in Ecology and Evolution, 20, 625-633.

STEVENSON F J, 1994. 腐殖质化学[M]. 夏荣基, 译. 北京: 北京农业大学出版社.

FITTER A, 2002. Characteristics and functions of roots systems[M]. Waisel Y, Eshel A, Kafkafi U (eds) Plant roots: the hidden half, vol 3. Dekker, New York, pp 15-32.

GUO L, 2012. Progress of microbial species diversity research inChina[J]. Biodiversity Science, 20(5): 572-580.

HILL S B, MALLIK A U, et al, 2005. Canopy gap disturbance and succession in trembling aspen dominated boreal forests in northeastern Ontario[J]. Canadian Journal of Forest Research, 35: 1942-1951.

JIN M, 2016. Research progress on analytical methods used in soil microbial diversity[J]. Agricultural Technology & Equipment.

KHALID ABDE ILATEIF, DIDIER BOGUSZ, VALÉRIE HOCHER, 2012. The role of flavonoids in the establishment of plant roots endosymbioses with arbuscular mycorrhiza fungi, rhizobia and Frankia bacteria[J]. Plant Signaling & Behavior, 7(6): 636-641.

KHAN T O, 2013. Forest soils properties and management[M]. New Delhi: Springer International Publishing.

KOWALSKI S, 2010. Role of mycorrhiza and soil fungi in natural regeneration of fir (Abies alba Mill.) in Polish Carpathians and Sudetes[J]. Forest Pathology, 12(2): 107-112.

KUMAR A, VERMA O P, 2016. Micro-organism isolation and process optimization for lipase production[J]. Asian Journal of Bio Science, 11: 71-76.

MARQUES A P, OLIVEIRA R S, SAMARDJIEVA K A, et al, 2008. EDDS and EDTA-enhanced zinc accumulation by Solanum nigrum inoculated with arbuscular mycorrhizal fungi grown in contaminated soil[J]. Chemosphere, 70(6): 1002-1014.

MEAGHER R B, 2000. Phytoremediation of toxic elemental and organic pollutants[J]. Current Opinion in Plant Biology, 3(5): 153-162.

NYLE C, BRADY, RAY R, et al, 2016. The nature and properties of soils [M]. 15th ed. London: Pearson Education Inc.

SRIDHAR K R, BAGYARAJ D J, 2018. Microbial diversity in agroforestry systems[C]// Agroforestry: Anecdotal to Modern Science.

VÁZQUEZ S, AGHA R, GRANADO A, et al, 2006. Use of white Lupin plant for phytostabilization of Cd and As polluted acid soil[J]. Water Air & Soil Pollution, 177(1-4): 349-365.

WANG Z Q, GUO D L, WANG X R, et al, 2006. Fine root architecture, morphology, and biomass of different branch orders of two Chinese temperate tree species[J]. Plant and Soil, 288: 155-171.

WILDE S A, 1958. Forest Soil[M]. New York: Ronald Press.

ZHANG Y, LI Z, FENG J, et al, 2014. Differences in CH_4 and N_2O emissions between rice nurseries in Chinese major rice cropping areas [J]. Atmospheric Environment, 96: 220-228.